plurall

Parabéns!
Agora você faz parte do **Plurall**, a plataforma digital do seu livro didático!
No **Plurall**, você tem acesso gratuito aos recursos digitais deste livro por meio do seu computador, celular ou *tablet*.
Além disso, você pode contar com a nossa tutoria *on-line* sempre que surgir alguma dúvida sobre as atividades e os conteúdos deste livro.

Incrível, não é mesmo?
Venha para o **Plurall** e descubra uma nova forma de estudar!
Baixe o aplicativo do **Plurall** para Android e IOS ou acesse **www.plurall.net** e cadastre-se utilizando o seu código de acesso exclusivo:

AASJ23KDN

Este é o seu código de acesso Plurall.
Cadastre-se e ative-o para ter acesso aos conteúdos relacionados a esta obra.

@plurallnet

@plurallnetoficial

SOMOS EDUCAÇÃO

JOÃO USBERCO

Bacharel em Ciências Farmacêuticas pela Universidade de São Paulo (USP)

Especialista em Análises Clínicas e Toxicológicas

Professor de Química na rede particular de ensino (São Paulo, SP)

Autor de Ciências dos anos finais do Ensino Fundamental e de Química do Ensino Médio

JOSÉ MANOEL MARTINS

Bacharel e licenciado em Ciências Biológicas pelo Instituto de Biociências e pela Faculdade de Educação da USP

Mestre e doutor em Ciências (área de Zoologia) pelo Instituto de Biociências da USP

Autor de Ciências dos anos finais do Ensino Fundamental e de Biologia do Ensino Médio

EDUARDO SCHECHTMANN

Bacharel e licenciado em Biologia pela Universidade Estadual de Campinas (Unicamp)

Pós-graduado pela Faculdade de Educação da Unicamp

Coordenador de Ciências na rede particular de ensino

Consultor e palestrante na área de educação

Autor de Ciências dos anos finais do Ensino Fundamental

LUIZ CARLOS FERRER

Licenciado em Ciências Físicas e Biológicas pela Faculdade de Ciências e Letras de Bragança Paulista

Especialista em Instrumentação e Metodologia para o Ensino de Ciências e Matemática e em Ecologia pela Pontifícia Universidade Católica de Campinas (PUCC-SP)

Especialista em Geociências pela Unicamp

Pós-graduado em Ensino de Ciências do Ensino Fundamental pela Unicamp

Professor efetivo aposentado da rede pública (São Paulo, SP)

Autor de Ciências dos anos finais do Ensino Fundamental

HERICK MARTIN VELLOSO

Licenciado em Física pela Universidade Estadual Paulista "Júlio de Mesquita Filho" (Unesp-SP)

Professor de Física na rede particular de ensino (São Paulo, SP)

Autor de Ciências dos anos finais do Ensino Fundamental

EDGARD SALVADOR

Licenciado em Química pela USP

Professor de Química na rede particular de ensino (São Paulo, SP)

Autor de Ciências dos anos finais do Ensino Fundamental e de Química do Ensino Médio

9

COMPANHIA DAS CIÊNCIAS

Editora Saraiva

Editora Saraiva

Direção Presidência: Mario Ghio Júnior
Direção de Conteúdo e Operações: Wilson Troque
Direção executiva: Irina Bullara Martins Lachowski
Direção editorial: Luiz Tonolli e Lidiane Vivaldini Olo
Gestão de projeto editorial: Mirian Senra
Gestão de área: Isabel Rebelo Roque
Coordenação: Fabíola Bovo Mendonça
Edição: Allan Saj Porcacchia, Bianca Von Muller Berneck, Daniella Drusian Gomes, Erich Gonçalves da Silva, Helen Akemi Nomura, Marcela Pontes, Mariana Amélia do Nascimento, Paula Amaral e Regina Melo Garcia
Planejamento e controle de produção: Patrícia Eiras e Adjane Queiroz de Oliveira
Revisão: Hélia de Jesus Gonsaga (ger.), Kátia Scaff Marques (coord.), Rosângela Muricy (coord.), Ana Paula C. Malfa, Brenda T. M. Morais, Célia Carvalho, Claudia Virgílio, Daniela Lima, Flavia S. Vênezio, Gabriela M. Andrade, Heloísa Schiavo, Lilian M. Kumai, Luciana B. Azevedo, Raquel A. Taveira, Sandra Fernandez, Sueli Bossi; Amanda T. Silva e Bárbara de M. Genereze (estagiárias)
Arte: Daniela Amaral (ger.), André Gomes Vitale (coord.) e Alexandre Miasato Uehara (edição de arte)
Diagramação: Essencial Design
Iconografia e tratamento de imagem: Sílvio Kligin (ger.), Roberto Silva (coord.), Evelyn Torrecilia (pesquisa iconográfica), Cesar Wolf e Fernanda Crevin (tratamento)
Licenciamento de conteúdos de terceiros: Thiago Fontana (coord.), Luciana Sposito e Angra Marques (licenciamento de textos), Erika Ramires, Luciana Pedrosa Bierbauer, Luciana Cardoso e Claudia Rodrigues (analistas adm.)
Ilustrações: Adilson Secco, Dawidson França, Jurandir Ribeiro, Luiz Fernando Rubio, Luis Moura, Paulo Cesar Pereira, R2 Editorial, Tiago Donizete Leme
Cartografia: Eric Fuzii (coord.), Robson Rosendo da Rocha (edit. arte)
Design: Gláucia Correa Koller (ger.), Luis Vassalo (proj. gráfico), Aurélio Camilo (capa), Gustavo Vanini e Tatiane Porusselli (assist. arte)
Foto de capa: ??????

Avenida das Nações Unidas, 7221, 1º andar, Setor A – Espaço 2 – Pinheiros – SP – CEP 05425-902
SAC 0800 011 7875
www.editorasaraiva.com.br

Dados Internacionais de Catalogação na Publicação (CIP)

Companhia das ciências 9º ano / João Usberco... [et al.] - 4. ed. - São Paulo : Saraiva, 2019.

Suplementado pelo manual do professor.
Bibliografia.
Outros autores: José Manoel Martins, Eduardo Schechtmann, Luiz Carlos Ferrer, Herick Martin Velloso, Edgard Salvador
ISBN: 978-85-472-3685-4 (aluno)
ISBN: 978-85-472-3686-1 (professor)

1. Ciências (Ensino fundamental). I. Usberco, João. II. Martins, José Manoel. III. Schechtmann, Eduardo. IV. Ferrer, Luiz Carlos. V. Velloso, Herick Martin. VI. Salvador, Edgard.

2019-0064 CDD: 372.35

Julia do Nascimento - Bibliotecária - CRB-8/010142

2024
Código da obra CL 800974
CAE 648152 (AL) / 648151 (PR)
4ª edição
1ª impressão
De acordo com a BNCC.
OP 202534

Impressão e acabamento Gráfica Santa Marta

CNPJ 09.098.419/0008-79
Rua André Rosa Coppini, 90 - Planalto - São Bernardo do Campo - SP - CEP 09895-310

Uma publicação SOMOS EDUCAÇÃO

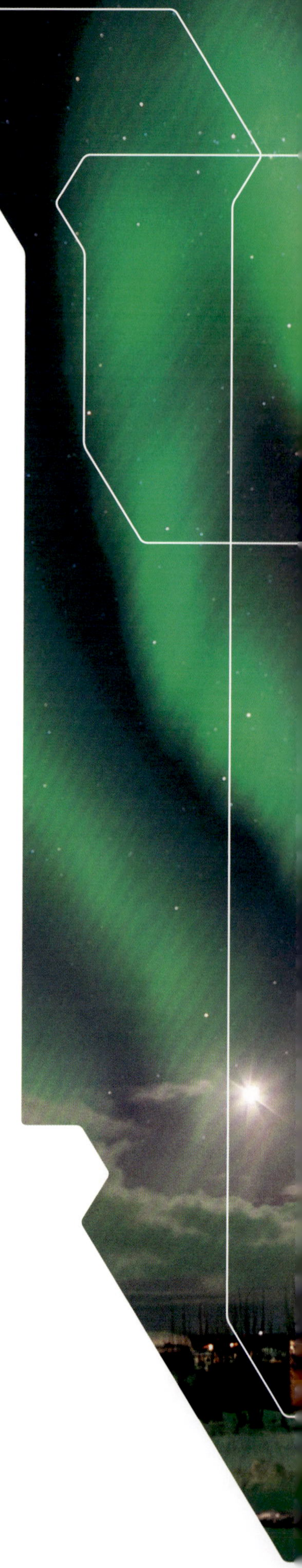

Lautz/Shutterstock

Caro estudante,

Nosso cotidiano é repleto de situações que podem ser mais bem entendidas quando conhecemos ciência.

Por que se forma um arco-íris? Por que o céu é azul? Por que os filhos são parecidos com os pais? Por que a gente sempre vê primeiro o raio e só depois ouve o som do trovão?

Nos últimos cem anos, as pessoas produziram mais conhecimentos científicos e tecnológicos do que em toda a história anterior. A velocidade com que novas descobertas e suas aplicações são feitas abre a possibilidade de avançarmos rapidamente na resolução de problemas.

Estamos cada vez mais conscientes da necessidade de explorar de forma sustentável os recursos naturais do planeta, para que a melhora da nossa qualidade de vida possa se estender às futuras gerações.

É isto que queremos propor a você, estudante, nesta coleção: investigar os fenômenos da natureza e procurar entendê-los para tornar o mundo um lugar melhor. Além disso, perceber que a ciência se modifica ao longo do tempo, com as novas descobertas, e que as explicações não podem ser consideradas definitivas: há sempre algo a mais para descobrir, para entender e para propor.

O convite está feito! Teremos o maior prazer em compartilhar essa viagem com você.

Um grande abraço,
Os autores

CONHEÇA SEU LIVRO

ABERTURA DA UNIDADE

O começo de cada unidade traz uma imagem e um texto para sensibilizá-lo e motivá-lo a aprender mais sobre o tema proposto.

ABERTURA DO CAPÍTULO

Imagens e questões iniciam o capítulo, estimulando a troca de ideias e conhecimentos sobre os temas que serão estudados.

QUADROS INFORMATIVOS

Ao longo do texto são apresentadas informações complementares ao tema estudado, relacionadas a Ciências ou a outras disciplinas, ou mesmo uma retomada de conceitos que você já estudou em anos anteriores.

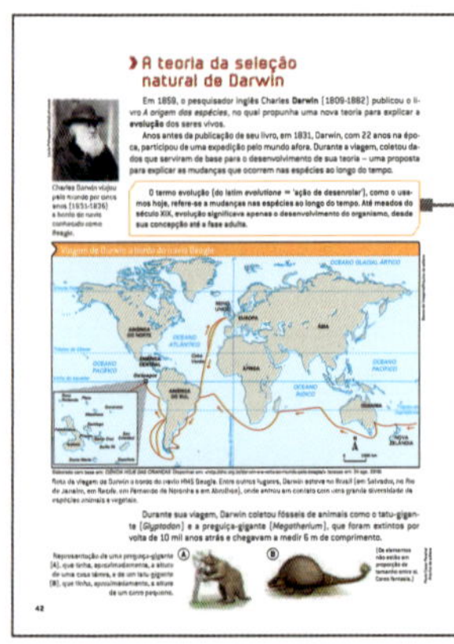

TEXTO PRINCIPAL

Além de textos que apresentam os temas principais, há esquemas, fotografias, mapas, gráficos e tabelas que ilustram o conteúdo e auxiliam na sua compreensão.

UM POUCO MAIS

Ao longo do capítulo, você encontra boxes com assuntos que complementam o conteúdo estudado. São curiosidades, fatos históricos e ampliações dos temas desenvolvidos.

INFOGRÁFICO

Este recurso ajuda você a visualizar e compreender alguns fenômenos naturais.

VOCABULÁRIO E GLOSSÁRIO

Para auxiliá-lo na leitura e interpretação dos textos, há palavras e termos destacados cujos significados aparecem em boxes nas laterais da página ou ao longo dos textos.

ASSISTA TAMBÉM! / LEIA TAMBÉM! / ACESSE TAMBÉM! / VISITE TAMBÉM! / JOGUE TAMBÉM!

Ao longo do capítulo, há boxes com sugestões de livros, *sites*, vídeos, filmes, documentários, jogos e até locais que você pode visitar para enriquecer ainda mais o seu aprendizado.

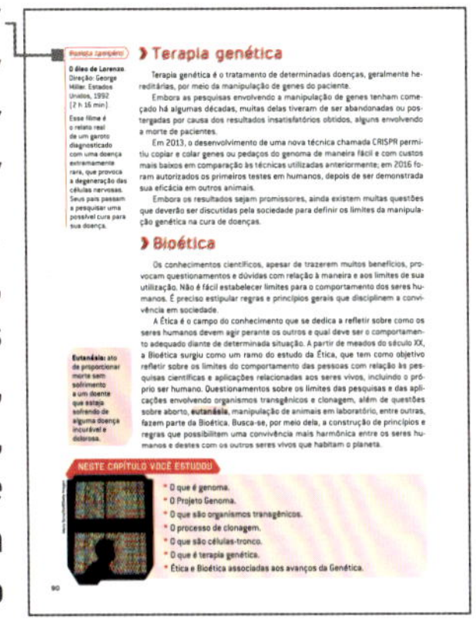

NESTE CAPÍTULO VOCÊ ESTUDOU

Quadro com um resumo dos principais temas estudados em cada capítulo.

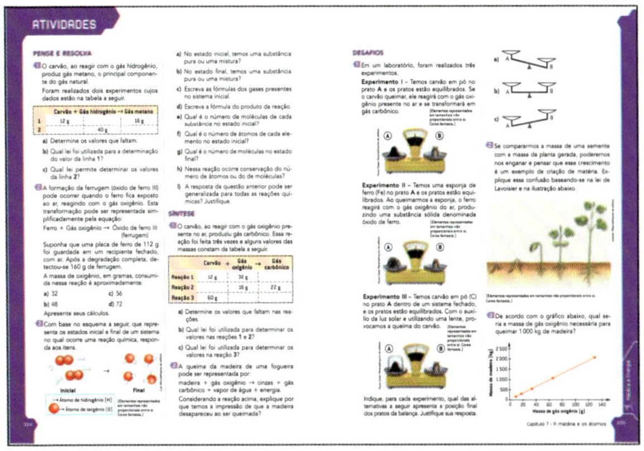

PENSE E RESOLVA

Exercícios para verificação e organização do aprendizado dos principais conteúdos do capítulo.

SÍNTESE

Uma ou mais atividades que sintetizam os principais conceitos tratados no capítulo.

DESAFIO

Exercícios para você se aprofundar, pesquisar e debater sobre temas relacionados ao que foi estudado.

LEITURA COMPLEMENTAR

Texto para leitura, aprofundamento e atualização das descobertas científicas, com questionamentos para verificar se você compreendeu o que foi lido.

EM PRATOS LIMPOS

Estes boxes ajudam a esclarecer algumas ideias ou assuntos que podem ser confusos ou polêmicos.

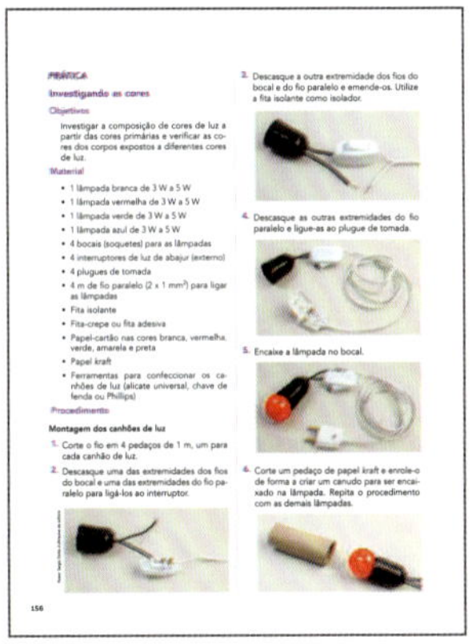

PRÁTICA

Atividades para você colocar em prática o que aprendeu e descobrir mais sobre cada tema.

SUMÁRIO

UNIDADE 1
VIDA E EVOLUÇÃO 8

UNIDADE 2
MATÉRIA E ENERGIA 94

Unidade 1

Vida e Evolução

O ser humano, entre milhares de espécies que habitam a biosfera, desenvolveu uma enorme capacidade de se adaptar e modificar o meio ambiente. Suas populações se distribuem por todos os pontos do planeta, nos mais variados biomas, concentrando-se, nos dias atuais, principalmente nas cidades.

Nesta unidade vamos conhecer os desafios que temos de enfrentar para viver de forma sustentável e como podemos preservar os biomas brasileiros. Também estudaremos as teorias sobre a evolução das espécies e como suas características são passadas de uma geração para outra.

César Diniz/Pulsar Imagens

Vitória, capital do Espírito Santo, eleita pela ONU uma das dez cidades brasileiras com melhor índice de qualidade de vida. Fotografia de 2016.

Capítulo 1

Cidades sustentáveis

Hans Von Mateuffel/Pulsar Imagens

Comunidade no bairro Brasília Teimosa, na cidade de Recife (PE), 2015.

Segundo relatório da Organização das Nações Unidas (ONU), publicado em 2018, 54% da população mundial vive em áreas urbanas, e esse porcentual deve crescer ao longo dos próximos anos.

Quais são os problemas e desafios que temos de enfrentar para vivermos em cidades, principalmente nas mais populosas? Você consegue identificar os principais problemas comuns nas grandes cidades brasileiras? O que seria possível fazer para melhorar a qualidade de vida das pessoas que vivem nelas?

Neste capítulo veremos algumas soluções locais e pontuais, coletivas e individuais, para melhorar a vida nas cidades brasileiras.

O desenvolvimento sustentável e as cidades

As cidades, principalmente as mais populosas, acumulam muitos problemas em consequência da alta concentração de pessoas. Esse excesso populacional exige grandes quantidades de recursos, como alimentos, água e energia.

Como estudamos no 7º ano, um dos graves problemas das cidades é a geração de uma enorme quantidade de resíduos sólidos e líquidos, que precisam ter destinação adequada para não poluir o ambiente. Outros desafios são: garantir a boa qualidade do ar, já que a emissão de gases poluentes de veículos e indústrias é crescente; reduzir a poluição sonora; e promover a mobilidade, a segurança e o lazer públicos, visando boa qualidade de vida para os cidadãos de todas as classes sociais.

Melhorar a qualidade de vida das pessoas nas cidades significa transformar o ambiente urbano nos aspectos ambiental, econômico e social, tornando-o sustentável. Tudo isso é um desafio tanto para o poder público quanto para a população, que pode contribuir com hábitos e ações positivas.

Segundo a ONU, "**Desenvolvimento Sustentável** é definido como o desenvolvimento que procura satisfazer as necessidades da geração atual, sem comprometer a capacidade das futuras gerações de satisfazerem as suas próprias necessidades".

Desenvolvimento é uma palavra relacionada à qualidade de vida humana, que considera o crescimento econômico e as características sociais, culturais e políticas que influenciam essa qualidade de vida.

Para que o desenvolvimento sustentável seja alcançado, precisamos pensar sempre em três fatores principais: o crescimento econômico, a inclusão social e a proteção ao meio ambiente. Esses elementos são interligados e fundamentais para o bem-estar das pessoas e da sociedade.

Atualmente, cerca de 80% do consumo de bens no mundo é feito por somente 20% da população sobretudo de países mais ricos. Então, 80% da população (mais de 5,6 bilhões de pessoas) principalmente de países mais pobres ou que estão em desenvolvimento consome os 20% restantes.

Tales Azzi/Pulsar Imagens

Na imagem, a comunidade de Paraisópolis e um condomínio de luxo no bairro do Morumbi, na cidade de São Paulo (SP), do qual é vizinha, evidenciando a acentuada desigualdade social no Brasil.

Erradicar: eliminar.

Os Estados Unidos, com 4,5% da população mundial, consomem 40% de todos os recursos disponíveis. No Brasil, segundo dados do Instituto Brasileiro de Geografia e Estatística (IBGE), publicados em 29 de julho de 2017, o consumo também é muito desigual: em 2016, 1% dos trabalhadores com os maiores rendimentos recebia por mês, em média, o equivalente a 36,3 vezes mais do que a metade da população com os menores rendimentos.

A **erradicação** da pobreza nas cidades e no campo é uma ação indispensável para o desenvolvimento sustentável.

Para isso, deve haver a promoção de um crescimento econômico sustentável, inclusivo e igualitário, criando melhores oportunidades para todos, reduzindo as desigualdades entre ricos e pobres e elevando os padrões básicos de vida. Promover o gerenciamento integrado e sustentável dos recursos naturais e dos ecossistemas também é uma ação fundamental para o desenvolvimento sustentável.

Ainda segundo dados do IBGE, 6% da população urbana do Brasil vive em áreas de risco, ou seja, em locais considerados impróprios para assentamentos humanos por estarem sujeitos a riscos naturais ou decorrentes da ação humana, como margens de rios sujeitas a inundação, áreas de alta declividade (encostas ou topos de morros) com risco de desmoronamento ou deslizamento de terra e áreas contaminadas por resíduos tóxicos.

As moradias consideradas de risco geralmente são comunidades, mocambos ou palafitas. Nas imagens, (**A**) uma área de encosta em Mairiporã (SP), 2016, e (**B**) a comunidade do Sol Nascente, carente de infraestrutura e saneamento básico, em Ceilândia (DF), 2018.

Jales Valquer/Fotoarena

Pedro Ladeira/Folhapress

As **cidades sustentáveis** são aquelas que adotam uma série de práticas eficientes voltadas à melhoria da qualidade de vida da população, ao desenvolvimento econômico e à preservação do meio ambiente. Ainda não é possível encontrar uma cidade que seja totalmente sustentável, mesmo nos países mais desenvolvidos, mas muitas já praticam ações sustentáveis em diversas áreas.

O conceito de desenvolvimento sustentável foi proposto pela ONU na Conferência Rio-92 sobre Ambiente e Desenvolvimento, que elaborou os Objetivos de Desenvolvimento Sustentável (ODS). Após mais de vinte anos, em 2015, foi apresentada a Agenda Pós-2015, composta de dezessete novos objetivos para promover mudanças rumo à sustentabilidade no mundo até o ano de 2030.

Entre esses objetivos, o item 11 apresenta o que se relaciona diretamente às cidades: “Tornar as cidades e os assentamentos humanos inclusivos, seguros, **resilientes** e sustentáveis”.

Resiliência: capacidade de se adaptar às mudanças, suportar problemas, dificuldades, desafios.

Mas o que significa isso?

Significa promover mudanças, principalmente nos países mais pobres, para garantir o acesso de todos à habitação segura, inclusiva, sustentável, adequada e a preço acessível aos serviços básicos de água, esgoto e saneamento. Uma ação importante nesse sentido, por exemplo, é a urbanização das comunidades.

Reprodução/ONU

Fonte: DIVULGAÇÃO/PNUD. Disponível em: <http://agenciabrasil.ebc.com.br/internacional/noticia/2017-07/mercosul-reafirma-compromisso-do-bloco-com-agenda-2030-da-onu> (acesso em: 24 jul. 2018).

Os Objetivos de Desenvolvimento Sustentável envolvem temáticas diversificadas relacionadas a economia, sociedade e ambiente, como erradicação da pobreza, segurança alimentar e agricultura, saúde, água e saneamento, padrões sustentáveis de produção e consumo, mudança do clima, cidades sustentáveis, entre outras.

Além disso, o descarte correto dos resíduos sólidos é requisito fundamental para a promoção de uma cidade sustentável.

petovarga/Shutterstock

Plástico	Papel	Metal	Vidro	Orgânico
Copos descartáveis, sacolas e sacos plásticos, embalagens plásticas, embalagens tipo PET, canos e tubos plásticos em geral.	Jornais e revistas, caixas em geral, aparas de papel, fotocópias, envelopes, cartazes velhos, embalagens tipo longa vida.	Tampinha de garrafa, latas de óleo, leite em pó e conservas e latas de refrigerante, alumínio, embalagens metálicas de congelados.	Recipientes e frascos em geral, garrafas, copos, potes de produtos alimentícios, cacos.	Restos de comida, papel higiênico, lenços de papel, guardanapos, absorventes.

Plástico, papel, metal, vidro e material orgânico são considerados resíduos sólidos.

(Elementos representados em tamanhos não proporcionais entre si. Cores fantasia.)

UM POUCO MAIS

Política Nacional de Resíduos Sólidos (PNRS)

A correta destinação dos resíduos sólidos é condição primordial para uma *cidade sustentável.* A Política Nacional de Resíduos Sólidos (PNRS), aprovada em agosto de 2010, trouxe importantes instrumentos para que municípios de todo o Brasil iniciassem o enfrentamento aos principais problemas ambientais, sociais e econômicos decorrentes do manejo inadequado dos resíduos sólidos. PNRS tem como pilar o princípio da responsabilidade compartilhada. Isso significa que indústrias, distribuidores e varejistas, prefeituras e consumidores são todos responsáveis pelos resíduos sólidos e cada um terá de contribuir para que eles tenham uma disposição final adequada.

Buscar um melhor ordenamento do ambiente urbano primando pela qualidade de vida da população é trabalhar por uma cidade sustentável. Melhorar a mobilidade urbana, a poluição sonora e atmosférica, o descarte de resíduos sólidos, eficiência energética, economia de água, entre outros aspectos, contribuem para tornar uma *cidade sustentável.*

Fonte: MINISTÉRIO DO MEIO AMBIENTE. Cidades sustentáveis. Disponível em: <www.mma.gov.br/cidades-sustentaveis> (acesso em: 29 jul. 2018).

Os meios de transporte nas cidades

Em relação aos meios de transporte, os ODS visam a diminuição do tráfego de carros, priorizando e melhorando o transporte público. A utilização de fontes de energia limpa, como biocombustíveis ou eletricidade, é também uma providência importante para a construção de uma cidade sustentável.

Essas ações buscam melhorar a qualidade do ar, diminuindo as emissões de gases do efeito estufa e contribuindo para o combate ao aquecimento global. A redução da emissão de gases poluentes na atmosfera pode também amenizar a incidência de doenças respiratórias, que são importantes fatores de mortalidade da população. Além disso, são incentivadas as ações de planejamento para o uso de meios de transporte não poluentes como as bicicletas.

Daniel Cymbalista/Pulsar Imagens

Ricardo Azoury/Pulsar Imagens

(**A**) Corredores para circulação exclusiva de transportes coletivos, em São Paulo (SP), 2017, e (**B**) infraestrutura cicloviária, ou ciclovias, em Camboriú (SC), 2018, são duas formas de melhorar a mobilidade urbana nas cidades.

EM PRATOS LIMPOS

Poluentes

Três grandes metrópoles da América Latina – Cidade do México (México), São Paulo (Brasil) e Santiago (Chile) – estão entre as mais poluídas do mundo. No Brasil, os veículos automotores contribuem com 70% da poluição atmosférica.

A poluição do ar é hoje um dos maiores riscos para a saúde da população, causando alergias, irritação nos olhos, coceira na garganta, tosse, além de problemas mais graves, como doenças respiratórias e até cardiovasculares.

Segundo a ONU, cerca de 7 milhões de pessoas morrem prematuramente todos os anos por causa da baixa qualidade do ar. Os **poluentes de curta duração** são responsáveis por cerca de um terço das mortes por derrame, doenças respiratórias crônicas e câncer de pulmão e por um quarto das mortes por ataque cardíaco. Esses poluentes contribuem para o aquecimento global, reduzindo a produtividade no trabalho e aumentando a insegurança alimentar em todo o mundo.

Os principais poluentes desse grupo são carbono negro, metano, ozônio troposférico e os hidrofluorcarbonetos (HFC). Já os principais **poluentes persistentes** são pesticidas (por exemplo o DDT) e compostos sintéticos.

Divulgação/ONU

A ONU vem desenvolvendo campanhas de esclarecimento e alerta sobre as consequências da poluição do ar na saúde. Na imagem, campanha veiculada nas redes sociais em 2018.

Poluente de curta duração: possui tempo relativamente curto na atmosfera, ou seja, demora dias ou décadas para se dissipar no ar.

Poluente persistente: se mantém por séculos no ambiente e nos organismos.

Exemplos de práticas sustentáveis

As cidades sustentáveis buscam estabelecer algumas orientações, como incentivo à participação social, com diálogo transparente entre governo e sociedade; planejamento eficiente da gestão urbana; aprimoramento dos serviços urbanos; gestão dos recursos hídricos e de ações para projetos ambientais; conciliação do desenvolvimento econômico com a gestão ambiental; fortalecimento de parques e áreas verdes.

Todas essas práticas são voltadas para a melhoria da qualidade de vida da população. As cidades de Curitiba e Londrina (PR) e Extrema (MG) destacam-se por terem iniciativas sustentáveis.

João Prudente/Pulsar Imagens

A cidade de Extrema (MG) é referência em conservação das águas, recuperação de matas ciliares e pagamento por serviços ambientais. Fotografia de 2016.

O consumo consciente

A produção de lixo nos centros urbanos é um dos grandes problemas socioambientais e tem relação direta com o consumo crescente, principalmente, de produtos supérfluos.

Para viver, utilizamos recursos naturais, como água, minérios, energia, seres vivos animais e vegetais, entre outros. Mas a forma como fazemos isso pode gerar impactos negativos no meio ambiente e na qualidade de vida. Para diminuir esses efeitos no ambiente, precisamos praticar o consumo consciente, que consiste em tomar melhores decisões: por que comprar, o que comprar, de quem comprar, a maneira de usar e como descartar o que não serve mais – ou seja, pensar nos aspectos sociais e ecológicos do consumo.

Divulgação/Akatu

As seis perguntas do consumo consciente nos advertem para a prática do consumo equilibrado, com atenção aos limites do ambiente e considerando também o respeito às gerações futuras.

Fonte da imagem: AKATU. Disponível em: <Akatu/ https://www.akatu.org.br> (acesso em: 2 out. 2018).

O consumo consciente é praticado, por exemplo, quando substituímos produtos com embalagem ou materiais não recicláveis, como plásticos acrílicos ou PETs coloridas, por outros mais duráveis, como embalagens retornáveis; ou quando preferimos comprar produtos, como alimentos e roupas, produzidos em nossa região a produtos importados.

Também é preciso avaliar a verdadeira necessidade de comprar itens novos, exercitar a prática do reúso e buscar a transformação de produtos.

João Prudente/Opção Brasil Imagens

Luis Salvatore/Pulsar Imagens

Objetos geralmente descartados podem ser aproveitados de maneira criativa, reduzindo a produção de lixo e o consumo de energia. Em (**A**), latões de alumínio foram transformados em bancos na cidade de Piracicaba (SP), 2018. Em (**B**), pneus velhos foram usados como suportes para pias em Beberibe (CE), 2017.

Nas áreas rurais localizadas no entorno das cidades é produzida grande parte dos materiais que consumimos. Nas cidades sustentáveis, as relações econômicas, sociais e ambientais com as regiões do entorno devem ser justas e positivas, para que as pessoas e o ambiente sejam beneficiados. Para isso, deve haver planejamento das atividades econômicas, como melhoria das práticas agrícolas para o local, melhor planejamento da ocupação humana, com moradias construídas em áreas seguras, e maior atenção à preservação ambiental, como a conservação dos mananciais em áreas de preservação permanentes e a proteção da cobertura vegetal nativa.

Quando você for ao supermercado comprar hortaliças, legumes e frutas, ou quando for comer sua merenda escolar, lembre-se de que esses produtos são, geralmente, produzidos nas áreas rurais no entorno de sua cidade.

Cesar Diniz/Pulsar Imagens

A agricultura familiar abastece as cidades e corresponde a 70% do alimento que consumimos. Ela deve ser sempre praticada visando o respeito ao ambiente e o comércio justo. Campo Grande (MS), 2018.

A oferta de produtos nos supermercados é grande e, muitas vezes, compramos por impulso, sem realmente precisarmos de determinado produto. Isso já aconteceu com você?

Para evitar o consumo exagerado, seguem algumas dicas que ajudarão na hora da compra:

- Faça sempre uma lista dos itens de que realmente necessita.
- Procure comprar somente o que está anotado na lista.
- Não vá ao supermercado com fome ou cansado, pois vai comprar vários itens desnecessários.
- Reflita sobre a real necessidade que você tem ao optar por comprar determinado produto.

gopixa/Shutterstock

Os supermercados oferecem diversos produtos que nos atraem e, muitas vezes, compramos sem necessidade. É preciso estar atento para praticar o consumo consciente e, sempre que possível, optar por produtos naturais ou minimamente processados.

Assista também!

***Home*, nosso planeta, nossa casa.** Documentário. Criação: Luc Besson e Denis Carot. Direção: Yann Arthus-Berthand. França, 2009 (93 min 18 s).

Filme inteiramente composto de imagens aéreas de vários lugares da Terra, que mostra a diversidade da vida no planeta e como a humanidade vem ameaçando o equilíbrio ecológico.

› Os benefícios das áreas verdes

As árvores e os arbustos nas ruas, nos parques e nas praças de uma cidade são muito importantes. Vejamos o porquê:

- Tornam o ambiente urbano mais fresco, diminuindo as **ilhas de calor** e, consequentemente, o consumo de energia para refrigeração artificial.
- Purificam o ar, que, geralmente nas grandes cidades, apresenta muita fumaça e poluentes.
- Fornecem alimentos para a fauna urbana.
- Trazem beleza à paisagem da cidade e contribuem para melhorar a disposição, a saúde e o bem-estar da população.
- Regulam o fluxo de água das chuvas.
- Diminuem o aquecimento global.
- Contribuem para aumentar a biodiversidade.
- Valorizam o próprio espaço urbano.

Ilha de calor: fenômeno climático que ocorre, sobretudo, nas cidades com elevado grau de urbanização. Nesses locais, geralmente, as temperaturas são mais elevadas em relação ao seu entorno.

Um estudo de 2016 da organização não governamental internacional The Nature Conservancy revelou que as árvores urbanas são uma importante estratégia para a melhoria da saúde pública nas cidades e, por isso, devem ser plantadas ao longo das vias públicas, como forma de trazer a natureza para o meio urbano.

Tiago Donizete Leme/Arquivo da editora

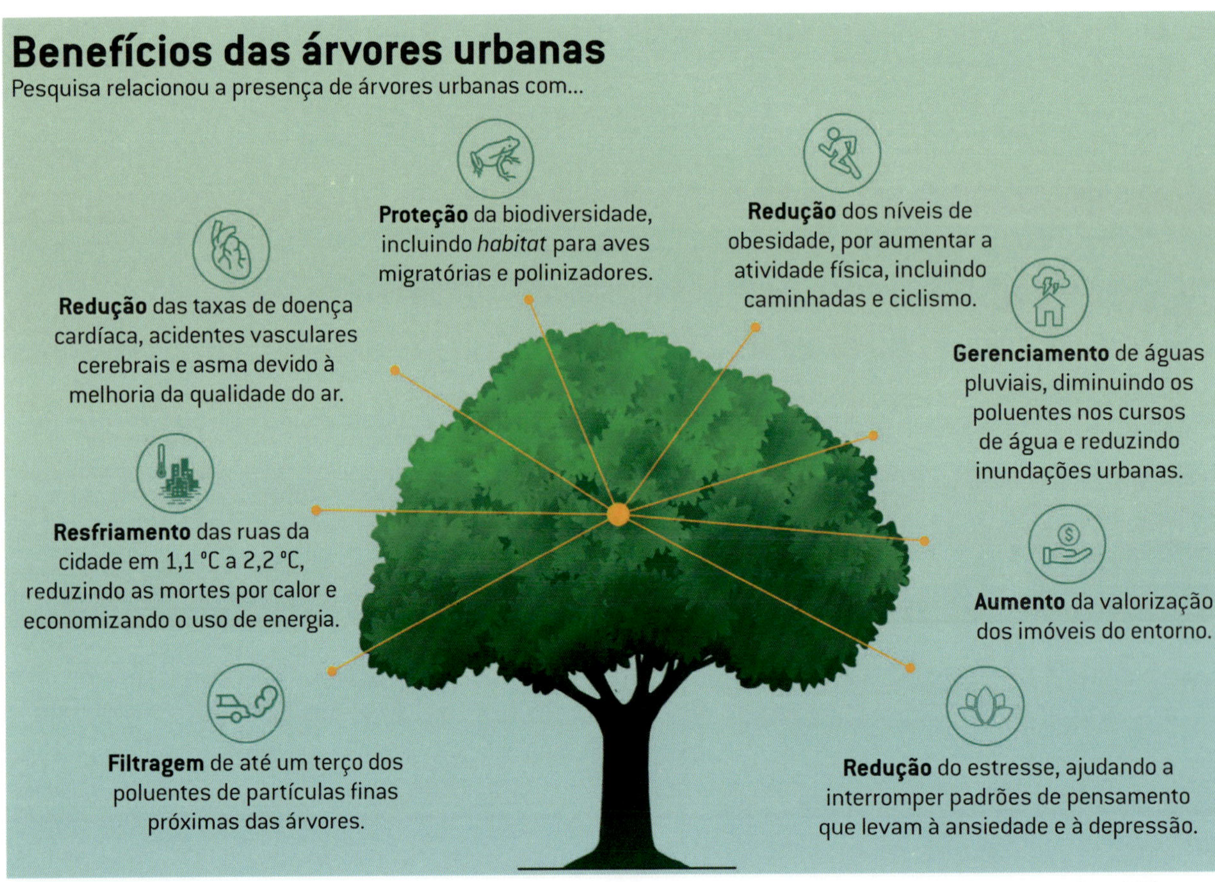

Com base em THE NATURE Conservancy. Benefits of Urban Trees. Disponível em: <https://global.nature.org/content/funding-trees-for-health> (acesso em: 10 nov. 2018). Traduzido pelos autores.

A criação e a garantia do acesso aos espaços verdes na cidade, como parques e praças, e ações para a manutenção dos bens naturais comuns para o lazer e a saúde da população também fazem parte do item 11 dos Objetivos de Desenvolvimento Sustentável.

No mundo, a cidade considerada a mais verde é Edmonton, no Canadá, com 100 m² de área verde por habitante. No Brasil, entre as cidades com mais de 1 milhão de habitantes, Goiânia (GO) é a campeã da presença do verde, com 89,5% de arborização nas ruas, enquanto Belém (PA) é a menos arborizada, com quatro vezes menos, ou seja, 22,4% de árvores nas vias públicas, segundo dados do IBGE de 2010.

Esse estudo mostrou ainda que o estado do Paraná apresenta o maior índice de arborização das suas cidades: são 146 municípios com mais de 95% de ruas arborizadas. A média nacional foi de 67,4%.

Mayra Rodrigues/Tyba

Vista aérea da cidade de Goiânia (GO), em 2018, que tem a maior área verde do Brasil. Em primeiro plano está a Reserva Ambiental do Parque Areião, uma reserva florestal urbana.

Hortas urbanas

Transformar terrenos vazios, jardins escolares ou pequenas áreas públicas e comuns, como praças e locais de prédios, em hortas comunitárias é uma iniciativa mundial que tem crescido muito nas cidades brasileiras em anos recentes.

Nessas hortas são plantados hortaliças, legumes, condimentos e ervas medicinais, que são consumidos pelos que trabalham na terra, por moradores locais, ou vendidas à comunidade do entorno. Além de propiciar benefícios à saúde pelo contato com a terra, a produção de alimentos nesses locais dispensa o uso de agrotóxicos.

Segundo estudo de 2011, do Instituto Worldwatch (WWI), as hortas urbanas são responsáveis por 15% a 20% de todo o alimento produzido no mundo.

Atualmente, há um mapa colaborativo com as hortas urbanas em todo o mundo. No Brasil, estavam cadastradas, em junho de 2018, 491 hortas comunitárias urbanas. As hortas vão desde áreas cultivadas em pequenas cidades até espaços produtivos dentro de grandes metrópoles.

Mapeamento da colheita urbana

Banco de imagens/Arquivo da editora

Fonte dos dados: FALLINGFRUIT – mapeamento da colheita urbana. Disponível em: <http://fallingfruit.org/?c=forager%2Cfreegan&locale=pt-br> (acesso em: 12 jul. 2018).

Mapa das hortas urbanas do Brasil, cadastradas na ONG internacional Fallingfruit. A região Sudeste comanda esse *ranking*, e o estado de Minas Gerais lidera o número das hortas urbanas.

NESTE CAPÍTULO VOCÊ ESTUDOU

Hans Von Manteuffel/Pulsar Imagens

- As cidades e os princípios do desenvolvimento sustentável.
- Os meios de transporte nas cidades sustentáveis.
- Exemplos de práticas sustentáveis.
- Consumo sustentável.
- A importância das áreas verdes nas cidades.
- Hortas urbanas.

ATIVIDADES

PENSE E RESOLVA

1 No ambiente escolar, é possível praticar muitas ações relacionadas à sustentabilidade e ao uso consciente de recursos naturais e bens de consumo.

a) Liste iniciativas que você observa na sua escola relacionadas ao consumo de água e de energia elétrica e à destinação do lixo que visem promover a sustentabilidade.

b) Faça uma relação de outras práticas que, na sua opinião, podem ser adotadas na sua escola para promover a sustentabilidade.

2 Escreva frases relacionando as palavras abaixo:

a) Cidades, transporte público, poluentes, ciclovias.

b) Embalagens retornáveis, reciclagem, lixo.

c) Praças, árvores urbanas, fauna silvestre.

d) Hortas comunitárias, agrotóxicos, saúde, comunidade.

3 O que são áreas de risco e qual porcentagem da população brasileira vive nessas áreas?

4 Observe a imagem.

Chico Ferreira/Pulsar Imagens

Trata-se de um conjunto habitacional entregue aos moradores sem arborização das ruas. Os jardins e quintais de cada uma das casas também não possuem vegetação.

a) Quais argumentos você utilizaria para convencer os administradores a plantar árvores e os moradores a cultivar áreas verdes, como hortas e jardins, em suas casas?

b) Quais orientações você daria para o plantio de árvores nas calçadas?

5 O quadro abaixo mostra dois tipos de cidade que diferem em relação aos meios de transporte e à presença de áreas verdes.

	Cidade 1	Cidade 2
Transporte urbano	Transporte público é o principal	Transporte particular individual é o principal
Ciclovias e ciclofaixas	Muitos quilômetros no centro e nos bairros	Nos parques e no centro
Arborização urbana	Em ruas e praças e nas hortas urbanas	Em praças. Hortas somente em quintais na periferia
Saneamento básico	100% de água e esgotos tratados	30% de água e esgotos tratados

Qual das duas cidades se aproxima mais de uma cidade sustentável? Apresente três razões para isso.

6 O gráfico abaixo mostra a extensão de ciclovias em algumas capitais brasileiras.

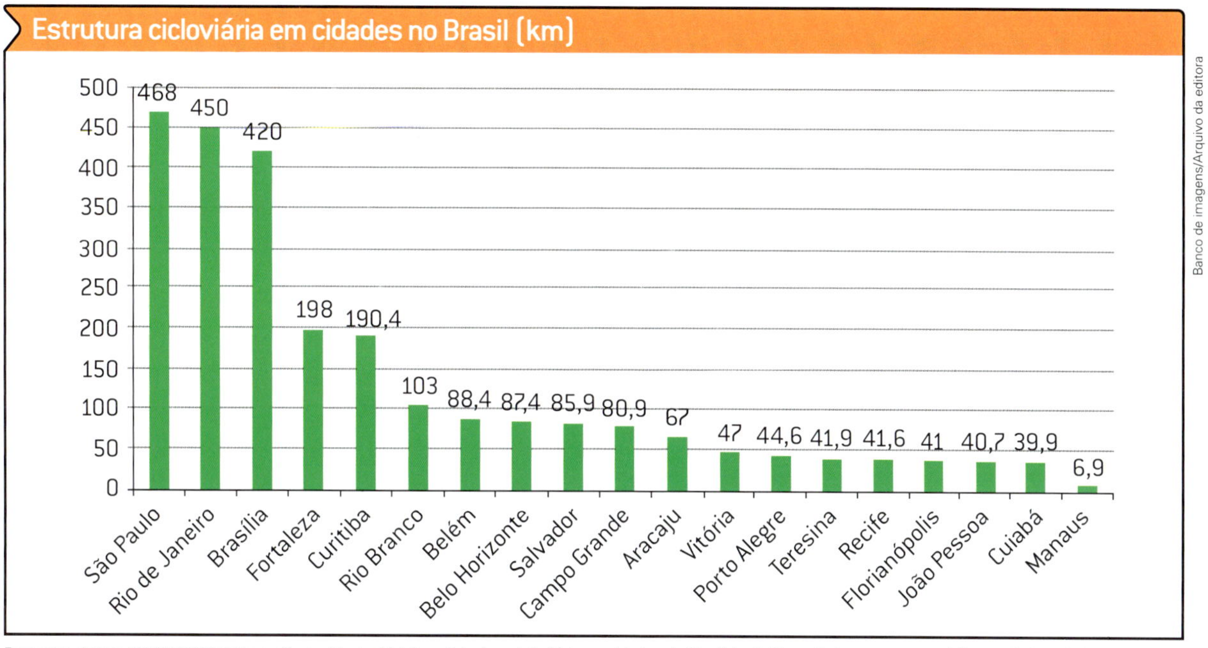

Fonte dos dados: MOBILIDADE Urbana Sustentável – Mobilize. Estrutura cicloviária em cidades do Brasil (km). Disponível em: <www.mobilize.org.br/estatisticas/28/estrutura-cicloviaria-em-cidades-do-brasil-km.html> (acesso em: 29 jul. 2018).

Um estudo de 2018, feito na cidade de São Paulo, mostrou que a presença de estrutura cicloviária (ciclovias) até 500 metros do domicílio é um forte estímulo para utilizar a bicicleta diariamente para o trabalho e o lazer.

a) Quais são as capitais e as regiões com a maior e a menor extensões cicloviárias no Brasil?

b) Em que aspectos uma cidade que possui mais ciclofaixas e mais ciclistas pode ser mais sustentável?

c) Pesquise como é a estrutura cicloviária de sua cidade e de seu bairro para a utilização de bicicletas como meio de transporte cotidiano, e não somente em momentos de lazer. Existe algum projeto da prefeitura em andamento? Se sim, qual?

7 Para cada um dos seis aspectos do consumo consciente, escreva uma ação que você e sua família realizam ou podem realizar, visando a sustentabilidade.

8 Leia o texto a seguir.

Em maio de 2018, a Organização Mundial da Saúde (OMS) divulgou o relatório de estatísticas mundiais de saúde mostrando que, anualmente, 7 milhões de pessoas no mundo ainda morrem por causa da poluição do ar. O problema afeta muito mais as pessoas mais pobres, que são as que têm menos recursos para se tratar de doenças. No período entre 2010 e 2016, mais de 57% das cidades das Américas e mais de 61% das cidades da Europa sofreram queda nos níveis de emissão de poluentes, enquanto na Ásia mais de 70% das cidades sofreram com a perda da qualidade do ar.

Além da poluição por emissão de gases de veículos e indústrias, para uma parte significativa da população de países pobres, a poluição vem ainda da fumaça de fogões poluidores e combustíveis em residências. Nos países de rendas baixa e média, principalmente na Ásia e na África, ocorrem mais de 90% das mortes relacionadas à poluição do ar, seguidos pelos países de rendas baixa e média da região do Mediterrâneo oriental, da Europa e das Américas.

De que forma é possível reduzir a mortalidade por doenças relacionadas à poluição urbana?

9 Quais são as doenças provocadas pela poluição e quais são os poluentes mais importantes?

10 Quais são os aspectos ambientais, sociais e econômicos relacionados ao problema da poluição do ar, principalmente em países pobres?

SÍNTESE

Após as eleições municipais, o novo prefeito tomou posse numa cidade hipotética chamada Ribeirão Belo da Serra, localizada em região do bioma Mata Atlântica, com uma população de 80 mil habitantes. Como meta de governo, esse novo prefeito decidiu realizar ações para transformar Ribeirão Belo da Serra em uma cidade sustentável, em consonância com os dezessete Objetivos de Desenvolvimento Sustentável da ONU.

Alguns desafios para alcançar esses objetivos estão em vários aspectos da cidade, como apresentado a seguir:

1. Transportes – a cidade tem transporte coletivo muito ruim, com poucos ônibus e veículos antigos, sem catalisadores, e que por isso emitem muitos gases poluentes. O tráfego de veículos de passeio é intenso e não há faixas exclusivas para ciclistas. O relevo da cidade é relativamente plano, o que favorece o uso de bicicletas.
2. Saneamento – grande parte dos esgotos não é tratada, e nos bairros mais carentes não há coleta de resíduos sólidos nem água encanada. Os vários riachos que existem na cidade estão assoreados e sem floresta ciliar.
3. Áreas verdes – existem praças públicas, mas estão abandonadas, e a maioria das calçadas é impermeabilizada e não tem árvores plantadas.
4. Resíduos sólidos – a produção de resíduos sólidos pela população é alta, assim como o desperdício de alimentos, em residências e restaurantes. Todo o resíduo é descartado sem nenhuma reciclagem, reúso ou reaproveitamento.
5. Produção de alimentos – a cidade fica distante de centros de abastecimento, o que encarece os alimentos e diminui sua qualidade para a população. Entretanto, as áreas do entorno da cidade têm aptidão para a produção agrícola de alimentos, em pequenas propriedades familiares, sem uso de defensivos agrícolas.

Formem grupos de três a cinco colegas e detalhem, analisando as características de Ribeirão Belo da Serra, e anotando no caderno, quais ações o prefeito e seus assessores deverão implantar para mudar a realidade da cidade, tendo como base o Objetivo de Desenvolvimento Sustentável 11 – Cidades e Comunidades Sustentáveis. Após descrever as ações, façam um desenho dessa futura Ribeirão Belo da Serra sustentável, considerando cada um dos aspectos apresentados.

DESAFIOS

A reciclagem de materiais é um dos aspectos importantes relacionados aos resíduos sólidos nas cidades sustentáveis. As ações e os programas de coleta seletiva e de reciclagem devem ser contínuos, reunindo cooperativas de catadores, empresas e o poder público para atingir bons resultados. No Brasil, em 2016, um total de 1 055 municípios (cerca de 18%) desenvolviam programas de coleta seletiva, atingindo 31 milhões de brasileiros, ou 15% da população – uma porcentagem considerada ainda pequena. A coleta seletiva é marcadamente desigual pelas regiões do Brasil, conforme mostra o gráfico abaixo, com dados de 2016.

Regionalização dos municípios com coleta seletiva no Brasil

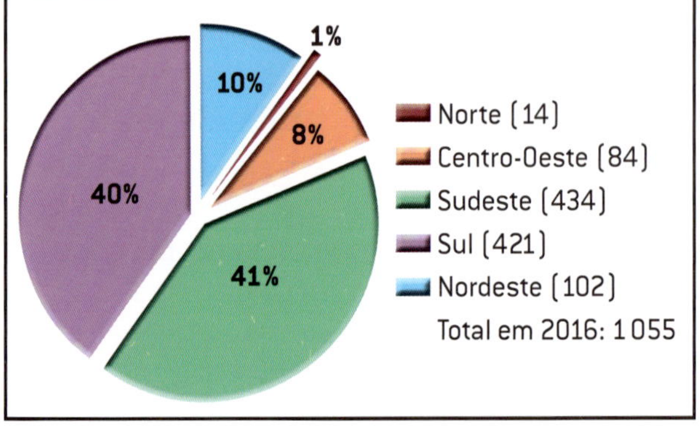

Banco de imagens/Arquivo da editora

Fonte: CEMPRE. Disponível em: <http://cempre.org.br/ciclosoft/id/8> (acesso em: 29 jul. 2018).

Os números do lixo reciclado também ainda são muito baixos. Segundo dados da Fundação Mundial para a Natureza (WWF), apenas 3% de todo o lixo produzido no Brasil é reciclado, valor que poderia chegar a 30% se houvesse maior esforço e compromisso das instituições e da sociedade. Nas principais capitais, os números da reciclagem também são baixos: São Paulo recicla 3%, Rio de Janeiro, 1,9%, e Belo Horizonte, 1,8% de seus resíduos sólidos.

Com os avanços tecnológicos atuais, o resíduo urbano vem sofrendo alterações do ponto de vista qualitativo e quantitativo, e parte importante passa a ser de produtos elétricos e eletrônicos, como lâmpadas, eletrodomésticos, telefones celulares, entre outros. Esses produtos contêm materiais de alto valor monetário, como metais semicondutores, ou são um grande perigo para o meio ambiente, por apresentarem metais pesados de baterias. Por isso, demandam coleta e reciclagem adequadas.

Os gráficos a seguir mostram as composições da coleta seletiva em cidades brasileiras.

Composição da coleta seletiva

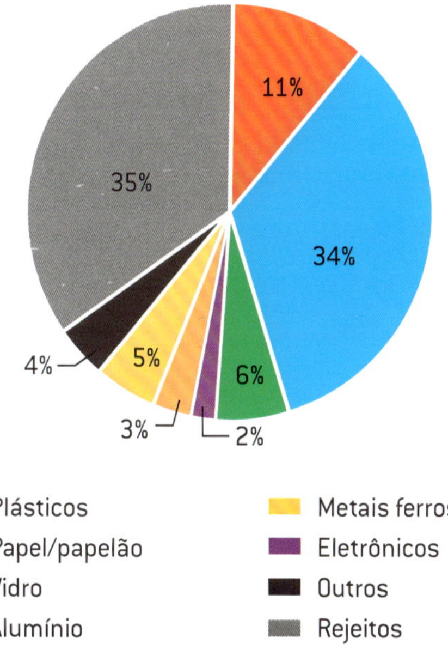

Banco de imagens/Arquivo da editora

Perfil dos plásticos

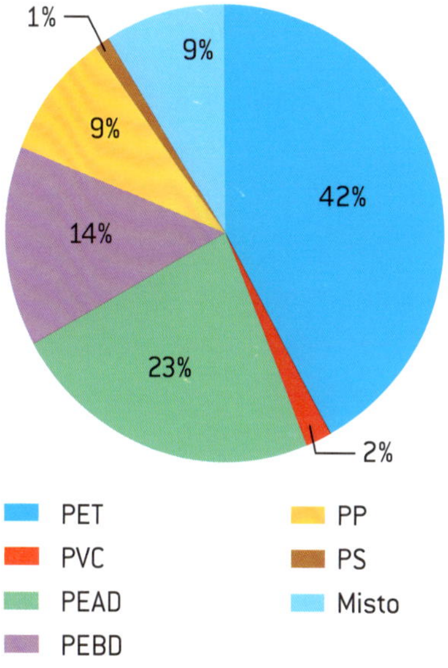

Banco de imagens/Arquivo da editora

Fonte dos gráficos: CEMPRE. Disponível em: <http://cempre.org.br/ciclosoft/id/8> (acesso em: 29 jul 2018).

1 Em termos de proporção por número de estados, qual é a região que possui mais serviços de coleta seletiva municipal?

2 Quais são os materiais mais reciclados no Brasil?

3 Quais são os diferentes produtos que geram os plásticos reciclados PET, PEAD, PP, PEBD e PVC?

4 Reunidos em grupos de três ou quatro estudantes, preparem uma campanha informativa, para a escola e/ou bairro, sobre a importância da reciclagem dos materiais eletroeletrônicos listados abaixo. Produzam frases ou pequenos textos que ajudem nesta campanha.

- Lâmpadas.
- Telefones celulares.
- Computadores e *notebooks*.
- Impressoras.
- Fotocopiadoras.
- Pilhas alcalinas.
- Baterias de celular.

LEITURA COMPLEMENTAR

O fim dos copos e pratos descartáveis

Campanhas e medidas efetivas para banir os utensílios plásticos descartáveis vêm aumentando e se fortalecendo no Brasil. Em abril de 2018, a Comissão de Meio Ambiente do Senado aprovou projeto que prevê a retirada gradual do plástico da composição de pratos, copos, bandejas e talheres descartáveis. No prazo de 10 anos, o plástico deverá ser substituído por materiais biodegradáveis em utensílios e embalagens de alimentos prontos para o consumo. A substituição deverá ser progressiva: assim que a lei for aprovada, 20% do plástico deverá ser retirado em até 2 anos, depois a exigência aumentará para 50% em 4 anos, 80% em 8, e, finalmente, ele será totalmente substituído em 10 anos.

A principal preocupação é o destino final do plástico descartado, que costuma ir para rios e oceanos, comprometendo a vida aquática, principalmente marinha. Existem estudos que preveem que, até 2050, existirá mais plástico nos oceanos do que peixes!

Atitudes locais para reduzir o volume de plásticos descartados vêm aumentando a cada dia, em escolas, escritórios e empresas. Exemplos dessas atitudes são as campanhas para redução do uso de copos plásticos descartáveis, que têm sido apoiadas pela ONU Meio Ambiente com o objetivo de banir o uso desse item em escolas de São Paulo. [...]

Na campanha Por Amor ao Mar, a forma de conscientizar e despertar os alunos para o amor à natureza e o respeito às diversas formas de vida foi a literatura infantil, com histórias sobre os animais e o ambiente. Esse projeto leva o sério problema do lixo plástico nos mares para a discussão nas escolas públicas e privadas, envolvendo os alunos, os pais, os educadores e os dirigentes das escolas nas discussões e ações para a redução de copos plásticos descartáveis no ambiente da escola. Os copos são substituídos por canecas e garrafas não descartáveis.

[...]

Essas ações estão afinadas com os objetivos 12 – Consumo e Produção Sustentáveis, e 14 – Vida na Água da Agenda 2030 da ONU.

Elaborado com base em: Somos todos viajantes e Ciclo Vivo. Disponível em: <www.somostodosviajantes.com> e <www.ciclovivo.com.br/planeta/desenvolvimento/senado-aprova-proibicao-de-plastico-descartavel-no-brasil/> (acesso em: 29 jul. 2018).

Questões

1. Por que materiais plásticos descartáveis, como copos, canudos e talheres, são considerados inimigos do meio ambiente?
2. De que forma deverá ser feita a substituição desses materiais plásticos descartáveis no Brasil durante os próximos anos?
3. Pesquise quais materiais alternativos poderão substituir o plástico como matéria-prima de utensílios de acondicionamento de alimentos prontos para consumo.
4. Imagine que você foi convidado para a festa de uma amiga, na qual ela pretende usar somente materiais descartáveis (copos, pratos, canudos e talheres) para servir os alimentos. Com base na leitura complementar, quais argumentos você usaria para convencer sua amiga a não utilizar produtos descartáveis?

Capítulo 2

Protegendo paisagens

Vinicius Bacarin/Shutterstock

O Parque Nacional de Iguaçu, no estado do Paraná, na divisa com a Argentina (em foto de 2017), é uma das Unidades de Conservação mais visitadas no Brasil. Ele foi criado em 1939 e tem o título de Patrimônio Natural da Humanidade, concedido pela Unesco.

O Brasil, com suas dimensões continentais, apresenta imensa riqueza de paisagens nos diferentes biomas, além de elevada biodiversidade. Mas, mesmo assim, muitas espécies estão em processo de extinção devido a alterações dos ambientes naturais.

Para proteger a fauna, a flora, os recursos ambientais de determinada região, na tentativa de manter preservadas as características naturais, foram criadas as Unidades de Conservação (UCs).

Você sabe o que são Unidades de Conservação? Conhece ou já esteve em alguma? Você tem ideia da importância de uma Unidade de Conservação?

Neste capítulo você vai conhecer algumas Unidades de Conservação, suas características e importância.

Unidades de Conservação

O Brasil é um dos países com mais biodiversidade do mundo. Os diferentes biomas que existem no território nacional abrigam muitas espécies de plantas e animais, sendo várias delas consideradas endêmicas. Contudo, há diversos fatores que podem ameaçar toda essa biodiversidade.

Com o crescimento da população mundial e a necessidade de áreas para a produção de alimentos, ampliaram-se as áreas destinadas à agricultura e à pecuária. As áreas para a produção de energia cresceram, assim como aumentaram também as urbanizadas, e muitos ecossistemas naturais que compõem os biomas foram destruídos, gerando perdas de várias formas de vida.

Tal como no Brasil, outros países possuem um patrimônio natural que também foi afetado por ações dos seres humanos. Para conservar e proteger áreas naturais importantes nos diferentes biomas do mundo do ponto de vista biológico e geológico, foram criadas as Unidades de Conservação (UCs).

As Unidades de Conservação são, portanto, áreas naturais protegidas por lei com o objetivo de conservar o patrimônio nacional natural e cultural, composto da biodiversidade, da geodiversidade, ou conjunto de montanhas e montes únicos, e do patrimônio **espeleológico**, **paleontológico** e **arqueológico**.

Espeleológico: relativo a grutas e cavernas.
Paleontológico: relativo a fósseis.
Arqueológico: relativo a restos e marcas deixados por povos antigos.

UM POUCO MAIS

Como são criadas as Unidades de Conservação no Brasil?

A criação de Unidades de Conservação é feita pelo Instituto Chico Mendes de Conservação da Biodiversidade (ICMBio), órgão federal, ou pelas Secretarias Estaduais de Meio Ambiente. São feitos estudos técnicos e consultas públicas para verificar a importância ambiental e social do local, como a presença de espécies ameaçadas e de populações tradicionais.

Eduardo Zappia/Pulsar Imagens

O Parque Nacional da Serra dos Órgãos preserva, além da biodiversidade, um conjunto único de montanhas e picos. Teresópolis (RJ), 2017.

Após serem criadas, deve ser apresentado um Plano de Manejo, um documento que contém, em detalhes, as informações sobre quais são os recursos naturais e as comunidades presentes na área da Unidade de Conservação e no entorno, como eles devem ser protegidos e como os recursos devem ser utilizados de forma sustentável.

As Unidades de Conservação sofrem muitas pressões e ameaças, entre elas o desmatamento, a retirada ilegal de madeiras e a caça. A administração das áreas é feita com a participação de um Conselho Gestor, constituído por representantes de instituições, como governo, universidades, organizações não governamentais (ONGs), associações de moradores e empresas do entorno. Essa participação da população na gestão das Unidades de Conservação traz a noção da responsabilidade social compartilhada do bem público, aumentando a efetividade de sua proteção, fiscalização e conservação da biodiversidade.

Por que precisamos de áreas protegidas?

Embora as primeiras Unidades de Conservação brasileiras tenham sido criadas por motivos estéticos e recreativos, atualmente, seu propósito está voltado para a proteção da biodiversidade e tem se tornado uma das principais estratégias para a conservação e manutenção dos recursos naturais. Assim, as Unidades de Conservação possuem áreas geográficas de tamanho suficiente para proteger amostras significativas das diferentes populações de plantas e animais, de modo que possam viver e se reproduzir, além dos diferentes *habitat* e ecossistemas.

Portanto, essas áreas têm o papel fundamental de proteger especialmente as espécies ameaçadas de extinção, promover o desenvolvimento sustentável e contribuir para a **conservação**, a **preservação** e a **restauração** de ecossistemas naturais.

Conservação: refere-se à proteção dos recursos naturais com utilização racional, de forma a garantir o seu uso sustentável.

Preservação: refere-se à proteção integral do recurso ambiental, isto é, sem nenhuma interferência humana.

Restauração: processo de auxiliar a recuperação de um ecossistema que foi degradado ou destruído pela ação humana, para que retorne a uma situação com características de estrutura e funcionamento próximas às originais.

Uma espécie que está protegida por um conjunto de Unidades de Conservação é o muriqui ou mono-carvoeiro (*Brachyteles arachnoides*), o maior macaco das Américas. No estado do Rio de Janeiro, encontramos essa espécie nos parques nacionais de Itatiaia e da Serra da Bocaina, e, no estado de São Paulo, nos parques estaduais Carlos Botelho, Nascentes do Paranapanema e Intervales, além da Estação Ecológica de Xituê.

Essas áreas protegidas do estado de São Paulo formam o chamado *Continuum* Ecológico da Serra do Mar, uma grande área geográfica contínua e protegida por lei, que mantém florestas e espécies vegetais ameaçadas da Mata Atlântica, como o palmito-juçara (*Euterpe edulis*), e também muitas espécies de mamíferos ameaçadas de extinção, como onças-pintadas, onças-pardas, antas e porcos-do-mato.

Algumas aves ameaçadas de extinção também são protegidas com a criação de Unidades de Conservação, como o soldadinho-do-araripe (*Antilophia bokermanni*), na Floresta Nacional (Flona) do Araripe-Apodi, no Crato (CE), ou a arara-azul-de-lear (*Anodorhynchus leari*), na Estação Ecológica Raso da Catarina, em Paulo Afonso (BA).

Marcos Amend/Pulsar Imagens

João Quental/ Opção Brasil Imagens

O muriqui-do-norte **(A)** e a ave soldadinho-do-araripe **(B)** são espécies endêmicas e ameaçadas de extinção, protegidas por Unidades de Conservação.

Andre Dib/Pulsar Imagens

O Parque Nacional do Peruaçu, em Minas Gerais, no bioma do Cerrado, possui inúmeras cavernas com fauna endêmica de animais invertebrados, além de sítios arqueológicos e pinturas rupestres da Pré-História. A gruta do Janelão faz parte do patrimônio espeleológico nacional, formado por mais de 7 mil cavernas. Fotografia de 2017.

As Unidades de Conservação protegem ainda espécies endêmicas que vivem em áreas geográficas muito restritas de um bioma. O sapo-flamenguinho (*Melanophryniscus moreirae*) é um exemplo: ele vive nas áreas altas de campos rupestres da serra da Mantiqueira, em altitudes superiores a 2 400 metros, principalmente no Parque Nacional do Itatiaia, no Rio de Janeiro.

O Parque Nacional de Itatiaia, no Rio de Janeiro, abriga diversas espécies de plantas e animais, como o sapo-flamenguinho.

UM POUCO MAIS

Turismo consciente em áreas protegidas

Ecoturismo é aquele feito em áreas protegidas. Ele deve ser realizado de forma a ajudar na manutenção das Unidades de Conservação. Conheça e pratique estas dicas para aproveitar com segurança os passeios em áreas naturais protegidas e sem causar estragos ao ambiente.

1. Faça um planejamento de sua viagem, informando-se sobre a Unidade de Conservação que pretende conhecer, suas características naturais, atrativos, normas de visitação, como chegar, previsão do tempo; pense nas roupas adequadas (como botas de caminhadas e capa de chuva, por exemplo) e nos equipamentos necessários.
2. Lembre-se da sua segurança: procure informações sobre as trilhas e os caminhos que vai percorrer e a duração dos percursos e tenha sempre instrumentos de localização, como bússola ou GPS.
3. Não altere nem destrua os caminhos por onde passar ou os locais de acampamento.
4. Recolha todo o lixo que produzir e coloque-o nas lixeiras, ou traga-o de volta, no caso de não haver coleta de lixo. Nunca queime nem enterre o lixo.
5. Não utilize nem retire nenhum material do local, como pedras, conchas, plantas, flores, e não deixe marcas de pintura, pichações ou qualquer tipo de gravação em árvores, pedras ou construções.
6. Nunca faça fogueiras. Utilize lanternas para iluminar os ambientes e fogareiros para cozinhar, se for acampar.
7. Respeite os animais silvestres e mantenha distância deles; não os alimente nem tenha contato direto com eles. Use roupas de tons pastel, que não chamem atenção; não grite nem use instrumentos sonoros.
8. Respeite as pessoas locais; não leve animais domésticos para as áreas protegidas. Prefira comprar serviços ou produtos dos moradores locais.

› Tipos de Unidades de Conservação

Em razão das particularidades e das fragilidades das diferentes Unidades de Conservação, foi criado, em 2000, pela Lei nº 9 985, o Sistema Nacional de Unidade de Conservação (SNUC), que as classifica, organiza e estabelece suas formas de gestão, de acordo com critérios que se baseiam no modo de proteção, no tipo de atividade que se pode realizar dentro dos seus limites e na propriedade da terra.

Existem vários tipos ou categorias de Unidades de Conservação no Brasil, divididas em dois grupos: Unidades de Conservação de Proteção Integral e Unidades de Conservação de Uso Sustentável.

Unidades de Conservação de Proteção Integral

As Unidades de Conservação de Proteção Integral, como o próprio nome diz, proíbem a exploração de seus recursos naturais, como as florestas ou os minerais contidos no solo. Dessa maneira, a lei permite apenas fazer uso indireto do ambiente por meio do turismo e de atividades educativas ou científicas.

Isso ocorre porque essas Unidades de Conservação precisam de maiores cuidados e proteção, por possuírem espécies e ambientes únicos e frágeis. Nesses casos, essa área delimitada pertence sempre ao poder público.

Vista aérea da Reserva Biológica Atol das Rocas **(A)**, situada próximo ao arquipélago de Fernando de Noronha. Essa é uma Unidade de Conservação de Proteção Integral com 35 mil hectares (cerca de 360 km²). O atol é formado por um recife semicircular, composto de esqueletos calcários de algas, corais e moluscos, que abriga diversos animais marinhos **(B)**.

Unidades de Conservação de Uso Sustentável

Nas Unidades de Conservação de Uso Sustentável são permitidas as atividades extrativistas, como agricultura, pecuária e mineração, além de moradia e turismo, desde que compatíveis com a conservação da natureza e o uso sustentável dos seus recursos naturais. Diferentemente das Unidades de Conservação de Proteção Integral, as terras dessas Unidades de Conservação podem ser públicas ou particulares.

Visite também!

Visite os parques. Instituto Chico Mendes de Conservação da Biodiversidade (ICMBio). Disponível em: <http://www.icmbio.gov.br/portal/visitacao1/visite-os-parques> (acesso em: 8 jul. 2018).

O *site* apresenta uma lista com diversos parques nacionais brasileiros que recebem visitação. Escolha um deles e obtenha informações sobre localização e horário de funcionamento. Convide sua família para conhecer essas Unidades de Conservação pessoalmente!

Vamos conhecer alguns exemplos de UCs e as características de cada uma delas.

UNIDADES DE CONSERVAÇÃO DE PROTEÇÃO INTEGRAL

Parque Nacional

Andre Dib/Pulsar Imagens

O Parque Nacional Marinho de Fernando de Noronha possui diversas praias e baías que abrigam grande biodiversidade marinha.

Tem como objetivo principal a preservação de ecossistemas naturais de grande relevância ecológica e beleza cênica. Nessa categoria é permitida a realização de pesquisas científicas, de turismo ecológico e de atividades educativas e recreativas.

Reserva Biológica

João Prudente/Pulsar Imagens

A Reserva Biológica de Pedra Talhada está localizada nos estados de Alagoas e Pernambuco, em área de Mata Atlântica, e abriga diversas espécies ameaçadas de extinção, como o gavião-pombo--pequeno e o pica-pau--anão-dourado.

Tem como objetivo a preservação integral de todos os seres vivos e demais atributos naturais existentes em seus limites. Portanto, esta categoria não permite a interferência humana direta ou modificações ambientais. As únicas ações permitidas são em prol da recuperação e preservação do equilíbrio natural, da diversidade biológica e dos processos ecológicos naturais. Só é possível visitar estas áreas se o propósito for educativo.

Monumento Natural

João Prudente/Opção Brasil Imagens

O Monumento Natural Estadual Pedra do Baú, localizado no município de São Bento do Sapucaí (SP), é um complexo rochoso de importância ecológica e turística.

Tem como objetivo principal a preservação de sítios naturais raros, únicos e de grande beleza cênica, como monumentos geológicos. Nesta categoria, diversas atividades de visitação são permitidas.

Estação Ecológica

Zig Koch/Opção Brasil Imagens

Estação Ecológica Serra das Araras. Localiza-se no bioma Cerrado, no estado de Mato Grosso.

É destinada à preservação dos ecossistemas e à realização de pesquisas científicas, podendo ser visitada apenas com objetivo educacional.

Refúgio de Vida Silvestre

Carlos Terrana/Kino.com.br

O Refúgio de Vida Silvestre do Rio dos Frades, em Porto Seguro (BA), é uma Unidade de Conservação localizada no bioma Mata Atlântica.

É uma área protegida com a função principal de garantir condições para a existência ou reprodução de espécies ou comunidades da flora local e da fauna. Permite atividades de visitação.

UNIDADES DE CONSERVAÇÃO DE USO SUSTENTÁVEL

Área de Proteção Ambiental (APA)

Alexandre Belem/Kino.com.br

Lajedo do Pai Mateus, em Cabaceiras (PB), está situada na Área de Proteção Ambiental do Cariri.

Trata-se de uma área extensa de terras privadas que possui, além de ocupação humana, recursos abióticos, bióticos, estéticos (paisagens) ou culturais (populações e tradições) importantes para a qualidade de vida e o bem-estar das populações humanas. Seus objetivos básicos são proteger a biodiversidade, regular o processo de ocupação e garantir a sustentabilidade do uso dos recursos naturais.

Floresta Nacional

Edson Grandisoli/Pulsar Imagens

A Floresta Nacional de Ipanema, no estado de São Paulo, apresenta grande heterogeneidade de ambientes por conter áreas de Cerrado e Mata Atlântica.

É uma área com cobertura florestal de espécies predominantemente nativas e tem como objetivo básico o uso sustentável dos recursos florestais e a pesquisa científica, com ênfase em métodos para exploração sustentável de florestas nativas.

Reserva Extrativista (Resex)

Luciana Whitaker/Pulsar Imagens

Na Reserva Extrativista Tapajós-Arapiuns (PA) há atividades extrativistas, como a coleta do açaí, realizadas pela população residente na reserva.

Trata-se de uma área utilizada por populações cuja subsistência baseia-se no extrativismo, na agricultura de subsistência e na criação de animais de pequeno porte. Seus objetivos básicos são proteger os meios de vida e a cultura dessas populações, e assegurar o uso sustentável dos recursos naturais da Unidade de Conservação.

Reserva de Desenvolvimento Sustentável (RDS)

Ricardo Oliveira/Tyba

A Reserva de Desenvolvimento Sustentável Mamirauá, em Tefé (AM), é a maior reserva florestal do país e está entre as maiores Unidades de Conservação de Uso Sustentável do Brasil.

É uma área natural que abriga populações cuja existência baseia-se em sistemas sustentáveis de exploração dos recursos naturais, desenvolvidos ao longo de gerações e adaptados às condições ecológicas locais, desempenhando assim um papel fundamental na proteção da natureza e na manutenção da diversidade biológica.

Reserva Particular do Patrimônio Natural (RPPN)

Tom Alves/Kino.com.br

Paisagem da RPPN Serra das Almas, em Crateús (CE), no bioma Caatinga.

Trata-se de uma área privada destinada apenas a ser utilizada como Unidade de Conservação. O objetivo desse tipo de reserva é conservar a diversidade biológica, sendo nela permitidas atividades recreativas, educativas e científicas.

Quantas Unidades de Conservação há no Brasil?

De acordo com dados de 2018 do Ministério do Meio Ambiente (MMA), o Brasil possui 1 462 Unidades de Conservação, o que equivale a uma área de 1 077 302 km^2 do território nacional. Todos os biomas brasileiros são protegidos por UCs de diferentes categorias. Quando analisamos essa distribuição em detalhe, é possível perceber que há diferenças na proporção das áreas protegidas em cada bioma. A Amazônia, por exemplo, possui 28% do seu território protegido por UCs, enquanto somente 3% do Pampa está protegido dessa forma.

Unidades de Conservação por bioma

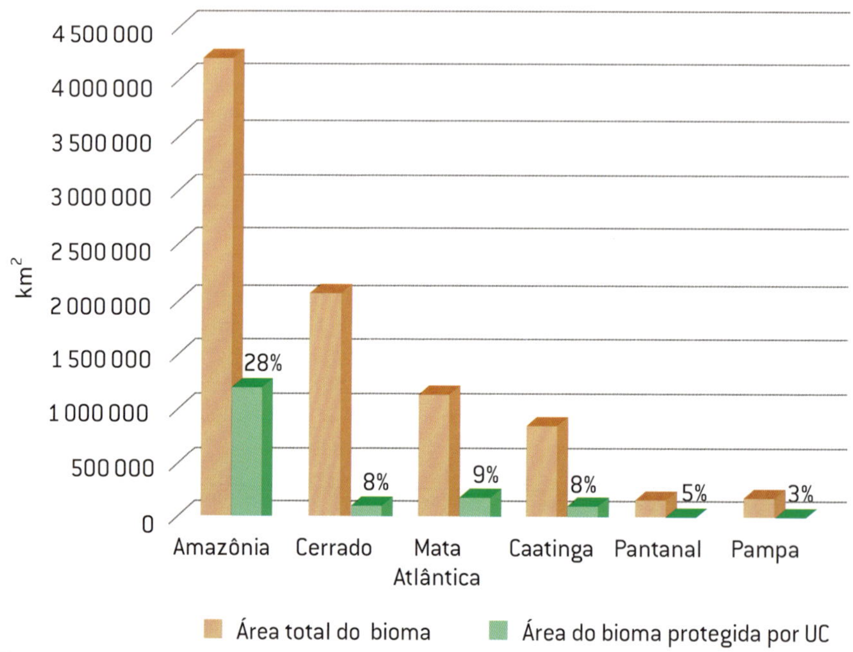

Banco de imagens/Arquivo da editora

Fonte: CNUC/MMA. Disponível em: <www.mma.gov.br/cadastro_uc> (acesso em: 23 ago. 2018).

Porcentagem de áreas protegidas em Unidades de Conservação em cada um dos biomas brasileiros.

EM PRATOS LIMPOS

Reservas Indígenas são Unidade de Conservação?

De acordo com a Fundação Nacional do Índio (Funai), as Reservas Indígenas são "[...] terras doadas por terceiros, adquiridas ou desapropriadas pela União, que se destinam à posse permanente dos povos indígenas". Nessas reservas, os povos indígenas podem manter sua cultura e modos de vida, que incluem a caça, a pesca, o extrativismo vegetal e a agricultura de subsistência.

Além das reservas, existem as Terras Indígenas, que são as terras de ocupação tradicional dos indígenas. Essas terras não são Unidades de Conservação e se destinam a manter as populações indígenas das diversas etnias presentes no território brasileiro.

Áreas protegidas também no mar

Além de proteger os biomas presentes na área continental, existem várias UCs que protegem áreas marinhas, como Parques Nacionais Marinhos, Reservas Biológicas e Monumentos Naturais. Ao todo, elas cobrem mais de 970 426 km^2 e correspondem a cerca de 26% da área marinha brasileira, de acordo com os dados da plataforma Protected Planet, do Centro de Monitoramento da Conservação Mundial das Nações Unidas para o Meio Ambiente (Unep-WCMC). Essa plataforma digital fornece dados atualizados de todas as áreas protegidas no mundo.

Em 2018, os arquipélagos São Pedro e São Paulo (PE) e o de Trindade e Martim Vaz (ES) foram declarados Unidades de Conservação federais marinhas, nas categorias de APA e Monumento Natural, respectivamente. Com a proteção a esses arquipélagos, todas as ilhas oceânicas brasileiras, que incluem também Fernando de Noronha e o atol das Rocas, passam a ser protegidas por UCs.

Vitoria Velez/Agência France-Presse

Ilha de Trindade (ES), que se tornou uma Unidade de Conservação federal marinha.

As áreas de proteção marinhas são muito importantes para a reprodução segura de peixes e outros animais, principalmente das espécies utilizadas como alimento humano. Nas águas protegidas, as populações crescem e depois migram para outras áreas onde podem ser pescadas, diminuindo o risco de diminuição ou extinção das espécies. As ilhas oceânicas são particularmente importantes na conservação de aves marinhas, sendo locais únicos onde fazem seus ninhos e criam seus filhotes.

Mapa das Unidades de Conservação brasileiras continentais e marinhas

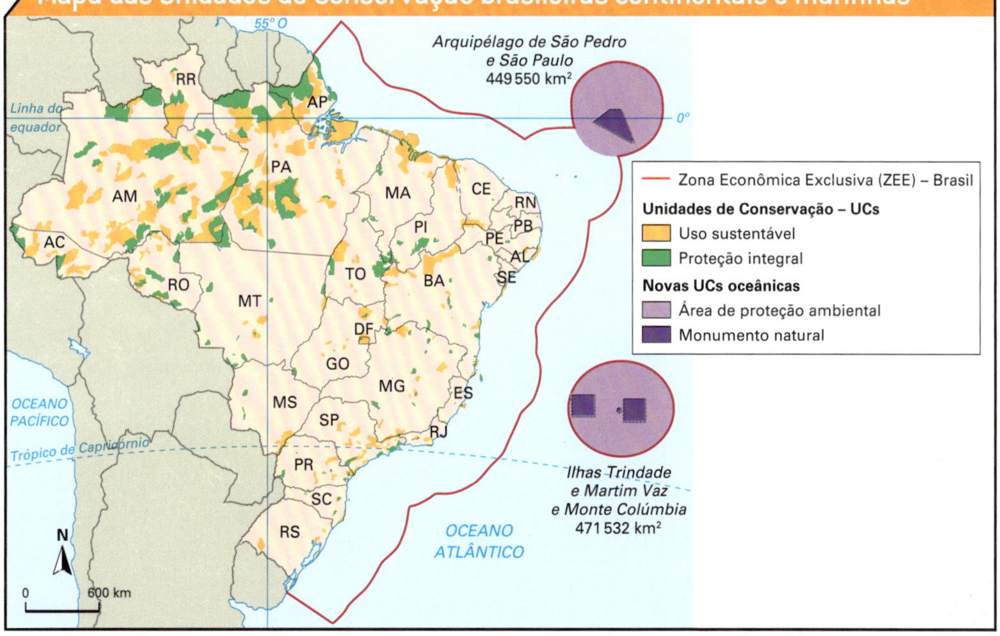

Banco de imagens/Arquivo da editora

Fonte: ICMBio, 2018. Disponível em: <http://www.icmbio.gov.br/portal/ultimas-noticias/20-geral/9509-brasil-cria-quatro-novas-unidades-marinhas> (acesso em: 9 jul. 2018).

As diferentes categorias de Unidades de Conservação do Brasil protegem áreas terrestres e marinhas em diversas extensões.

› As comunidades humanas nas Unidades de Conservação

Como já vimos, as duas categorias de UCs de uso sustentável que permitem a permanência de populações tradicionais com utilização dos recursos são a Reserva Extrativista (Resex) e a Reserva de Desenvolvimento Sustentável (RDS).

Ricardo Azoury/Pulsar Imagens

Nessas reservas, os produtos coletados são principalmente de origem vegetal, como látex, frutos de palmeiras (açaí, bacaba, babaçu, buriti e carnaúba), sementes (pinhão, castanha-do-brasil e castanha-de-caju), e de origem animal, como os pescados e os frutos do mar. A coleta (ou extrativismo) é uma atividade humana antiga, que antecede a agricultura, a pecuária e a indústria, praticada em todo o mundo.

Nas reservas os moradores são responsáveis pela conservação dos recursos naturais, vegetais ou animais, de onde retiram sua subsistência e, por isso, cuidam do ambiente e o protegem de forma efetiva, fiscalizando e evitando o desmatamento, a caça e a pesca predatória, além de manter vivas suas culturas e tradições, que constituem o componente socioambiental a ser preservado.

A Reserva Extrativista Chico Mendes, em Xapuri (AC), é considerada a maior do país. Além disso, foi onde viveu o ambientalista Chico Mendes (1944-1988), considerado um símbolo da luta pela conservação da natureza no Brasil. O extrativismo representa a principal fonte de renda para as famílias que moram na reserva. Na foto, um seringueiro extrai o látex, a matéria-prima para a fabricação de vários produtos à base de borracha.

UM POUCO MAIS

O que são populações tradicionais?

Populações tradicionais são grupos que têm culturas e formas próprias de organização social. Elas ocupam e usam territórios e recursos naturais como condição para sua reprodução cultural, social, religiosa, ancestral e econômica, utilizando conhecimentos, inovações e práticas gerados e transmitidos por tradição.

No Brasil, alguns exemplos de populações tradicionais são: quilombolas, seringueiros, castanheiros, quebradeiras de coco-de-babaçu, faxinalenses, pescadores artesanais, ribeirinhos, varjeiros ou varzeiros, caiçaras, sertanejos, jangadeiros, açorianos e pantaneiros.

Essas comunidades tradicionais constituem aproximadamente 5 milhões de brasileiros e ocupam 25% do território nacional.

NESTE CAPÍTULO VOCÊ ESTUDOU

Vinicius Bacarin/Shutterstock

- O que são Unidades de Conservação.
- As principais categorias das UCs e suas características.
- A distribuição das UCs no Brasil.
- A importância das UCs para cada bioma brasileiro.
- As áreas marinhas protegidas.
- As comunidades humanas e o extrativismo sustentável nas UCs.

ATIVIDADES

PENSE E RESOLVA

1 Leia o texto a seguir:

O Monumento Natural das Árvores Fossilizadas está situado no município de Filadélfia (TO), no bioma Cerrado. Ele também é conhecido como Parque das Árvores Petrificadas, cujos fósseis são chamados de Pedras de Pau pela comunidade local. Essa UC tem o objetivo de preservar o patrimônio fossilífero presente na área, rico em sítios paleontológicos e arqueológicos onde são encontrados os fósseis de árvores como pteridófitas, esfenófitas, coníferas e cicadácias, sendo considerada a mais completa floresta fossilizada do mundo.

A floresta existiu no Período Permiano da Era Paleozoica, entre 250 e 295 milhões de anos. No final desse período, a Terra assistiu à maior extinção em massa da fauna e da flora jamais ocorrida, em que aproximadamente 90% das espécies marinhas e talvez 70% das terrestres desapareceram.

Gustavo Sá/Futura Press

Fósseis de folha de samambaia na Floresta Petrificada do Tocantins Setentrional, na cidade de Filadélfia (TO), também conhecida como Monumento Natural das Árvores Fossilizadas.

a) Que tipo de Unidade de Conservação é o Monumento Natural?

b) Por que é importante proteger fósseis como esses do Tocantins?

c) De acordo com o gráfico apresentado na página 32, qual é o tamanho da área protegida por Unidade de Conservação do bioma Cerrado?

2 Sobre as categorias de UCs brasileiras conhecidas como Reserva Extrativista e Reserva de Desenvolvimento Sustentável, a alternativa que traz a resposta correta é:

a) São reservas destinadas às populações indígenas que saíram de seus locais de origem e cuja terra pertence ao poder público.

b) São áreas privadas localizadas na Amazônia destinadas ao desenvolvimento de agricultura ecológica, pecuária sustentável e mineração.

c) São reservas cuja terra pertence ao poder público e que são destinadas às populações tradicionais que vivem do extrativismo vegetal, da caça, da pesca e da agricultura de subsistência.

d) São reservas privadas destinadas à exploração florestal e mineral na Amazônia e na Mata Atlântica.

e) São reservas públicas e privadas com o objetivo de desenvolver manejo sustentável de recursos florestais e animais em todos os biomas brasileiros.

3 Sobre as Unidades de Conservação marinhas no Brasil, responda:

a) Qual é a importância da criação de UCs marinhas para o Brasil?

b) Cite o nome de três UCs de diferentes categorias.

4 Quem participa do Conselho Gestor das UCs? Ele é uma instância democrática de participação? Explique.

5 O Parque Nacional de Jericoacoara, no município de Jijoca de Jericoacoara (CE), foi criado em fevereiro de 2002, com área de 8 416 hectares, e tem como objetivo proteger ecossistemas costeiros, assegurar a preservação de seus recursos naturais, além de permitir pesquisa científica, educação ambiental e turismo ecológico. Essa é uma das UCs com maior visitação anual no Brasil, devido aos atrativos de praias, dunas e lagoas. A figura abaixo mostra o mapa de zoneamento do Parque Nacional de Jericoacoara, que determina qual atividade é permitida em cada local da UC.

Zoneamento do Parque Nacional de Jericoacoara

Banco de imagens/Arquivo da editora

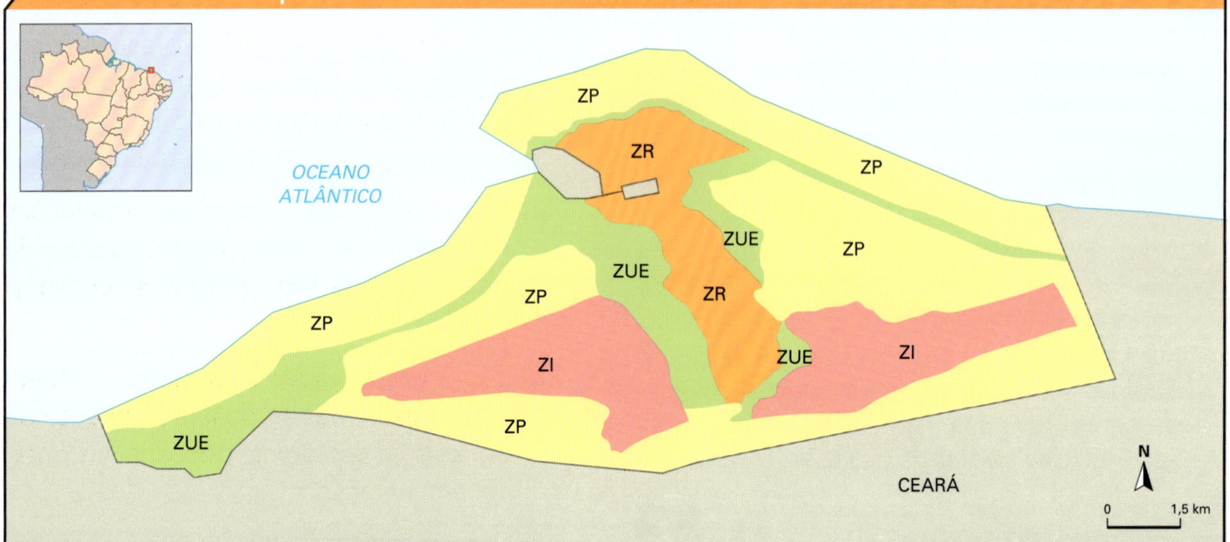

Zona Intangível (ZI)	Onde a natureza permanece preservada. Zona dedicada à proteção integral dos ecossistemas e ao monitoramento ambiental. Corresponde a 18,97% do Parna-Jeri, com 1 594 ha. Abrange principalmente a planície de aspersão eólica, as lagoas interdunares sazonais e as dunas móveis de 2ª geração localizadas em dois setores na porção centro-sul do Parque.
Zona Primitiva (ZP)	Onde tenha ocorrido pequena intervenção humana, com o objetivo de preservar, permitindo formas primitivas de recreação. Zona de maior expressividade, com 4 597 ha e 53,92% do Parna-Jeri. Representa a zona marinha, grande parte da planície de aspersão eólica, dunas móveis de 2ª e 3ª geração e dunas fixas de 1ª geração a sudoeste do parque e algumas lagoas interdunares sazonais.
Zona de Uso Extensivo (ZUE)	Pode apresentar algumas alterações humanas e oferece acesso ao público com facilidade, para fins educativos e recreativos. Representa 17% do Parna-Jeri, com 1 444,53 ha. Essa zona abrange a faixa de praia atual, a planície fluviomarinha com manguezal, alguns setores da planície de aspersão eólica na porção central e dunas barcanas de 2ª geração.
Zona de Recuperação (ZR)	Áreas consideravelmente alteradas pelo ser humano. Deve deter a degradação dos recursos e restaurar a área. Zona provisória, com 920,66 ha, sendo 10,83% do Parna-Jeri. Abrange o serrote, a área ao leste da vila e a área degradada pelo tráfego de veículos na planície de aspersão eólica no centro do Parna-Jeri.

Fonte: ARRUDA, Maira Gomes Cartaxo. Disponível em: <http://www.repositorio.ufc.br/bitstream/riufc/8224/3/Dissertacao%20de%20Maira%20Gomes%20Cartaxo%20de%20Arruda_Mapa1.jpg> (acesso em: 23 ago. 2018).

Responda às questões abaixo, de acordo com as características de cada zona mostrada no mapa:

a) Um turista que deseja conhecer as praias e dunas do parque deve visitar quais zonas?

b) Um biólogo interessado em estudar a biodiversidade do parque nas áreas com menor interferência humana deve trabalhar em qual zona?

c) Os gestores e os funcionários da Unidade de Conservação que queiram recuperar a vegetação original deverão trabalhar em qual zona?

SÍNTESE

Os mapas abaixo mostram as RPPNs no Brasil, segundo dados do ICMBio. Depois de os analisar, responda:

Número de RPPNs

Banco de imagens/Arquivo da editora

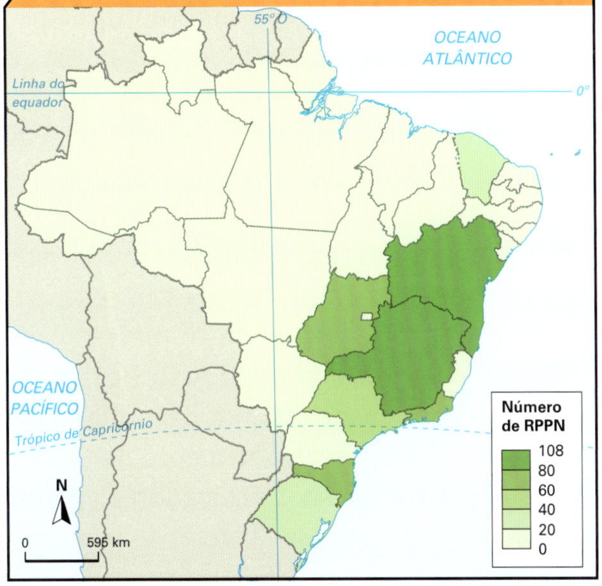

Fonte: SISTEMA INFORMATIZADO DE MONITORIA DE RPPN (SIM-RPPN). Disponível em: <http://sistemas.icmbio.gov.br/simrppn/publico/> (acesso em: 23 ago. 2018).

Área em hectares (ha) das RPPNs

Banco de imagens/Arquivo da editora

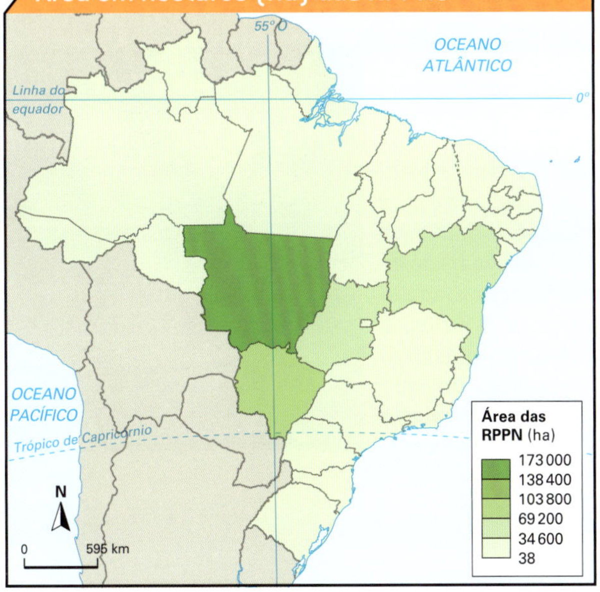

Fonte: SISTEMA INFORMATIZADO DE MONITORIA DE RPPN (SIM-RPPN). Disponível em: <http://sistemas.icmbio.gov.br/simrppn/publico/> (acesso em: 23 ago. 2018).

a) O que são RPPNs e Floresta Nacional? Em que aspectos elas são semelhantes?

b) Qual é o estado com maior número de RPPNs e qual tem a maior área protegida por RPPN?

c) Quais são os biomas que ocorrem nas áreas com maior número e com maior área de RPPNs?

d) O que é o Plano de Manejo de uma UC?

DESAFIOS

1 A tabela abaixo detalha a extensão, em km², da área protegida por UC no Brasil, em fevereiro de 2018, nas categorias Proteção Integral e Uso Sustentável, previstas no SNUC. Com esses dados, faça o que se pede:

CATEGORIA	Nº	ÁREA (km²)
Proteção Integral		
Parque (Nacional, Estadual, Municipal)	425	363 092
Estação Ecológica	98	121 849
Reserva Biológica	63	56 207
Monumento Natural	50	116 461
Refúgio de Vida Silvestre	62	6 107
Uso Sustentável		
Floresta (Nacional e Estadual)	106	314 044
Reserva Extrativista	94	154 677
Reserva de Desenvolvimento Sustentável (RDS)	39	112 447
Área de Proteção Ambiental (APA)	326	1 239 435
Área de Relevante Interesse Ecológico (ARIE)	50	936
Reserva Particular do Patrimônio Natural (RPPN)	888	5 661
Reserva de Fauna	0	0

Fonte: CNUC/MMA. Disponível em: <http://www.mma.gov.br/images/arquivo/80229/CNUC_JUL18%20-%20B_Cat.pdf> (acesso em: 15 nov. 2018).

a) Represente em um gráfico de barras a quantidade de cada categoria de UC, em ordem decrescente. Faça um gráfico para as UCs de Proteção Integral e outro para as UCs de Uso Sustentável.

b) Qual é a relação da área de UC de Uso Sustentável em relação à de Proteção Integral? Na sua opinião, por que elas são diferentes?

2 Pesquise (em livros ou na internet) quais são os parques nacionais e estaduais existentes perto de sua cidade ou em seu estado, e os atrativos que eles possuem para visitação.

A Unidade de Conservação que primeiro protegeu o mico-leão-dourado

A Reserva Biológica Poço das Antas, localizada no Rio de Janeiro, foi a primeira da categoria a ser criada no Brasil, em 1974. Ela tem grande importância para a preservação da biodiversidade da Mata Atlântica por ter mais de 5 mil hectares (o que equivale a mais de 7 mil campos de futebol) de área protegida. Sua grande extensão contribui para a "proteção e preservação" de várias espécies endêmicas e ameaçadas de extinção, entre elas o mico-leão-dourado (*Leontopithecus rosalia*), que só é encontrado na natureza em florestas do estado do Rio de Janeiro.

Para se ter uma ideia da importância dessa Unidade de Conservação, quando ela foi criada, havia somente cerca de 200 micos-leões-dourados vivendo em liberdade na floresta e muita caça e captura ilegais para comércio. Esse é um número bem pequeno para uma espécie se manter na natureza, por isso ela foi considerada criticamente ameaçada de extinção por várias décadas. Ao longo de 40 anos, desde a década de 1970, foram realizados muitos estudos científicos que permitiram conhecer a biologia, o comportamento e a ecologia desses pequenos macacos na Reserva Biológica (Rebio). Alguns micos-leões-dourados que viviam em zoológicos foram trazidos de volta para a floresta da Rebio a fim de se reproduzir com os micos nativos e aumentar a saúde da população, gerando maior variabilidade genética na reserva. Essa variabilidade aumenta as chances de os animais se adaptarem às mudanças ambientais.

Para aumentar a efetividade da conservação do mico-leão-dourado, novas UCs foram estabelecidas no entorno da Rebio, como a Reserva Biológica União e a Área de Proteção Ambiental da Bacia do rio São João, compreendendo uma ampla área com as florestas de baixada costeira, o *habitat* preferido dos micos.

Além disso, para garantir que essas UCs continuem a proteger os micos e todas as outras espécies de animais e plantas dessa porção de Mata Atlântica, estão sendo feitos desde plantios de mudas para a formação e o enriquecimento de florestas até a formação de corredores verdes. Com isso, espera-se atingir a meta de conservação para 2025, que prevê 25 mil hectares de florestas protegidas na região com cerca de 2 mil micos-leões-dourados vivendo livremente.

Eduardo Zappia/Pulsar Imagens

O mico-leão-dourado é uma espécie endêmica e ameaçada de extinção encontrada na Reserva Biológica Poço das Antas (RJ), a principal Unidade de Conservação dessa espécie.

Questões

1. Quais foram as causas da redução de micos-leões-dourados na década de 1970?
2. Quais são as ações possíveis para garantir a conservação do mico-leão-dourado na Rebio Poço das Antas e nas florestas da região?

Capítulo 3

Evolução dos seres vivos

Reinhard Dirscherl/ullstein bild/Getty Images

Recife de coral no mar Vermelho, Egito, 2016.

Os recifes de corais abrigam peixes, esponjas, algas, entre outras espécies de seres vivos aquáticos, além de várias espécies de corais.

A imagem acima nos dá apenas uma pequena amostra da imensa biodiversidade existente no planeta. Contudo, hoje sabemos que nem sempre a Terra foi repleta de vida. Como já estudamos, essa biodiversidade sofreu alterações ao longo da história geológica do planeta, de tal forma que espécies desapareceram, enquanto outras surgiram. Como podemos explicar o surgimento de espécies ao longo do tempo? Será que uma espécie pode dar origem a outra?

No capítulo anterior estudamos a importância de proteger a biodiversidade. Neste capítulo vamos abordar o que está por trás de sua origem: a evolução dos seres vivos.

Material genético: substância composta de DNA (ácido desoxirribonucleico), que possui as informações hereditárias que serão transmitidas, no processo reprodutivo, aos descendentes.

Como as características são herdadas?

É muito comum identificarmos características físicas semelhantes entre pais e filhos.

Isso acontece porque cada ser vivo apresenta em suas células algumas informações que, em função da interação com o ambiente, determinam as suas características. Essas informações estão no **material genético** do indivíduo e são responsáveis pelas características consideradas hereditárias, ou seja, que podem ser passadas aos descendentes.

Sempre houve tentativas de explicar por que existem tantos seres diferentes na Terra. Nem todas essas explicações, porém, podem ser consideradas teorias científicas, assim como nem todas levaram em conta o fato de que as espécies evoluem ao longo do tempo. A seguir, vamos conhecer algumas dessas explicações.

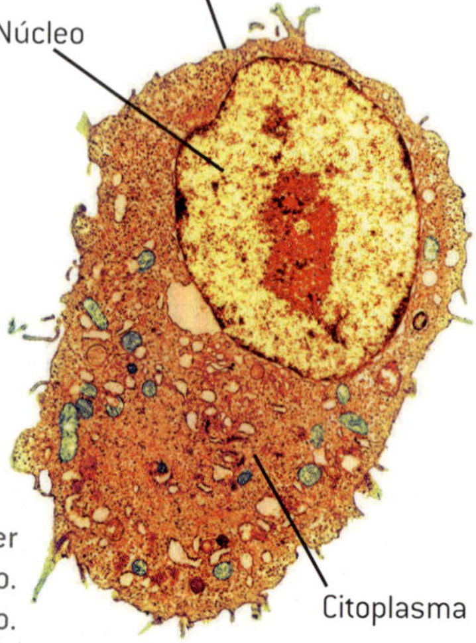

Fotomicrografia de células de um animal na qual podem ser observados a membrana plasmática, o citoplasma e o núcleo. No interior do núcleo, encontra-se o material genético.

(Ampliação aproximada de 2 700 vezes. Cores artificiais.)

O fixismo

A ideia de que as espécies foram criadas tal como são e não mudam nem mudarão ao longo do tempo é conhecida como **fixismo**.

Até meados do século XVIII, o fixismo foi amplamente aceito. No entanto, foi contestado por alguns estudiosos, como: George Louis Leclerc (1707-1788), o conde de Buffon, e Jean-Baptiste de Lamarck (1744-1829).

UM POUCO MAIS

A crença na criação

A visão fixista foi também compartilhada por muitas das crenças que têm como princípio o monoteísmo: um Deus que criou todos os seres existentes na Terra. Essa explicação para a origem dos seres vivos está nos livros sagrados de diversas religiões, como na Bíblia (livro sagrado do cristianismo), na Torá (livro sagrado do judaísmo) e no Alcorão (livro sagrado do islamismo).

Reprodução/Museus e Galerias do Vaticano, Cidade do Vaticano, Roma, Itália.

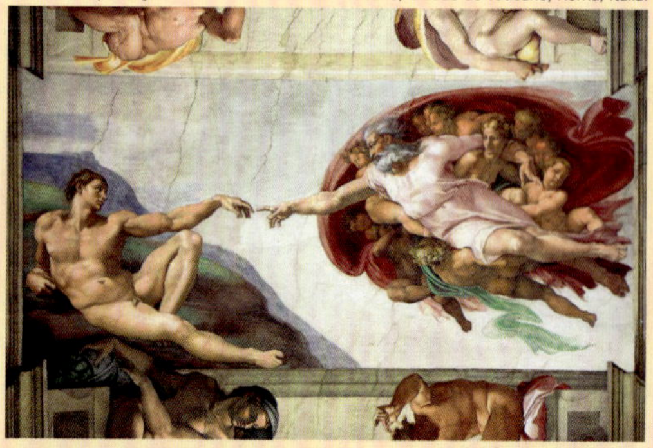

Além de estar em livros sagrados, a explicação de que a vida se originou por meio da criação divina está presente em obras artísticas. A pintura *A criação de Adão*, de 1510, feita no teto da Capela Sistina por Michelangelo (1475-1564), ilustra a criação do primeiro homem por Deus.

O transformismo de Lamarck

No final do século XVIII e início do século XIX alguns naturalistas – entre eles o francês Jean-Baptiste de Lamarck – apresentaram a ideia de que as espécies poderiam se modificar ao longo do tempo, a ponto de se transformarem em outras espécies. Essa explicação para a modificação das espécies é conhecida como **transformismo** (ou **evolucionismo**).

Para Lamarck, o aparecimento de novas características aconteceria em função das necessidades impostas pelo ambiente em que o ser vivo está e, consequentemente, pelo uso mais frequente de alguns órgãos em detrimento de outros. Portanto, as mudanças apareceriam de acordo com o uso e o desuso dos órgãos, e essas alterações seriam passadas aos descendentes.

Com base nessas premissas, Lamarck procurou explicar como os seres vivos se formavam, desenvolviam-se, reproduziam-se e se transformavam, por meio do que ficou conhecido como as **leis de Lamarck**, duas das quais são apresentadas a seguir:

- **Lei do uso e desuso** – As necessidades impostas pelo ambiente levam os organismos a mudar seus hábitos, e essas mudanças alteram os padrões de uso e desuso dos órgãos. Se o uso de um órgão for frequente, ele tende a se desenvolver cada vez mais. Por outro lado, o órgão tende a diminuir (atrofiar) e até a desaparecer quando seu uso for reduzido (desuso).
- **Lei da herança dos caracteres adquiridos** – Somente as alterações provocadas pela adaptação ao ambiente são passadas para os descendentes, transformando, assim, as espécies. As mudanças provocadas por acidentes ou amputações não são transmitidas às gerações seguintes.

kajornyot wildlife photography/Shutterstock

Jim Zuckerman/Corbis/Getty Images

Para Lamarck, a necessidade de se proteger no ambiente teria feito com que bois **(A)** e vacas, ao longo de sua história evolutiva, desenvolvessem chifres (alteração do padrão por uso). Por sua vez, em sua própria história evolutiva, as pernas das serpentes **(B)** poderiam ter se atrofiado, até desaparecerem, devido à falta de uso (alteração do padrão por desuso).

Na época em que Lamarck defendia sua concepção de evolução para os seres vivos, embora muitos naturalistas aceitassem a ideia da herança de características adquiridas, seus conceitos foram muito debatidos, pois ainda havia aqueles que não reconheciam as evidências que confirmavam a evolução.

Atualmente, as explicações evolutivas de Lamarck não são mais aceitas pelos cientistas. Entretanto, é importante ressaltar que suas ideias, contrárias ao fixismo das espécies, foram fundamentais para as discussões que as sucederam.

A teoria da seleção natural de Darwin

Louie Psihoyos/Corbis/Fotoarena

Charles Darwin viajou pelo mundo por cinco anos (1831-1836) a bordo do navio conhecido como Beagle.

Em 1859, o pesquisador inglês Charles **Darwin** (1809-1882) publicou o livro *A origem das espécies*, no qual propunha uma nova teoria para explicar a **evolução** dos seres vivos.

Anos antes da publicação de seu livro, em 1831, Darwin, com 22 anos na época, participou de uma expedição pelo mundo afora. Durante a viagem, coletou dados que serviram de base para o desenvolvimento de sua teoria – uma proposta para explicar as mudanças que ocorrem nas espécies ao longo do tempo.

O termo evolução (do latim *evolutione* = 'ação de desenrolar'), como o usamos hoje, refere-se a mudanças nas espécies ao longo do tempo. Até meados do século XIX, evolução significava apenas o desenvolvimento do organismo, desde sua concepção até a fase adulta.

Viagem de Darwin a bordo do navio Beagle

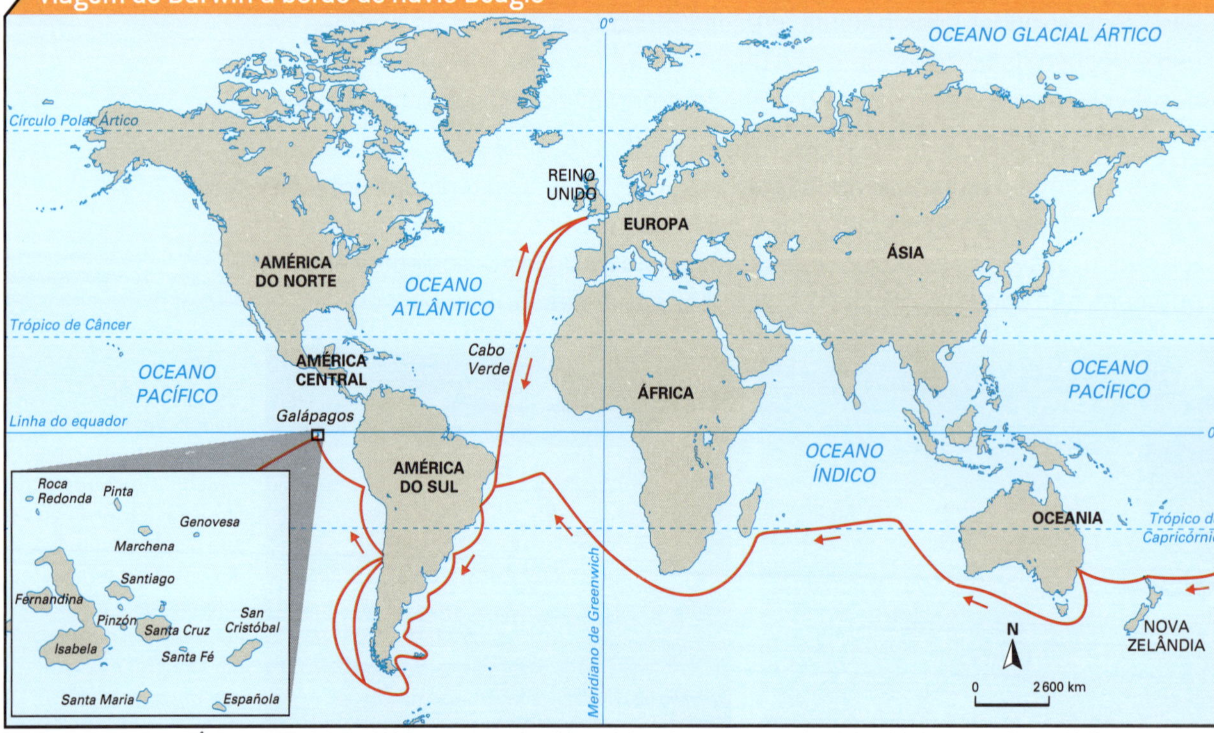

Banco de imagens/Arquivo da editora

Elaborado com base em: *CIÊNCIA HOJE DAS CRIANÇAS*. Disponível em: <http://chc.org.br/darwin-e-a-volta-ao-mundo-pelo-beagle/> (acesso em: 24 ago. 2018).

Rota da viagem de Darwin a bordo do navio HMS Beagle. Entre outros lugares, Darwin esteve no Brasil (em Salvador, no Rio de Janeiro, em Recife, em Fernando de Noronha e em Abrolhos), onde entrou em contato com uma grande diversidade de espécies animais e vegetais.

Durante sua viagem, Darwin coletou fósseis de animais como o tatu-gigante (*Glyptodon*) e a preguiça-gigante (*Megatherium*), que foram extintos por volta de 10 mil anos atrás e chegavam a medir 6 m de comprimento.

Representação de uma preguiça-gigante (**A**), que tinha, aproximadamente, a altura de uma casa térrea, e de um tatu-gigante (**B**), que tinha, aproximadamente, a altura de um carro pequeno.

A

B

(Os elementos não estão em proporção de tamanho entre si. Cores fantasia.)

Paulo Cesar Pereira/Arquivo da editora

Darwin notou muitas semelhanças entre esses fósseis e os tatus e as preguiças atuais, apesar das diferenças de tamanho. Essas observações o levaram a acreditar que as espécies se modificavam ao longo do tempo. Ele imaginou que, provavelmente, as preguiças e os tatus atuais deveriam ter algum parentesco com seus semelhantes gigantes já extintos.

Em Galápagos, um conjunto de ilhas a 1 300 km da América do Sul (reveja o mapa da página anterior), Darwin observou que as ilhas eram habitadas por **tentilhões**, aves muito diferentes entre si, mas naquele momento ele não deu muita importância.

Foi somente ao voltar à Inglaterra, quando o especialista em aves John Gould explicou a Darwin que todas elas eram do mesmo gênero, que a situação dos tentilhões ficou clara para ele. Essas espécies, apesar de aparentadas, apresentavam bicos com diferentes formatos, dependendo da ilha em que se encontravam.

Darwin sugeriu que cada tipo de bico era adaptado ao tipo de alimento disponível em cada ilha. Para ele, o fato de cada espécie habitar somente uma ou poucas ilhas significava que as espécies estariam adaptadas às condições específicas do ambiente em que viviam.

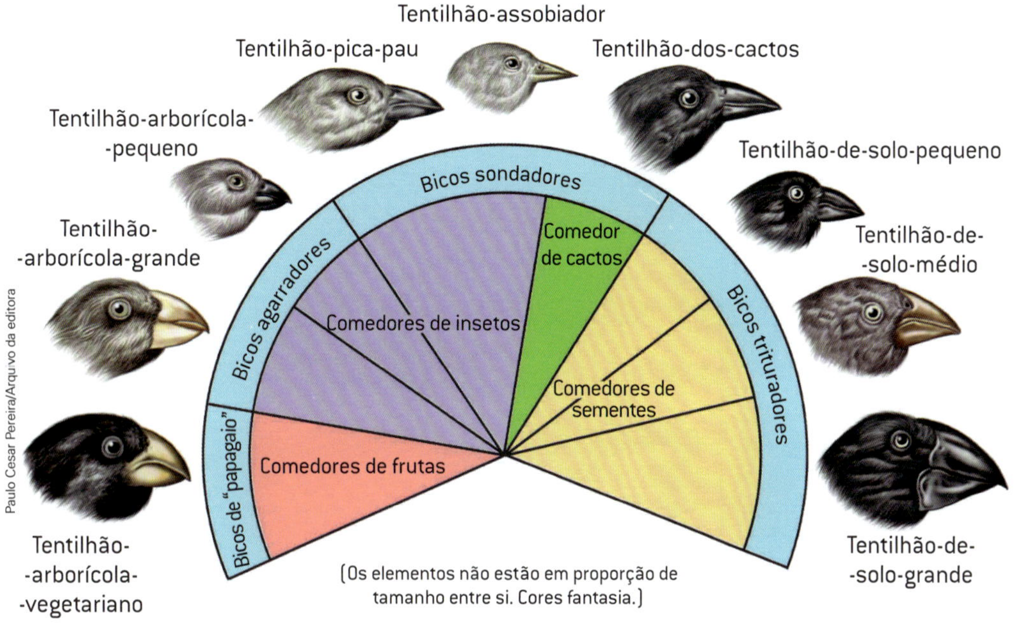

Detalhes dos bicos dos tentilhões de Galápagos e os tipos de alimento a que são adaptados. As formas dos bicos estariam de acordo com a oferta de alimento da ilha em que habitavam.

Fonte: OS TENTILHÕES das Galápagos. Disponível em: <www.icb.ufmg.br/lbem/aulas/grad/evol/darwin/tentilhoes.html> (acesso em: 12 jul. 2018).

Darwin desenvolveu sua teoria sobre a evolução das espécies ao trabalhar na classificação do material coletado na expedição. A leitura do livro *Ensaio sobre o princípio da população*, escrito pelo reverendo Thomas Malthus (1766-1834), o ajudou em suas pesquisas. Malthus afirmava que as populações tendem a crescer muito mais rapidamente que o suprimento de alimentos. Darwin concluiu que a falta de alimentos levava à competição. Dessa maneira, sobreviveriam somente os indivíduos mais capazes de obter o alimento e deixar mais descendentes. Esse foi um dos pontos principais para a criação da teoria de Darwin, conhecida como **teoria da evolução por meio da seleção natural** ou **teoria da seleção natural**.

Quando os indivíduos de uma espécie se reproduzem de forma sexuada, os filhos são muito semelhantes aos pais, mas nunca iguais a eles, ou seja, ocorrem variações. Ao longo de grandes intervalos de tempo, podem se originar adaptações, devido ao lento acúmulo de variações, geração após geração.

Indivíduos adaptados ao ambiente são aqueles que, em dado momento da história evolutiva, conseguem encontrar mais alimentos, cuidar melhor da prole, fugir com mais eficiência de predadores. Dessa forma, esses indivíduos são selecionados naturalmente pelo ambiente, e a tendência é a de que eles também tenham sucesso em se reproduzir, transmitindo suas características vantajosas às gerações seguintes. Depois de muitas gerações, as várias modificações podem se acumular e até formar uma nova espécie, diferente da inicial.

Apesar de Darwin utilizar a teoria da seleção natural para explicar a origem de novas adaptações, na época de sua formulação ele não conseguiu sustentar suas explicações. Porém, com o avanço da Ciência e do conhecimento sobre o material genético, por volta da metade do século XX, esse mecanismo da formação de novas espécies começou a ser mais bem compreendido e explicado, como veremos no próximo capítulo.

UM POUCO MAIS

Fósseis no Brasil

Como foi estudado no 6º ano, um fóssil (do latim *fossile* = 'escavado', 'tirado da terra') é qualquer vestígio (pegada, toca, esterco petrificado) ou restos de seres vivos que foram, de certa forma, preservados ao longo do tempo. Os fósseis são evidências muito importantes por auxiliarem na reconstituição dos ambientes do passado.

No Brasil, a bacia do Araripe, situada na divisa entre os estados do Ceará, de Pernambuco e do Piauí, é reconhecida internacionalmente como um dos mais completos e ricos depósitos de fósseis do planeta. Nela, há sementes, frutos, insetos, anfíbios, répteis e dinossauros preservados em rochas, datados de centenas de milhões de anos.

Bacia sedimentar do Araripe

Fonte: Geopark Araripe, 2007.

Em que diferiam as teorias de Lamarck e de Darwin?

Lamarck e Darwin sugeriam que as espécies poderiam se transformar ao longo do tempo e originar novas espécies. No entanto, as teorias de ambos diferiam principalmente na forma como as transformações das espécies surgiam. Para Lamarck, as transformações eram dirigidas e direcionadas para atender a determinada finalidade em função de uma necessidade imposta pelo ambiente. Darwin, por outro lado, sugeria que as populações já teriam variações individuais e que estas seriam selecionadas naturalmente pelo ambiente, favorecendo as mais vantajosas e, assim, gradualmente, as espécies iriam se transformando. Não haveria, portanto, uma transformação dirigida.

Wallace e a seleção natural

De forma independente, Alfred Russel **Wallace** (1823--1913), outro naturalista britânico, chegou às mesmas conclusões que Darwin sobre a seleção natural.

Em artigo publicado em 1858, Wallace defendia a ideia de que a seleção natural era o mecanismo pelo qual as espécies evoluíam. No mesmo ano, ambos apresentaram suas teorias em uma reunião científica, em Londres. Wallace reconheceu a prioridade de Darwin pela teoria, pois ela trazia outras contribuições, além da ideia de seleção natural.

Atualmente, a proposta da teoria da seleção natural é atribuída tanto a Wallace quanto a Darwin.

SPL/Fotoarena

Retrato de Alfred Russel Wallace. Ele considerava que a variedade na natureza era devida à "sobrevivência do mais forte" (uma frase que ele inventou) e enviou um documento delineando suas ideias para Charles Darwin em 1858. Darwin estava trabalhando na mesma teoria e publicaram seus artigos em conjunto; isso formou a base da Origem das Espécies de Darwin.

EM PRATOS LIMPOS

O ser humano descende do macaco?

Talvez você já tenha deparado com comentários de que Darwin teria afirmado que o ser humano é descendente do macaco. Mas o que se sabe é que esse cientista nunca fez essa afirmação. O que Darwin propôs, de fato, é que macacos e seres humanos apresentam um **ancestral recente comum**, que coloca tanto os macacos como os seres humanos no grupo dos primatas.

Apesar do atual conhecimento científico, falar sobre nosso parentesco com os macacos ainda gera polêmica, pois para muitas pessoas parece ofensivo dizer que somos aparentados com esses animais. Alguns consideram que o ser humano é único e especial e, portanto, só poderia ter sido criado por uma entidade divina.

De qualquer forma, do ponto de vista científico, a espécie humana faz parte do grupo dos primatas. Veja no quadro ao lado a classificação do ser humano.

Reino	Metazoa
Filo	Cordados
Subfilo	Craniados
Classe	Mamíferos
Ordem	Primatas
Família	Hominídeos
Gênero	*Homo*
Espécie	*Homo sapiens*

De acordo com o pensamento evolucionista atual, macacos e seres humanos tiveram um ancestral comum, a partir do qual evoluíram independentemente. Evidências científicas apontam que o grupo dos chimpanzés é o mais aparentado com os seres humanos. Embora existam divergências sobre o período em que seres humanos e chimpanzés tenham se separado em seu caminho evolutivo, é possível que isso tenha ocorrido há cerca de 6 milhões de anos.

Vida e Evolução

› Alguns tipos de adaptação dos seres vivos

A seleção natural age o tempo todo sobre os seres vivos. Dentro das populações, os indivíduos apresentam variações que podem conferir-lhes vantagens ou desvantagens em um determinado ambiente. Com isso, no decorrer do tempo, sobrevivem os indivíduos adaptados às condições ambientais daquele momento.

Na luta pela sobrevivência é muito importante tanto a defesa contra os predadores quanto a obtenção do próprio alimento. Nesse sentido, existem duas formas de adaptação que valem ser destacadas: a **camuflagem** e o **mimetismo**.

Camuflagem

Animais que apresentam camuflagem têm características corporais que os tornam parecidos com o ambiente onde vivem, na cor ou no aspecto. Dessa forma, eles conseguem se esconder de possíveis predadores e presas.

Há evidências de que os animais que conseguem se camuflar são menos predados e, portanto, vivem por mais tempo. Dessa forma, eles conseguem chegar à vida adulta e se reproduzir, aumentando suas chances de deixar mais descendentes.

Universal Images/Getty Images

O corpo longo e estreito do bicho-pau (*Phibalosoma phyllinum*) fornece-lhe uma camuflagem extremamente eficiente para passar despercebido por seus predadores, como as aves e os répteis. Note que esse animal se parece muito com os galhos de uma árvore.

Fabio Colombini/Acervo do fotógrafo

O urutau ou mãe-da-lua (*Nyctibius griseus*), durante o dia, repousa sobre troncos de árvores e apresenta uma plumagem que lhe permite se camuflar no ambiente.

Mimetismo

O mimetismo (do latim *mimere* = 'imitar') é um tipo de adaptação em que um organismo apresenta características que o deixam parecido com um indivíduo de uma espécie diferente da sua. Essa imitação pode ser em relação à cor, à forma do corpo e até ao comportamento e ajuda os organismos a despistarem predadores.

Há diferentes tipos de mimetismo. Em um deles, apenas um dos organismos envolvido se beneficia. Isso acontece, por exemplo, quando um ser inofensivo imita um ser perigoso, como no caso das serpentes falsas-corais (não venenosas), que têm uma relação de mimetismo com as corais-verdadeiras (venenosas).

Outro tipo de mimetismo ocorre quando duas ou mais espécies diferentes se assemelham na aparência e apresentam outra característica comum. Por exemplo, borboletas de espécies diferentes apresentam aparência muito semelhante e gosto desagradável para predadores. Nesse caso, as espécies se beneficiam com a característica que afugenta os predadores, já que cada uma delas ganha proteção devido à similaridade com a outra.

Leia também!

Dois pais de uma teoria. Disponível em: <http://chc.org.br/dois-pais-de-uma-teoria/> (acesso em: 24 ago. 2018).

Esse artigo apresenta a abordagem sobre a teoria da evolução e sua criação, concebida por Charles Darwin e Alfred Wallace.

Paulo S. Bernarde/Arquivo da editora

Fabio Colombini/Acervo do fotógrafo

Na fotografia **A**, vemos uma coral-verdadeira (*Micrurus lemniscatus*), que apresenta coloração chamativa, alertando seus predadores de que ela tem veneno. Na fotografia **B**, vemos a falsa-coral (*Erythrolamprus aesculapii*), que também apresenta um padrão de cores muito chamativo, parecido com o da coral-verdadeira. Com isso, seus predadores naturais aprendem a evitá-la pela similaridade com a coral-verdadeira.

NESTE CAPÍTULO VOCÊ ESTUDOU

Reinhard Dirscherl/ullstein bild/Getty Images

- As ideias fixistas e transformistas.
- A relação entre a adaptação dos seres vivos ao ambiente e sua evolução.
- Duas das leis de Lamarck para explicar a evolução dos seres vivos.
- A influência das observações de Darwin durante a viagem no HMS Beagle para fundamentar suas ideias evolucionistas.
- A relação dos fósseis com a ideia da evolução.
- As bases para a fundamentação da teoria da seleção natural de Darwin.
- Os conceitos de camuflagem e mimetismo e sua relação com a seleção natural.

ATIVIDADES

PENSE E RESOLVA

1 Observe as fotografias abaixo e destaque três características físicas que sejam semelhantes entre os indivíduos em cada uma das famílias. Compare com as características destacadas por seus colegas. Avalie se foram as mesmas e se foi difícil identificá-las. O que se pode concluir a respeito de características que são comuns e variáveis à espécie humana, neste caso?

Fernando Favoretto/Criar Imagem

sylv1rob1/Shutterstock

2 Leia os dois textos a seguir e indique em qual perspectiva cada um deles se fundamenta: no fixismo ou no transformismo.

Texto I: "Para os teólogos (especialista que estuda assuntos que envolvem Deus e sua relação com o ser humano e com o Universo), todos os seres foram criados por Deus. Como Deus é perfeito, suas criações também são perfeitas. Por esse motivo, as espécies foram colocadas no mundo em um ambiente apropriado, isto é, adaptadas ao ambiente, e permanecem, assim, imutáveis."

Texto II: "Os naturalistas, independentemente de suas crenças em Deus, defendem que as espécies surgem por mecanismos em que o ambiente possui um papel importante."

3 Faça uma síntese das ideias fundamentais de Lamarck.

4 Os cientistas aceitam a hipótese de que as serpentes evoluíram de ancestrais comuns aos lagartos. Explique como poderia ter ocorrido esse processo, segundo a teoria lamarckista.

5 Sobre a teoria da seleção natural, responda às questões a seguir:

a) Durante sua viagem a bordo do HMS Beagle, Darwin pôde coletar vários fósseis. Qual foi a contribuição que eles tiveram para sua teoria? Explique.

b) Outro aspecto observado por Darwin durante sua viagem, só compreendido após a volta à Inglaterra, foi o caso dos tentilhões de Galápagos. De que forma essas aves contribuíram para a formulação da teoria da seleção natural?

6 Tanto Darwin quanto Lamarck procuraram explicar como os seres vivos sofriam mudanças ao longo do tempo. Observe as ilustrações a seguir sobre a evolução de ouriços-cacheiros em uma ilha e, com base no que estudou neste capítulo, responda:

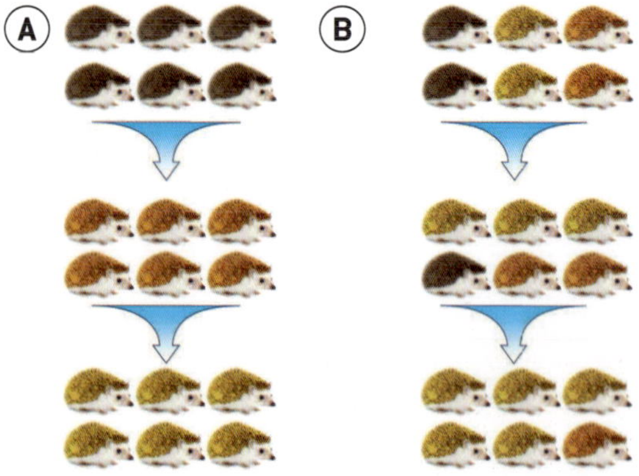

Fotos: ZoranOrcik/Shutterstock

a) Em qual delas a explicação para a evolução dos ouriços-cacheiros está mais de acordo com a teoria de Lamarck e em qual está mais de acordo com a teoria de Darwin?

b) Explique como você chegou à resposta anterior.

7 Analise e classifique os exemplos a seguir como **camuflagem** ou **mimetismo**, justificando sua resposta. Nos casos de mimetismo, indique se somente uma ou se as duas espécies envolvidas são beneficiadas.

a) As listras pretas e amarelas identificam as vespas como organismos que podem ser agressivos quando molestados por um predador. A mosca da fotografia abaixo tem esse mesmo padrão de listras, porém, é inofensiva.

Age Fotostock/Keystone Brasil

Vespa (*Vespula germanica*).

De Meester Johan/Alamy/Latinstock

Mosca (*Myathropa florea*).

b) O urso-polar (*Ursus maritimus*) é um animal que vive em áreas com neve.

Alamy/Fotoarena

c) As lagartas da espécie *Hemeroplanes catepillar*, quando se sentem ameaçadas, esticam o corpo e erguem a cabeça. Com esse comportamento, fazem surgir um par de falsos olhos e ficam muito parecidas com uma serpente.

Alamy/Fotoarena

d) A água-viva (*Aurelia aurita*), na água, é praticamente transparente.

Damsea/Shutterstock

e) O camaleão (*Chamaeleo chamaeleo*) pode mudar de cor de acordo com o ambiente em que vive e assim confundir seus predadores. Quando está sobre a grama, por exemplo, torna-se verde e, sobre um tronco de árvore, marrom.

Frank Lukasseck/Corbis/Latinstock

SÍNTESE

Imagine uma população de joaninhas [**A**] que apresenta indivíduos com cores conforme mostrado na figura. O ambiente em que elas vivem, por se tratar de uma floresta tropical [**B**], de clima quente e úmido, apresenta plantas de diferentes tonalidades de verde.

Eric Isselee/Shutterstock

Andre Dib/Pulsar Imagens

Marcos André/Opção Brasil Imagens

a) Vamos supor que o clima dessa região, depois de milhares de anos, se altere para um clima mais frio e seco. Com isso, pode ser que a floresta tropical dê lugar a um ambiente de formação aberta [**C**], como um Cerrado. Nessa situação, quais joaninhas você acha que serão selecionadas pelo ambiente? Explique sua resposta.

b) Elabore uma explicação lamarckista e uma darwinista para a coloração das joaninhas que deverá ser predominante no ambiente aberto.

LEITURA COMPLEMENTAR

O homem, o tucano e as palmeiras

A teoria da evolução, você já deve saber, explica como os seres vivos foram se modificando ao longo do tempo até atingirem as formas que têm hoje. Quase sempre, quando falamos dessas modificações, estamos pensando em um período bem longo, pelo menos alguns milhares de anos. Mas você sabia que também é possível acompanhar a evolução em menos de um século, e que o homem pode influenciar nesse processo?

Um grupo de pesquisadores brasileiros acaba de mostrar como a ação do homem está interferindo (e rápido) na evolução de uma espécie de árvore: a palmeira-juçara. Ao observar mais de 20 áreas de Mata Atlântica no país, os cientistas viram que, em várias delas, as palmeiras apresentavam apenas sementes pequenas, em vez de sementes grandes e pequenas, como era de se esperar.

Com a pulga atrás da orelha, os especialistas analisaram mais de nove mil sementes e avaliaram características das áreas estudadas, como qualidade do solo, cobertura vegetal e clima. Então veio a resposta: a diminuição do tamanho das sementes ocorria sempre em áreas onde as aves de grande porte, como tucanos e arapongas, tinham sido extintas pela agricultura e pelo desmatamento.

Para entender melhor o que uma coisa tem a ver com a outra, saiba que as aves frugívoras (ou seja, que comem frutos) são fundamentais para espalhar as sementes das árvores. Depois de comer, essas aves voam para outros lugares e regurgitam ou eliminam as sementes nas fezes.

Pois bem. Cada bicho come a semente que cabe no seu bico, certo? Sem aves grandes, as frutas maiores, onde estão também as maiores sementes, acabam apodrecendo no pé. Enquanto isso, os pássaros pequenos continuam espalhando as sementes menores.

O resultado é que, em menos de um século, foi possível observar nessas regiões a ação da seleção natural, um princípio fundamental para a teoria da evolução que diz que, na natureza, sobrevivem os organismos mais adaptados ao *habitat* – no caso, as árvores com sementes menores.

Por enquanto, os pesquisadores não identificaram consequências graves do sumiço das grandes sementes: as palmeiras-juçara continuam firmes e fortes. Porém, já se sabe que as sementes menores são mais frágeis e menos resistentes à seca, o que colocaria a palmeira em risco caso, no futuro, o clima se torne mais quente nessas áreas.

Vamos cruzar os dedos para que isso não aconteça! A palmeira-juçara serve de alimento para dezenas de espécies da Mata Atlântica e, se desaparecer, pode desequilibrar toda a cadeia alimentar do bioma. Já pensou?

Fonte: GARCIA, Marcelo. O homem, o tucano e as palmeiras. **Ciência Hoje das Crianças**. Publicado em: 10/6/2013. Disponível em: <http://chc.org.br/o-homem-o-tucano-e-as-palmeiras/> (acesso em: 24 ago. 2018).

Questões

1. Por que árvores com sementes menores são consideradas mais adaptadas ao *habitat* depois da ação humana? Utilize o conceito de seleção natural em sua resposta.
2. Como Lamarck explicaria o que está acontecendo com as sementes da palmeira-juçara?
3. Há motivos para os pesquisadores se preocuparem com a possibilidade de mudança de clima na Mata Atlântica? Justifique.

Capítulo 4

O parentesco das espécies

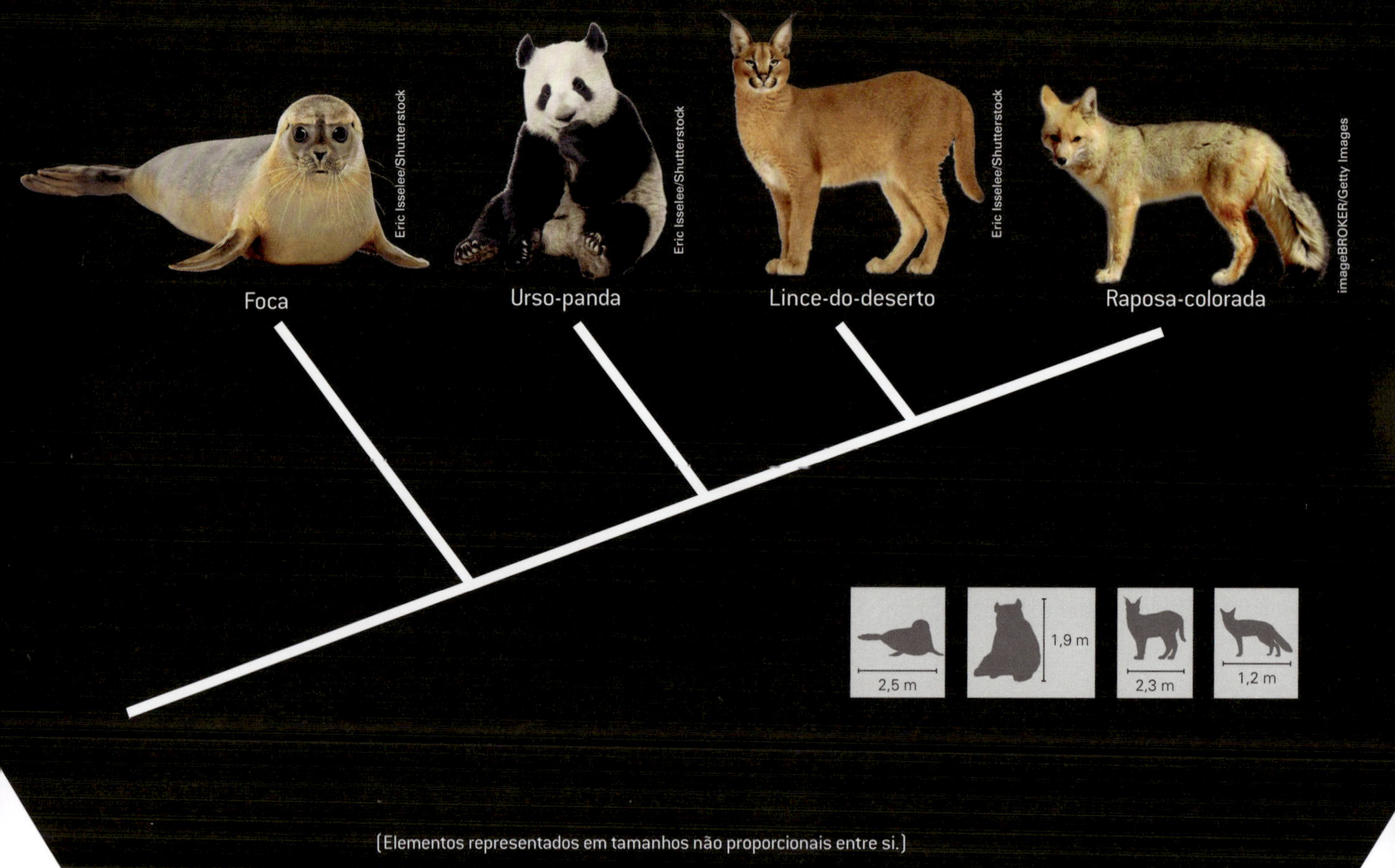

Representação de quatro espécies animais e a relação de parentesco entre elas.

Observe com atenção a figura acima. Nela, estão representados uma foca, um urso-panda, um lince-do-deserto e uma raposa-colorada. Veja que, próximo aos nomes desses animais, aparecem algumas linhas que se unem de forma organizada.

Essa figura é uma maneira de representar a provável história evolutiva dessas quatro espécies de animais. Pela observação da imagem, você conseguiria dizer quais são as espécies mais aparentadas entre si? O que podemos deduzir a respeito da evolução desse grupo de animais com base nessa representação?

Vamos responder a essas questões e a outras ao longo deste capítulo.

› Novas espécies são formadas

De acordo com Darwin, a evolução dos seres vivos ocorre por meio da seleção natural realizada pelo ambiente onde as populações vivem. Os indivíduos com características favoráveis à sobrevivência no meio em que habitam tiveram, consequentemente, maiores chances de gerar descendentes. Caso essas características adaptativas possam ser transmitidas hereditariamente, elas serão passadas à geração seguinte. Se esse processo perdurar, novas espécies poderão surgir.

As populações atuais de seres vivos, portanto, são formadas por indivíduos resultantes da seleção natural que ocorreu no passado. Isso não garante, porém, maior aptidão no futuro.

A descoberta e a análise de fósseis são evidências científicas de que os seres vivos sofrem modificações ao longo do tempo, havendo, assim, formação de novas espécies. Podemos dizer que as espécies atuais evoluíram de outras que viveram antes, ou seja, de espécies ancestrais. O processo de evolução, ao longo da história da vida, resultou na enorme biodiversidade atual.

Foto (A): Fabio Colombini/Acervo do fotógrafo; Foto (B): Fabio Colombini/Acervo do fotógrafo; Foto (C): Waldemar Manfred Seehagen/Shutterstock; Foto (D): Fabio Colombini/Acervo do fotógrafo; Foto (E): Fabio Colombini/Acervo do fotógrafo; Foto (F): Fabio Colombini/Acervo do fotógrafo; Foto (G): Fabio Colombini/Acervo do fotógrafo; Foto (H): Fabio Colombini/Acervo do fotógrafo; Foto (I): Fabio Colombini/Acervo do fotógrafo; Foto (J): Fabio Colombini/Acervo do fotógrafo; Foto (K): Fabio Colombini/Acervo do fotógrafo.

Nas fotografias vemos uma amostra da biodiversidade brasileira, como borboleta-azul (**A**), jacaré-do-pantanal (**B**), ipê-amarelo(**C**) , jacu (**D**), pirarucu (**E**), tartaruga-verde (**F**), vitória-régia (**G**), sapo-cururu (**H**), onça-pintada (**I**), caxinguelê (**J**) e arara-canindé (**K**)

(Elementos representados em tamanhos não proporcionais entre si.)

Vida e Evolução

Especiação

Especiação é o processo pelo qual são formadas novas espécies. Imagine que exista uma população de uma determinada espécie de ser vivo, uma aranha, por exemplo. Suponha que ocorra um evento que separe essa população em dois conjuntos, como a passagem de um rio pelo meio da área onde viviam ou um terremoto na região. Ao longo do tempo, as aranhas poderão ir acumulando diferenças entre si, como mostra a figura abaixo.

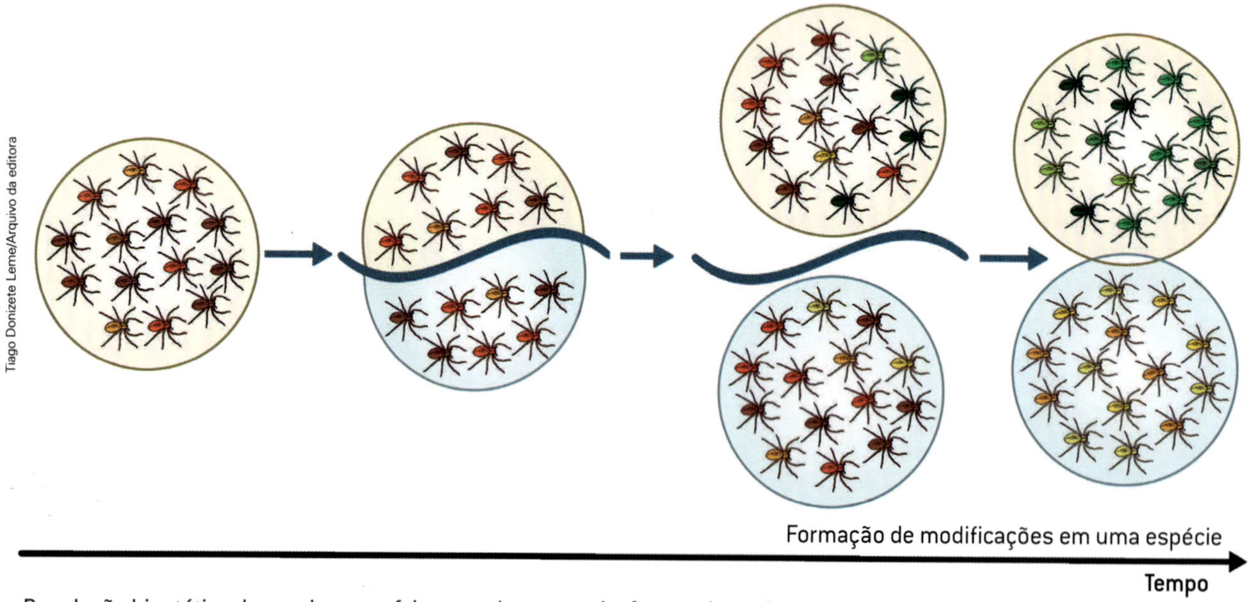

População hipotética de aranhas que foi separada por um rio, formando, ao longo do tempo, duas populações de espécies distintas, que posteriormente se encontram novamente, já sem a barreira física do rio.
(Elementos representados em tamanhos não proporcionais entre si. Cores fantasia.)

As diferenças acumuladas podem ser tantas que, se houver um evento futuro que proporcione novamente a união dos conjuntos de aranhas, os indivíduos de cada população podem não ser mais capazes de se reproduzir e gerar descendentes férteis. Desse modo, pode-se afirmar que ocorreu a formação de duas novas espécies, diferentes da original – isto é, ocorreu especiação.

As espécies também podem sofrer modificações ao longo do tempo. Veja a imagem a seguir, que representa esse processo.

Representação de um evento de especiação que originou duas espécies de borboletas que se modificaram ao longo do tempo.

(Elementos representados em tamanhos não proporcionais entre si. Cores fantasia.)

› Semelhanças e diferenças

Pelo estudo dos fósseis, pesquisadores podem ter uma ideia de como eram as espécies ancestrais que habitaram o planeta. Apesar de serem diferentes, muitos desses fósseis apresentam semelhanças com os seres vivos atuais, o que, como Darwin já tinha observado, pode evidenciar uma relação de parentesco entre as espécies atuais e as extintas.

Todas as espécies de seres vivos apresentam um ancestral comum, que pode ser recente ou remoto – o que significa que elas têm entre si um grau de parentesco maior ou menor. Se observarmos uma foca, um urso-panda, um lince-do-deserto e uma raposa-colorada (reveja a página de abertura deste capítulo), podemos notar mais semelhanças entre o lince-do-deserto e a raposa-colorada, por exemplo, do que entre eles e uma foca. Podemos supor, portanto, que o lince-do-deserto e a raposa-colorada são espécies com maior grau de parentesco entre si do que com a foca, e que o lince-do-deserto e a raposa-colorada tiveram um ancestral comum que não era compartilhado nem com o urso-panda nem com a foca.

Agrupar seres vivos apenas por semelhanças na aparência, porém, pode levar a erros, pois há aqueles que, apesar de parecidos, evoluíram de ancestrais diferentes. O gerbil – um rato encontrado no deserto do Saara – e o rato rabo-de-facho – espécie encontrada em uma região da Caatinga brasileira –, por exemplo, são muito semelhantes, porém, não são parentes próximos.

Semelhanças na aparência nem sempre refletem parentesco entre as espécies.

Frank Greenaway/Dorling Kindersley/Getty Images

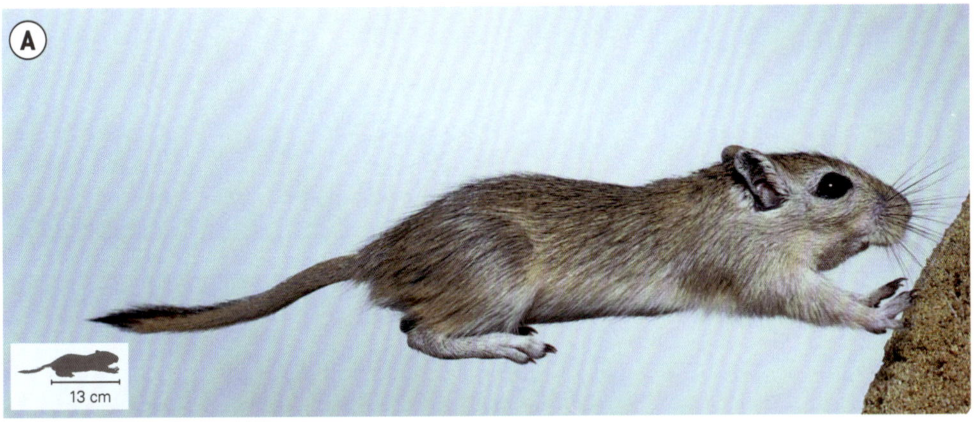

José Wellington A. Santos/Acervo do fotógrafo

(A) Gerbil (*Meriones unguiculatus*); (B) rato rabo-de-facho (*Trinomys yonenagae*).

Vida e Evolução

Por meio de pesquisas, sabemos que essas duas espécies de ratos evoluíram de modo independente, isto é, cada uma delas, em seu ambiente, sofreu modificações a partir de um ancestral diferente.

O gerbil e o rato rabo-de-facho apresentam:

- pernas posteriores grandes, próprias para pular;
- pelagem amarronzada, facilitando sua camuflagem no ambiente;
- audição muito desenvolvida, o que facilita a vida em ambientes abertos (percepção de predadores, por exemplo);
- tufos de pelos na ponta da cauda, que os auxiliam no equilíbrio durante os pulos e possibilitam que saltem em **ricochete**.

Ricochete: salto após o choque ou após tocar no chão.

Como podemos explicar tantas semelhanças, então? Isso provavelmente ocorreu porque ambos viviam em ambientes com condições semelhantes – Deserto e Caatinga –, que acabaram selecionando indivíduos com características muito parecidas.

Poderíamos também apontar semelhanças entre as baleias e os tubarões, mas, enquanto o primeiro é um mamífero, o segundo é um peixe. Mesmo vivendo em ambientes aquáticos e possuindo estrutura corporal similar, esses animais não apresentam ancestralidade recente em comum.

(**A**) Baleia (*Mysticeti* sp.); (**B**) tubarão-branco (*Carcharodon carcharias*).

› As novidades evolutivas

Veja as duas fotografias a seguir. Você acha que estes dois animais são aparentados? Eles poderiam pertencer a um mesmo grupo de animais?

Alamy/Fotoarena

Bildagentur Zoonar GmbH/Shutterstock

(**A**) Ouriço (*Erinaceus europaeus*); (**B**) lebre (*Lepus europaeus*).

Quanto mais características são compartilhadas por duas ou mais espécies, mais aparentadas elas são. Para que as características indiquem parentesco próximo, porém, elas devem ser exclusivas, ou seja, devem estar presentes somente nas espécies aparentadas. Por exemplo, cachorros, gatos, gambás, baleias, seres humanos e morcegos são classificados como mamíferos. O que esses organismos têm em comum que possibilita esse agrupamento? Acertou quem respondeu que todos têm mamas e pelos. Assim como o ouriço e a lebre mostrados acima também são mamíferos, pois apresentam pelos sobre o corpo e possuem glândulas mamárias.

Você pode estar se perguntando: Baleias têm pelos? Alguns mamíferos marinhos, como as baleias e os golfinhos, perderam, ao longo da evolução de seus ancestrais, os pelos na fase adulta, apesar de alguns grupos, como o das baleias-azuis, apresentarem pelos ao redor da boca.

Tomsickova Tatyana/Shutterstock

Ingo Arndt/ Minden Pictures/Getty Images

Denis Tabler/Shutterstock

Como características exclusivas, os mamíferos apresentam mamas e pelos. Nas fotografias: (**A**) mulher (*Homo sapiens*), (**B**) égua (*Equus ferus przewalskii*), (**C**) cadela (*Canis lupus familiaris*), todas amamentando.

Somente após terem sido feitos estudos e comparações com os demais animais conhecidos é que se concluiu que a presença de pelos e mamas é exclusiva da classe dos mamíferos.

Características exclusivas que definem os grupos são chamadas **novidades evolutivas**. Pelos e mamas, por exemplo, são características de uma determinada espécie ancestral que permaneceram em todas as espécies que evoluíram a partir dela, até a atualidade.

› Árvores filogenéticas: a representação da evolução

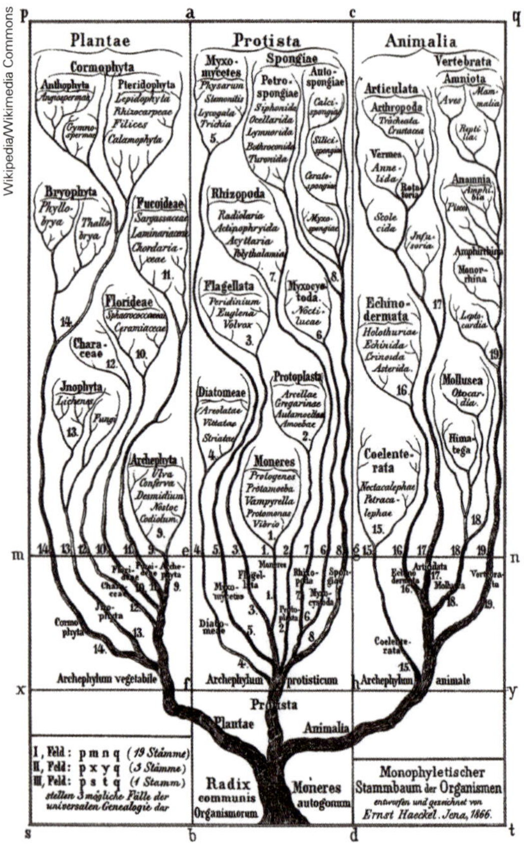

"Árvore da vida" proposta por Ernst Haeckel, em 1856.

Por meio de esquemas, é possível mostrar o modelo atualmente aceito para a história evolutiva de um determinado grupo de organismos. O estudo das relações de parentesco entre os seres vivos é chamado de **filogenia** (do grego *phýlon* = 'raça', 'grupo'; *génos* = 'origem'), e a representação dessas relações é feita por meio de uma **árvore filogenética**.

De quantas maneiras a evolução dos seres vivos pode ser representada? Uma busca rápida na internet sobre "árvores e evolução" vai mostrar algumas das formas apresentadas aqui.

A primeira "árvore da vida" foi proposta, em 1856, pelo naturalista alemão Ernst Haeckel (1834-1919). Note que, nessa representação, as relações de parentesco são parecidas com uma árvore, na qual os ramos mostram as espécies, ou os grupos de espécies, aparentadas.

Hoje, é mais comum representar a evolução dos seres vivos com figuras mais simples, como as que serão usadas neste livro. É importante notar que todas as espécies são representadas atualmente como ramos terminais, em contraste com a representação de Haeckel.

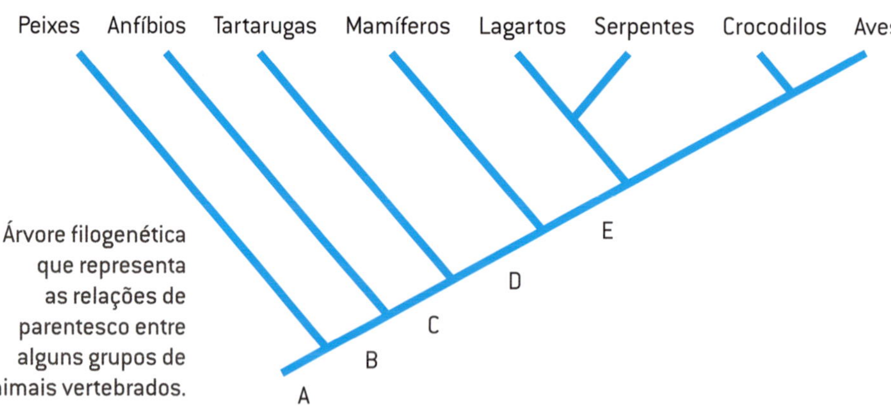

Árvore filogenética que representa as relações de parentesco entre alguns grupos de animais vertebrados.

Na árvore filogenética representada acima, há um ancestral (**A**) que é comum a todos esses grupos de animais. Dele surgiram os peixes e o ancestral **B**, que é comum a todos os demais grupos de vertebrados (menos os peixes).

Da mesma maneira, desse novo ancestral surgiram os anfíbios e o ancestral dos demais grupos de animais (**C**). Dele surgiram as tartarugas e também o ancestral dos animais restantes (**D**), que dará origem ao grupo dos mamíferos e ao ancestral (**E**), comum ao grupo que dará origem aos lagartos e às serpentes, e também ao grupo que dará origem aos crocodilos e às aves.

Pelo estudo da filogenia, podem ser representadas as relações de parentesco existentes entre as espécies atuais e também entre as espécies extintas.

Veja o exemplo a seguir, com uma possível filogenia dos primatas.

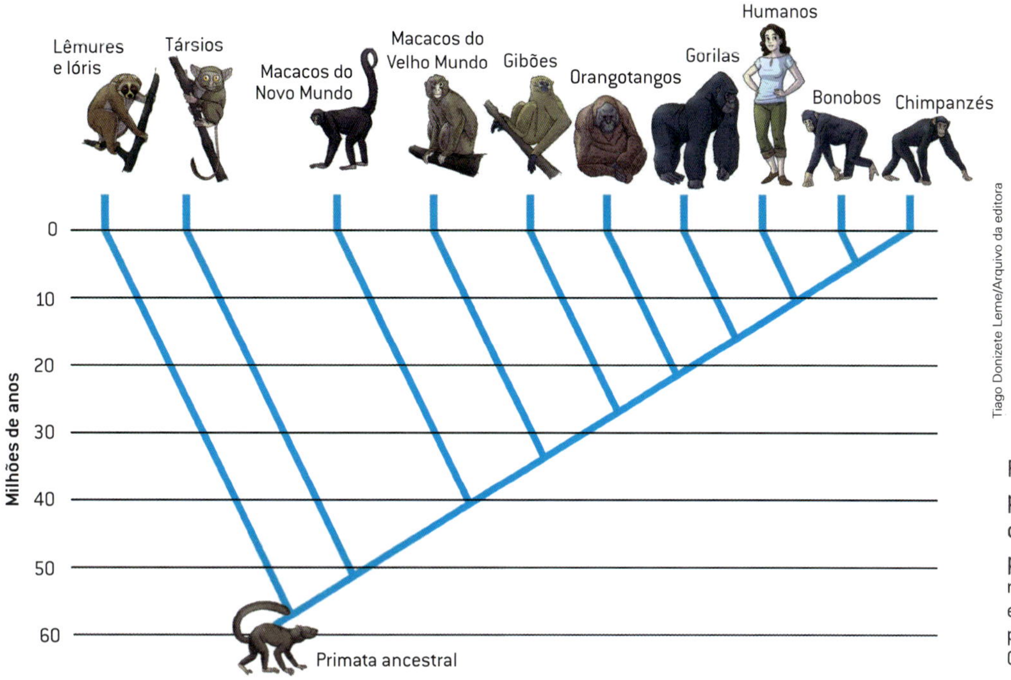

Representação da possível relação de parentesco dos primatas. (Elementos representados em tamanhos não proporcionais entre si. Cores fantasia.)

Podemos ver, na figura acima, que há cerca de 60 milhões de anos existiu um ancestral comum a todos os primatas conhecidos atualmente. Há aproximadamente 57 milhões de anos deve ter ocorrido a primeira separação do ramo desse ancestral. Essa separação formou dois novos ramos: um deles viria a originar os lêmures e os lóris, e o outro, o ancestral dos demais primatas.

Há cerca de 50 milhões de anos, ocorreu uma nova separação que originaria os társios e o ancestral comum aos demais primatas.

A última ramificação originou um ancestral comum ao grupo dos bonobos, dos chimpanzés atuais e ao grupo que originaria os seres humanos.

Como já estudamos no capítulo anterior, podemos constatar que a frase "o ser humano descende do macaco" não é verdadeira: o ser humano descende de um ancestral que também deu origem a alguns grupos de macacos, no caso, os chimpanzés e os bonobos.

UM POUCO MAIS

Especiação e filogenia

A representação de eventos de especiação em uma árvore filogenética pode ser mostrada nos pontos de ramificação de uma filogenia.

Nesta árvore filogenética de moscas-das-frutas (gênero *Drosophila*), há três espécies. O primeiro evento de especiação deu origem à espécie *D. obscura* e ao ancestral comum das outras duas espécies. Depois, um novo evento de especiação originou *D. dentissima* e *D. melanogaster*.

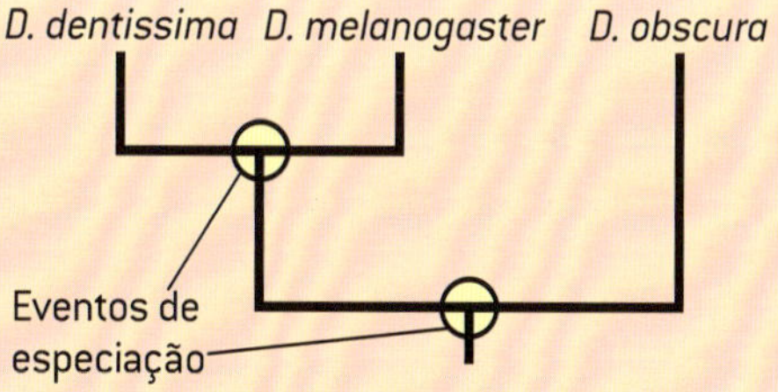

Representação da filogenia das moscas-das-frutas.

Em cada uma das ramificações presentes no diagrama existiu um ser vivo (ancestral comum) que não existe mais. Nem sempre é possível identificar esses ancestrais comuns. Nesses casos, esses ancestrais, conhecidos ou não, são popularmente chamados de **elos perdidos**.

Vida e Evolução

INFOGRÁFICO

Adaptações de seres vivos à Caatinga

Este infográfico considera uma série de adaptações de plantas e animais às condições da Caatinga, um ambiente com características bastante extremas em termos de aridez e calor, em boa parte do ano.

1. Ao longo do tempo, as espécies passam por um processo de transformação que envolve descendência por meio da herança genética, chamado *evolução*. Essas transformações podem gerar novas espécies.

2. Determinada espécie está adaptada ao ambiente em que vive quando tem características que contribuem para a sua *sobrevivência* e *reprodução*, aspectos fundamentais em qualquer ambiente.

3. Os vegetais e os animais representados neste infográfico são exemplos de espécies que vivem na Caatinga, bioma exclusivamente brasileiro. Eles estão *adaptados* às condições de um ambiente de clima quente e seco. Caso existam modificações ambientais na Caatinga, as mesmas características que até então eram favoráveis a essas espécies podem revelar-se dispensáveis ou ineficientes nas novas condições.

Muitas plantas de ambientes secos têm espinhos. Essa estratégia torna possível, por exemplo, que uma planta sobreviva na Caatinga, já que, assim, evita-se a desidratação. Os espinhos são folhas modificadas que apresentam uma superfície de contato muito menor do que as folhas de certas plantas da Mata Atlântica, por exemplo, ambiente em que a água é bem mais abundante. Dessa forma, podemos dizer que na Caatinga foram selecionadas plantas que tiveram suas folhas modificadas em espinhos. Os cactos estão presentes e *adaptados* ao bioma Caatinga.

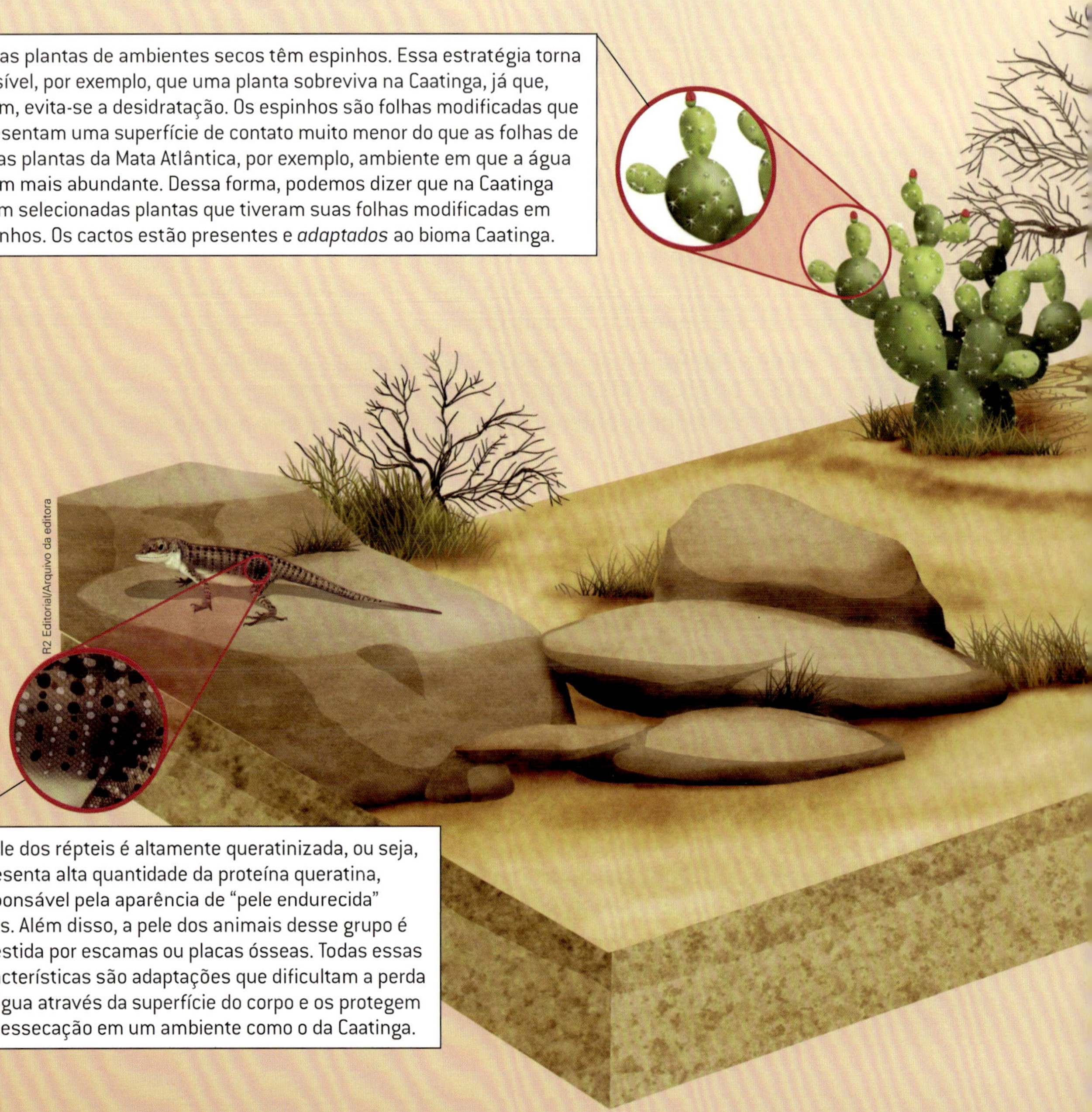

R2 Editorial/Arquivo da editora

A pele dos répteis é altamente queratinizada, ou seja, apresenta alta quantidade da proteína queratina, responsável pela aparência de "pele endurecida" deles. Além disso, a pele dos animais desse grupo é revestida por escamas ou placas ósseas. Todas essas características são adaptações que dificultam a perda de água através da superfície do corpo e os protegem da dessecação em um ambiente como o da Caatinga.

4. Mas como determinar quais características conferem adaptação a cada espécie? Darwin explica esse processo por meio da seleção natural, que pode ser entendida como o mecanismo pelo qual o ambiente atua nos seres vivos como um fator selecionador. Os indivíduos com características "favoráveis" para determinado ambiente têm maiores chances de sobreviver e de se reproduzir, enquanto os seres com características "desfavoráveis" para aquele ambiente tendem a não sobreviver nem deixar descendentes.

5. Na Caatinga, os seres vivos selecionados naturalmente ao longo de milhares de anos e de muitas gerações constituem organismos que podem possuir adaptações contra a perda de água, a forte insolação e a pouca disponibilidade de recursos de várias ordens.

Uma das adaptações dos cactos às condições secas da Caatinga, além dos espinhos, é a possibilidade de realizarem fotossíntese, na ausência de folhas, por meio do seu caule. Também são plantas capazes de armazenar em seus tecidos, principalmente no caule, grande quantidade de água. Conseguem ainda evitar a perda de água por evaporação, por possuírem caules revestidos por um tipo de cera.

Alguns dos animais que vivem na Caatinga possuem adaptações que vão além de alguns aspectos morfológicos mais evidentes. O tatu-bola, por exemplo, é um animal que, quando se sente acuado, dobra seu corpo de modo a formar uma espécie de bola, e a pele grossa que compõe a superfície de seu corpo o protege de ataques de predadores. No entanto, essa não é necessariamente uma adaptação à vida em um ambiente seco e quente, mas sim ao fato de esses animais serem crepusculares noturnos e viverem durante boa parte do tempo dentro de tocas que eles mesmos cavam. Dentro das tocas, a umidade é muito maior e a temperatura, bem mais baixa que fora delas.

(Elementos representados em tamanhos não proporcionais entre si. Cores fantasia.)

EM PRATOS LIMPOS

Os fósseis são "elos perdidos"?

Em alguns casos, os cientistas descobrem fósseis que apresentam características intermediárias entre grupos que os antecederam e grupos que surgiram da sua evolução. Esses fósseis são conhecidos popularmente como elos perdidos da evolução, como você já viu.

Um caso bem conhecido é o do *Archaeopteryx* (do grego *archaion* = 'antigo'; *ptéron* = 'asa'), que significa "ave antiga", um animal extinto em um período que os cientistas chamam de Jurássico (cerca de 150 milhões de anos atrás).

O *Archaeopteryx* tinha garras (características dos répteis) que lhe permitiam subir em árvores, além de penas nas asas (características das aves), que deveria usar como uma espécie de rede para a captura de insetos. Essas asas provavelmente não propiciavam o voo, apesar de permitirem que esses animais planassem.

Por apresentar essas características intermediárias de réptil e de ave, o *Archaeopteryx* pode ser considerado um dos parentes mais próximos das aves atuais.

A expressão "elo perdido", cientificamente, é pouco precisa, pois a evolução das espécies não se dá como "elos de uma corrente". Ela é mais complexa que uma simples cadeia linear na qual falta um elo.

Herschel Hoffmeyer/Shutterstock

Representação artística do *Archaeopteryx*.
(Cores fantasia.)

Acesse também!

Introdução à evolução. Disponível em: <http://www.ib.usp.br/evosite/evo101/IIntro.shtml> (acesso em: 16 jul. 2018).

Nesse *site* da USP há muitas informações sobre "evolução", passando por sua definição, principais mecanismos, padrões de organizações genealógicas e muito mais.

NESTE CAPÍTULO VOCÊ ESTUDOU

Fotos: Eric Isselee/Shutterstock; imageBROKER/Getty Images

- Como as espécies são formadas e como podem se modificar ao longo do tempo.
- Que as classificações podem ser feitas com base em semelhanças e que as novidades evolutivas compartilhadas em um grupo podem refletir seu parentesco.
- Como conceituar e interpretar uma árvore filogenética.
- Como compreender e identificar um evento de especiação em uma representação de filogenia.
- Como reconhecer na árvore filogenética a posição dos ancestrais comuns aos grupos representados e relacionar esse posicionamento com a presença de características exclusivas.

ATIVIDADES

PENSE E RESOLVA

1 Suponha que em uma pequena ilha houve a erupção de um vulcão localizado na região central. A lava jorrada dessa erupção acabou isolando uma espécie de formiga que habitava toda a ilha em duas populações: a do Norte e a do Sul. Com o passar de muitos anos e muitas gerações, e com o crescimento de vegetação na área destruída pela erupção, as populações de formigas do Norte e do Sul puderam voltar a entrar em contato, como mostra a ilustração a seguir.

Ilustrações: R2 Editorial/Arquivo da editora

(Elementos representados em tamanhos não proporcionais entre si. Cores fantasia.)

Responda:

a) O que seria necessário ocorrer para que essas populações pudessem ser consideradas duas novas espécies?

b) Caso essas duas populações não tenham se tornado duas novas espécies, como se explicam as diferenças que podem ser observadas em sua coloração?

2 Indique qual das representações a seguir mostra corretamente a evolução do grupo **ABC**, sendo as espécies mais aparentadas entre si a **A** e a **C**. Justifique sua resposta.

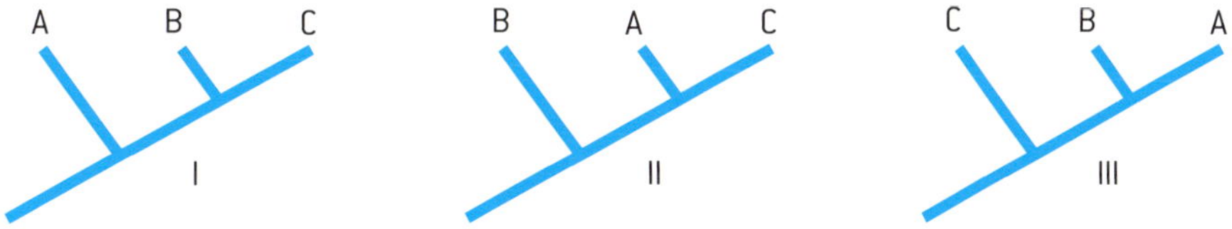

a) I.
b) II.
c) III.
d) Nenhuma das representações.
e) Qualquer uma das representações.

3 Consultando a representação da evolução dos primatas na página 59, identifique quais são as espécies mais aparentadas entre si e justifique sua resposta.

4 O que é necessário para se afirmar que duas espécies são mais aparentadas entre si do que com uma terceira?

SÍNTESE

1 Indique a afirmação **errada** e justifique sua resposta.

I. Uma árvore filogenética pode representar a evolução de qualquer grupo de seres vivos, desde bactérias até animais.

II. Em uma árvore filogenética, nem sempre existem ancestrais comuns a todos os grupos analisados.

III. As novidades evolutivas caracterizam os ramos de uma árvore filogenética.

2 Observe a árvore filogenética abaixo, de cinco espécies hipotéticas de lobos-guarás (**A**, **B**, **C**, **D** e **E**). Essas espécies evoluíram de um ancestral comum, também hipotético, que está representado na base da ilustração. (Em geral, a diferenciação entre espécies é feita com base em vários caracteres. Neste exercício, só levamos em consideração a característica da pelagem.)

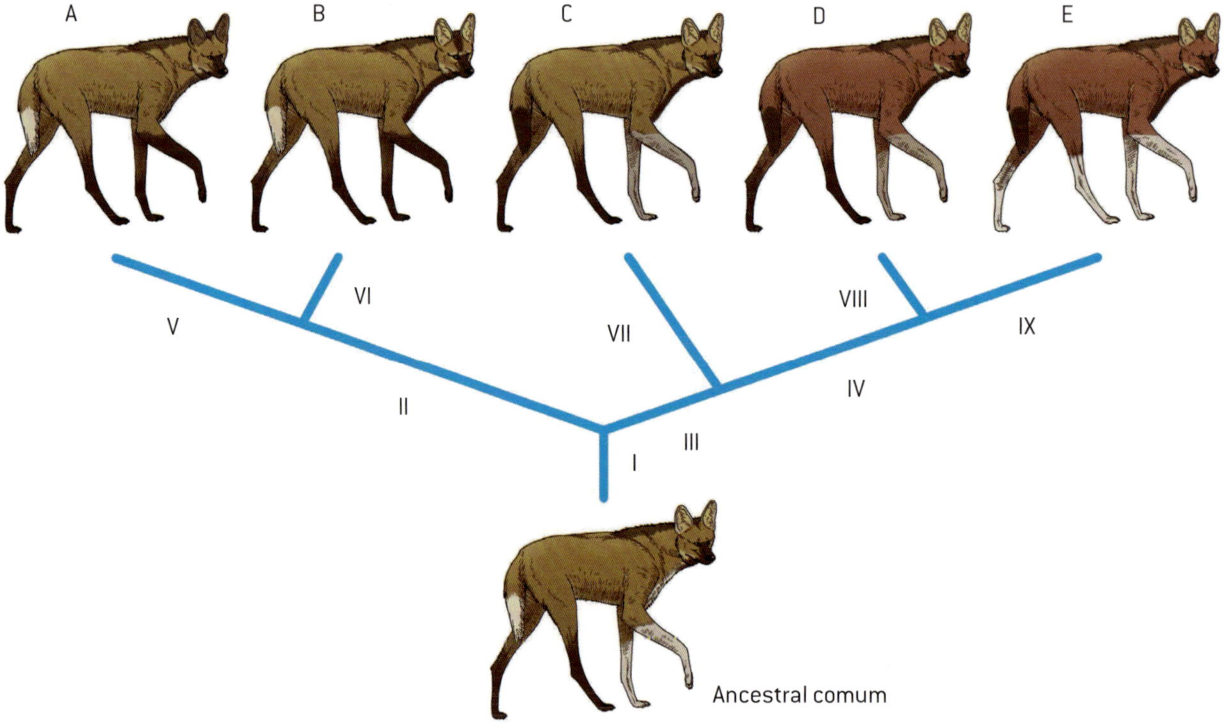

Tiago Donizete Leme/Arquivo da editora

Agora, observe as características físicas dos animais e responda às seguintes perguntas:

a) Qual novidade evolutiva apareceu no ramo **I** e determinou o aparecimento de uma característica comum a todos os lobos?

b) Qual novidade evolutiva apareceu no ramo **II** e determinou o aparecimento de uma característica comum às espécies **A** e **B**?

c) Qual novidade evolutiva apareceu no ramo **V** e determinou o aparecimento de uma característica presente somente na espécie **A**?

d) Qual novidade evolutiva apareceu no ramo **VI** e determinou o aparecimento de uma característica exclusiva à espécie **B**?

e) Observe o ramo **III** da árvore filogenética e diga qual espécie surgiu primeiro: **C** ou **E**?

f) Qual novidade evolutiva está presente nas espécies **C**, **D** e **E**?

LEITURA COMPLEMENTAR

Ser pré-histórico?

Parece uma minhoca, mas tem pernas. Parece uma centopeia, mas seu corpo não é duro. Além disso, suas pernas e antenas são carnosas, e não articuladas. Que bicho é esse? É o perípato, um animal bem diferente de tudo que você já viu. [...]

É difícil encontrar os perípatos. Além de esconderem-se no meio das folhas, vivem em poucas regiões do Brasil. Eles possuem características de centopeias e de minhocas. Por isso, durante muito tempo, os biólogos pensaram que os perípatos eram o "elo perdido", o ponto que faltava para completar a história da evolução de dois grandes grupos de animais: os artrópodes (como centopeias, aranhas e mosquitos) e os anelídeos (como as minhocas e sanguessugas). Segundo essa ideia, seres como as minhocas teriam dado origem aos perípatos, que teriam dado origem às centopeias, que teriam dado origem a todos os artrópodes. [...]

Hoje em dia, o perípato não é considerado mais um "elo perdido" e a evolução das minhocas, centopeias e outros seres não parece ter sido tão simples. No entanto, sua importância para entender a evolução não diminuiu. Existem fósseis parecidos com os perípatos que datam de 500 milhões de anos, mostrando que esses bichos já andavam pela Terra muito antes dos dinossauros, que só surgiram há 200 milhões de anos. [...]

Fonte: OLIVEIRA, Felipe Bandoni de. **Ciência Hoje das Crianças**. Ser pré-histórico? Publicado em: jun. 2010.

SPL/Fotoarena

O perípato (*Peripatus* sp.) parece uma mistura de centopeia com minhoca, e não é nada fácil vê-lo.

Questões

1 O que fez os biólogos considerarem, por muito tempo, o perípato como um "elo perdido"?

2 Segundo o texto, entre as alternativas a seguir, qual seria a representação da filogenia que os biólogos consideravam correta para representar o perípato como um elo perdido entre os anelídeos e os artrópodes?

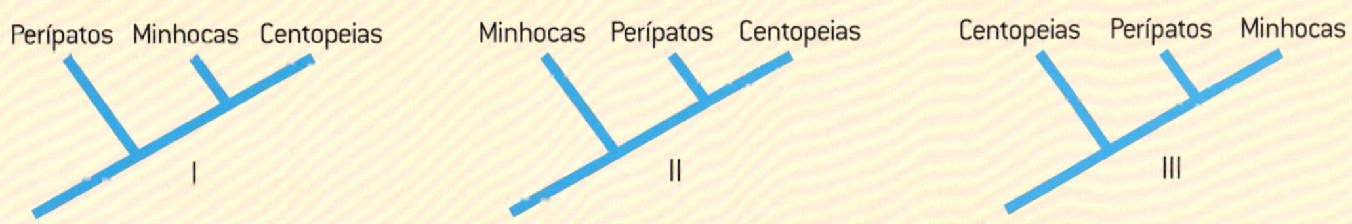

Vida e Evolução

Capítulo 5

Genética e seus fundamentos

M. Business Images/Shutterstock

Em geral, os membros de uma mesma família têm muitas semelhanças.

É muito comum as pessoas olharem para alguém e dizerem que essa pessoa tem os olhos da mãe, o nariz do pai ou o sorriso da avó. Mas por que temos tantas semelhanças com os parentes e, apesar disso, ainda somos tão diferentes? Como as características passam de uma geração para outra? Todas as características de um ser vivo passam para a geração seguinte? Há características que não se relacionam com a **hereditariedade**?

No capítulo anterior, vimos aspectos sobre parentesco das espécies e que algumas características são transmitidas entre as gerações. Neste capítulo, você vai saber como a humanidade investigou essas e outras questões.

Hereditariedade: (do latim *hereditarium* = 'próprio do herdeiro') conjunto de processos biológicos que resultam na transmissão de características de uma geração a outra.

› Mendel e as origens da Genética

A transmissão de características hereditárias de uma geração para outra, originando indivíduos com semelhanças e diferenças entre si e em relação aos seus pais, é o que chamamos de **herança biológica** ou **hereditariedade**. A área da ciência que estuda a hereditariedade é a **Genética**.

Os primeiros estudos sobre a hereditariedade foram feitos com base nos resultados descritos por um monge chamado Gregor Johann Mendel (1822-1884), que estava interessado em entender se seria possível gerar novas espécies de ervilhas por meio de cruzamentos controlados. Na universidade, ele estudou Ciências Naturais, Física e Matemática.

Em 1866, após muitos anos realizando cruzamentos entre diferentes variedades de ervilhas, Mendel publicou em detalhes os resultados.

Ann Ronan/World History Archive/AGB Photo

Retrato de Gregor Mendel.

Por que ervilhas?

Por que Mendel estudou as características de ervilhas em seus experimentos?

- São plantas de fácil cultivo.
- Apresentam ciclo de vida curto, possibilitando a observação de várias gerações.
- Produzem grande número de sementes.
- Têm características fáceis de serem observadas e comparadas (ervilhas verdes e amarelas, com vagens lisas e rugosas, etc.).
- Podem se reproduzir por autofecundação (cada flor apresenta estruturas reprodutivas masculinas e femininas), garantindo **linhagens puras** para os cruzamentos.

Mendel pesquisou inicialmente as características de maneira isolada, ou seja, uma de cada vez, partindo sempre de linhagens puras. Observou, por exemplo, o cruzamento de plantas de flor púrpura (roxa) que só originavam plantas de cor púrpura e plantas de flor branca que só originavam plantas de cor branca. Ele conseguia essas linhagens puras fazendo a autofecundação das plantas de maneira artificial, por várias gerações, como mostra o esquema abaixo:

Ilustrações: R2 Editorial/Arquivo da editora

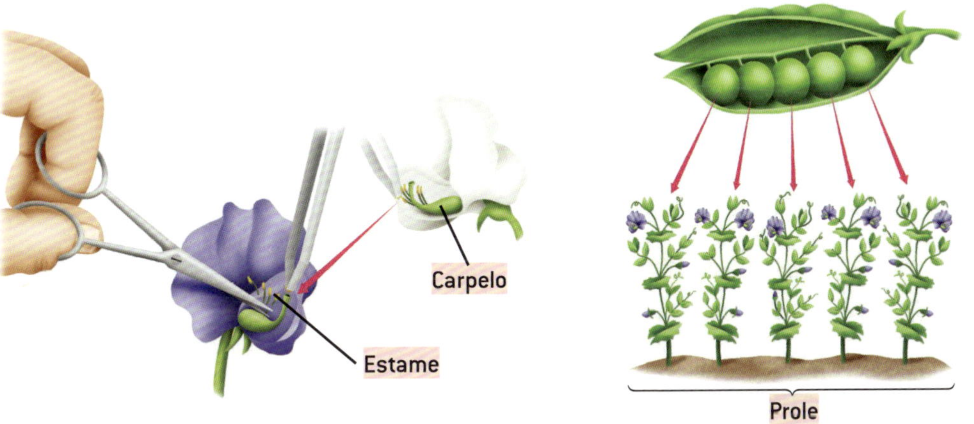

Técnica utilizada por Mendel para cruzar variedades de ervilhas.

(Elementos representados em tamanhos não proporcionais entre si. Cores fantasia.)

Linhagem pura: conjunto de indivíduos que apresentam as mesmas características observadas nos progenitores. Nos experimentos de Mendel, eram obtidas por autofecundação.

Estame: órgão reprodutor masculino das plantas com flores; é responsável pela produção dos grãos de pólen.

Carpelo: órgão reprodutor feminino das plantas com flores; forma o ovário, onde são produzidos os óvulos da planta.

Prole: conjunto de descendentes.

Os resultados dos experimentos de Mendel

Nos seus experimentos, Mendel observou diversas características, além da cor das flores, como mostra o quadro abaixo. Uma das características observadas nos experimentos foi a cor da semente das ervilhas.

Características das ervilhas	Forma da semente	Cor da semente	Forma da vagem	Cor da vagem	Cor da flor	Posição da flor	Tamanho da planta
Dominante	lisa	amarela	lisa	verde	púrpura	axial (ao longo do caule)	alta
Recessiva	rugosa	verde	ondulada	amarela	branca	terminal (na ponta do caule)	baixa

Ilustrações: R2 Editorial/Arquivo da editora

Características das ervilhas estudadas por Mendel em seus experimentos. A partir deles, ele pôde concluir quais características eram dominantes e quais eram recessivas.
(Elementos representados em tamanhos não proporcionais entre si. Cores fantasia.)

Quando Mendel cruzou ervilhas de sementes amarelas de linhagem pura com ervilhas de sementes verdes, também de linhagem pura, obteve somente descendentes com sementes de cor amarela. Essa primeira geração foi chamada **geração parental** ou **geração P**, e a geração dos descendentes, de geração F_1. Todos os indivíduos dessa geração apresentaram sementes amarelas.

Continuando seu experimento, Mendel fez a autofecundação dos indivíduos da geração F_1, obtendo, desta vez, indivíduos com sementes amarelas e indivíduos com sementes verdes, na proporção de três indivíduos com sementes amarelas para um indivíduo com sementes verdes (3:1). Repetiu esses cruzamentos por diversas vezes, obtendo sempre o mesmo resultado. Observe a ilustração abaixo.

R2 Editorial/Arquivo da editora

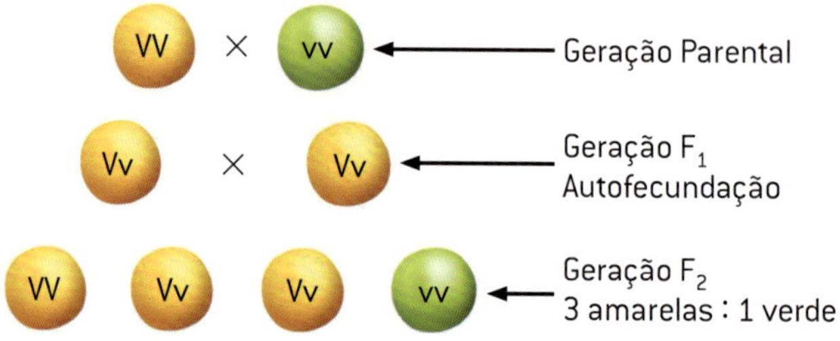

Representação do cruzamento de ervilhas de sementes de cores amarela e verde.
(Cores fantasia.)

Alelos: variações de um mesmo gene.

Com esse resultado, Mendel concluiu que a cor das sementes era determinada por um par de fatores hereditários (que, posteriormente, receberam o nome de **alelos**), ou seja, de fatores responsáveis pelas características dos indivíduos, que poderiam passar de uma geração para outra por meio da reprodução.

Na formação dos gametas masculinos e femininos, cada gameta carregaria um dos fatores (alelo) que se reuniriam na formação do zigoto para formar um novo ser. No cruzamento entre dois indivíduos, cada um deles contribuiria, portanto, com um dos fatores hereditários.

Como na segunda geração (F_1) não apareceram ervilhas com sementes verdes, Mendel concluiu que a semente amarela tinha um fator hereditário (alelo) dominante, representado no esquema por **V**, e que a semente verde tinha um fator hereditário (alelo) recessivo, representado no esquema por **v**. Todavia, esses indivíduos apresentavam os dois fatores (dominante **V** e recessivo **v**).

O fator hereditário (alelo) dominante está representado pela letra **V** maiúscula e o fator hereditário (alelo) recessivo pela letra **v** minúscula. Note que o fator recessivo (**v**) só se expressa, ou seja, provoca o aparecimento de um indivíduo com semente de cor verde quando não está com o fator dominante (**V**). Mas por que a proporção de indivíduos na geração F_2, obtida a partir da autofecundação dos indivíduos da geração F_1, foi de três indivíduos com semente amarelas para um indivíduo com sementes verdes, ou 75% de sementes amarelas para 25% de sementes de cor verde?

Para ajudá-lo a responder a esta questão, observe o quadro a seguir, representando o cruzamento entre indivíduos da geração F_1 e seus respectivos fatores hereditários (alelos) separados.

Carpelo / Estame	V	v
V	VV	Vv
v	vV	vv

R2 Editorial/Arquivo da editora

Cruzamento entre dois indivíduos da geração F_1. (Cores fantasia.)

O carpelo (parte feminina da flor) e o estame (parte masculina da flor) possuem os dois fatores hereditários (**V** e **v**). No processo de fecundação, cada um contribuirá com um dos fatores, podendo gerar quatro possibilidades de combinação – três indivíduos com sementes amarelas para um indivíduo com semente verde.

Os indivíduos que apresentam somente um tipo de fator hereditário são chamados de **homozigotos**, e os que apresentam dois tipos hereditários são chamados de **heterozigotos**. Portanto, no quadro anterior temos representada a proporção de dois indivíduos heterozigotos (**Vv** e **vV**) para um indivíduo homozigoto dominante (**VV**) e um indivíduo homozigoto recessivo (**vv**). Mendel realizou cruzamentos de ervilhas observando diversas características, obtendo sempre os mesmos resultados. No cruzamento de ervilhas de linhagens puras diferentes, para uma mesma característica, obteve 100% de indivíduos com a característica dominante na geração F_1; e 75% de indivíduos com característica dominante e 25% de indivíduos com característica recessiva na geração F_2.

Esses resultados permitiram a formulação de um princípio geral ou lei conhecida como **Primeira Lei de Mendel**: "As características dos indivíduos são determinadas por um par de fatores hereditários que se separam na formação dos gametas".

Ele também concluiu que, entre os fatores hereditários (alelos), havia uma relação de dominância de um alelo sobre o outro, fazendo com que o alelo recessivo só pudesse se manifestar quando em duplicata, ou seja, sem a presença do alelo dominante.

Após os primeiros experimentos de Mendel, surgiram muitas dúvidas e questões relacionadas à transmissão de características de uma geração para outra. Será que todas as características dos seres vivos são determinadas por um par de fatores hereditários? Um fator hereditário sempre é dominante sobre o outro? Quais seriam os resultados se analisássemos várias características dos seres vivos ao mesmo tempo?

Os mecanismos da hereditariedade são bastante complexos e envolvem outras variáveis, não observadas inicialmente por Mendel em seus experimentos. Neste momento de seus estudos, porém, não cabe maior aprofundamento.

Todavia, os experimentos de Mendel e suas conclusões são considerados até hoje o ponto de partida para estudarmos e entendermos as bases da hereditariedade nos seres vivos.

UM POUCO MAIS

Fenótipo e genótipo

O conjunto de genes de um indivíduo é chamado de genótipo, e características observáveis constituem seu fenótipo. Algumas características como cor de pele, altura, formato do nariz, tamanho dos olhos, entre outras, geralmente podem ser observadas com facilidade. Outras, como a falta de produção de determinada substância ou o tipo sanguíneo, necessitam de uma investigação mais detalhada.

O fenótipo é a expressão apenas parcial do genótipo. Dizemos parcial porque, desde o momento em que nascemos, interagimos com o meio ambiente. Consumimos diversos tipos de alimentos, ficamos expostos às radiações solares, entramos em contato com outros seres vivos, fazemos exercícios físicos e assim por diante.

Essa interação constante com o meio ambiente influencia a expressão do genótipo. Portanto, mesmo gêmeos idênticos, ou seja, que possuem o mesmo genótipo, terão fenótipos diferentes em função da relação que estabelecerão com o meio ambiente.

Solis Images/Shutterstock

M. Business Images/Shutterstock

wavebreakmedia/Shutterstock

A maneira como nos relacionamos com o meio ambiente influencia nosso fenótipo.

A Primeira Lei de Mendel aplicada a outras situações

A Primeira Lei de Mendel, embora não explique a manifestação de muitas características nos seres vivos, pode ser aplicada com sucesso a algumas situações, como é o caso do albinismo nos seres humanos.

O albinismo é uma variação genética caracterizada pela ausência total ou parcial de melanina (substância de pigmentação), responsável pela cor da pele, dos cabelos e dos olhos. Indivíduos albinos apresentam pele muito clara, cabelos brancos e olhos azuis ou avermelhados. O albinismo é uma característica recessiva, ou seja, para que um indivíduo seja albino, é necessário que tenha recebido um alelo recessivo do pai e um alelo recessivo da mãe. Caso contrário, se o indivíduo tiver apenas um dos alelos recessivos, ele não apresentará o fenótipo albino.

iStockphoto/Getty Images

Pessoas albinas correm mais riscos de apresentar problemas relacionados à exposição ao Sol, pela falta de melanina na pele e nos olhos, pois ela funciona como um filtro natural. Todavia, todas as pessoas devem utilizar protetor solar e evitar exposição prolongada ao Sol, independentemente do tom de pele.

Representando o alelo responsável pela pigmentação não albina (dominante) pela letra **A** e o alelo para albinismo por **a**, poderemos ter indivíduos homozigotos não albinos (**AA**), heterozigotos não albinos (**Aa**) e recessivos albinos (**aa**).

Existem algumas formas de albinismo nas quais só os olhos são afetados pela falta de pigmentação (albinismo ocular), enquanto a pele permanece sem alteração na pigmentação.

A pelagem em cães é um outro exemplo ao qual podemos aplicar a Primeira Lei de Mendel. A cor preta do pelo é dominante sobre a cor branca, assim como o pelo curto é dominante sobre o pelo longo. Dessa forma, se cruzarmos dois indivíduos homozigotos, um de pelo preto e outro de pelo branco, todos os descendentes terão pelo preto, mas serão heterozigotos. Cruzando indivíduos de pelo preto heterozigotos, poderemos ter descendentes de pelo preto ou de pelo branco, mas na proporção de três indivíduos de pelo preto para um indivíduo de pelo branco.

Considerando a letra **B** para indicar o alelo dominante e a letra **b**, o alelo recessivo, teríamos a seguinte situação:

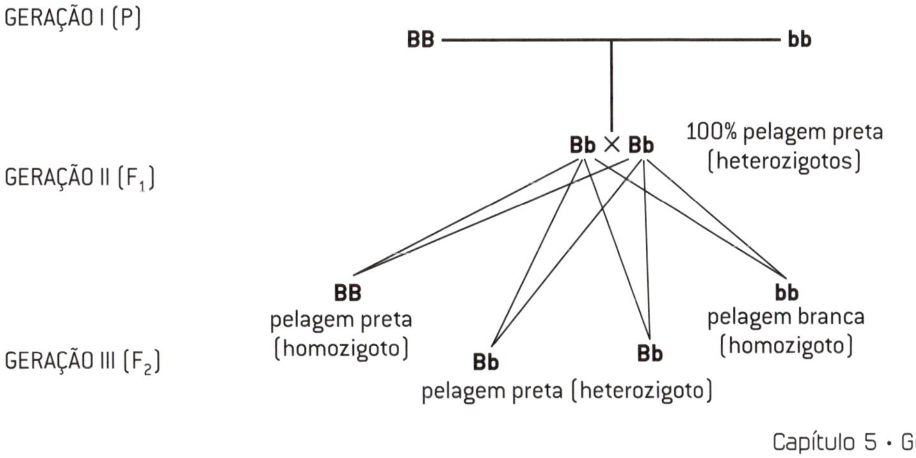

A cor da pelagem dos cães é um caso típico da genética mendeliana.

Heredograma

Para facilitar a visualização e a análise da transmissão de características de uma geração para outra, e podermos estimar o fenótipo e o genótipo de cada indivíduo, foram criados os **heredogramas**, representações que ilustram o grau de parentesco entre os organismos e em quais indivíduos pode ser observada certa característica.

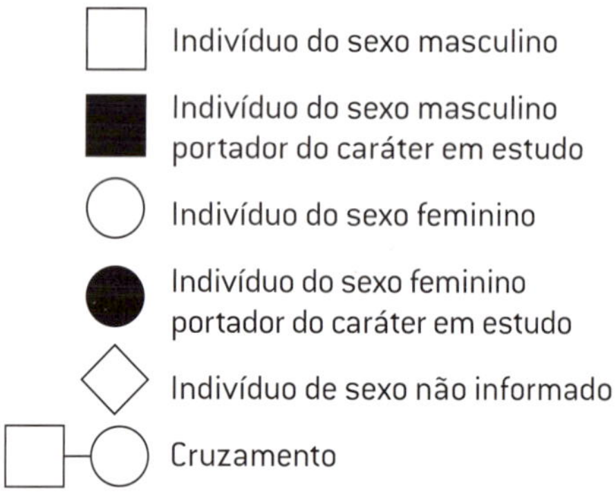

Alguns dos principais símbolos utilizados nos heredogramas.

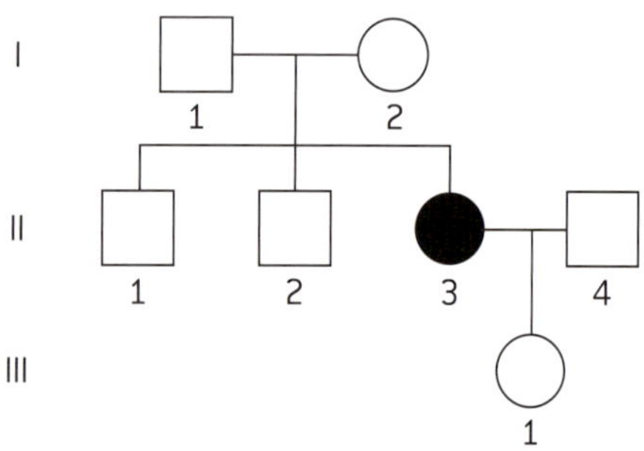

Os heredogramas possuem alguns símbolos para indicar certas variáveis importantes no estudo da transmissão de informações genéticas. Ao utilizarmos um heredograma, podemos visualizar as possibilidades de genótipo e fenótipo nas gerações em estudo.

Vamos analisar, como exemplo, o heredograma ao lado, que representa o cruzamento entre um homem (1) e uma mulher (2) com coloração de pele não albina. Eles tiveram três filhos, sendo dois homens com coloração de pele não albina e uma mulher albina. Esta, por sua vez, se casou com um homem de pele também não albina.

Considerando a letra **A** para indicar o alelo não albino dominante e **a** o alelo recessivo para albinismo, suponha que na geração I (parental) o homem seja homozigoto e a mulher heterozigota, e na geração II (F_1) o homem que casou com a mulher albina seja homozigoto.

Com essas informações podemos determinar o fenótipo e o genótipo de todos os indivíduos?

Vamos ver a seguir.

Geração I (P)
- Homem: fenótipo normal/genótipo **AA** (homozigoto)
- Mulher: fenótipo normal/genótipo **Aa** (heterozigoto)

Geração II (F_1)
- Homens: fenótipo normal/genótipo **AA** (homozigotos) ou **Aa** (heterozigotos)
- Mulher: fenótipo: albina/genótipo **aa** (homozigoto)

Geração III (F_2)
- Mulher: fenótipo normal e genótipo **Aa** (heterozigoto)

Com base na análise de heredogramas, podemos estabelecer relações entre os fenótipos e genótipos de determinada geração com as anteriores, bem como prever as possibilidades de ocorrência destes para gerações futuras.

Nesse caso, qual seria o genótipo do homem com quem se casou a mulher albina da geração II, considerando a característica fenotípica da geração III?

› Século XX – A história continua

O século XX foi considerado o século de maior produção científica e tecnológica de toda a história da humanidade. Na área da Genética, houve a redescoberta dos trabalhos de Mendel e os avanços dos estudos das células (com a evolução dos microscópios e das técnicas de observação), além das contribuições de outras áreas, como a Química e a Física. Esse cenário provocou mudanças profundas na maneira de entender a hereditariedade. Um passo importante foi a descoberta dos **genes** e dos **cromossomos**.

Os cromossomos humanos

No interior da maioria das células do corpo humano, em determinados momentos, o material genético organiza-se formando os cromossomos. A espécie humana tem, nas **células somáticas** (células não reprodutivas), **46 cromossomos** agrupados em **23 pares**. Já nos gametas (**células sexuais**), há a metade da quantidade das células somáticas, ou seja, **23 cromossomos**.

O conjunto de cromossomos de um indivíduo é chamado **cariótipo**. O cariótipo pode ser representado por meio de um **cariograma**, no qual os pares de cromossomos são colocados em ordem decrescente de tamanho e, no caso dos seres humanos, numerados de 1 a 22. Geralmente, ficam destacados os cromossomos sexuais: o **X** e o **Y**.

As células somáticas são todas as células que fazem parte da estrutura do corpo, desempenhando diversas funções, e as células sexuais têm como função a reprodução.

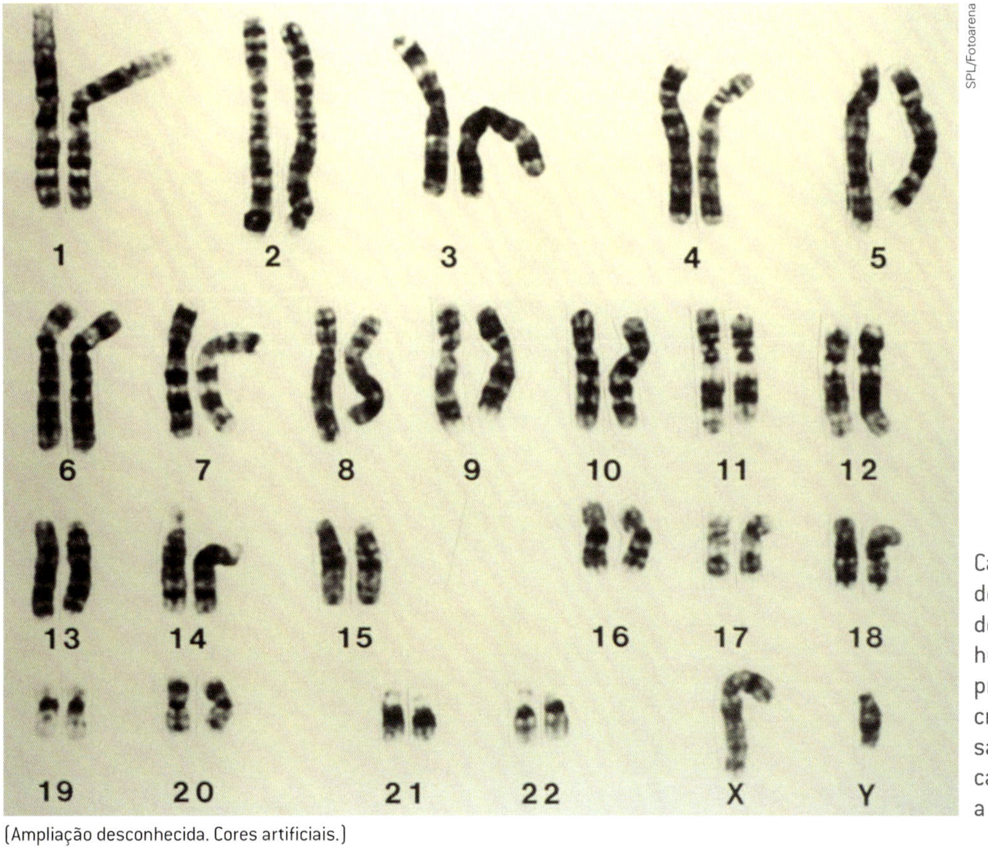

SPL/Fotoarena

(Ampliação desconhecida. Cores artificiais.)

Cariograma feito a partir de fotomicrografia dos cromossomos humanos. Pela presença do cromossomo Y, sabe-se que esse cariótipo pertence a um homem.

Vida e Evolução

A transmissão das informações hereditárias

As células sexuais são formadas por um processo de divisão celular chamado **meiose**. Nesse processo, uma célula somática (célula inicial) divide-se, formando quatro células-filhas. Como as células somáticas humanas contêm 46 cromossomos, o processo de meiose origina células sexuais com 23: cada óvulo (que, como você viu no 8º ano, é, nessa fase, ainda um ovócito) tem 22 cromossomos mais um cromossomo X; cada espermatozoide tem 22 cromossomos mais um cromossomo X ou um cromossomo Y. São os cromossomos X e Y que determinam o sexo das pessoas – as mulheres apresentam **XX** e os homens, **XY**.

Os cromossomos carregam as informações genéticas, responsáveis pela transmissão de inúmeras características, como a cor da pele ou do cabelo, além da determinação do sexo. É por isso que os filhos têm características semelhantes às dos pais: eles recebem, na fecundação, cromossomos de ambos.

Na fecundação, ou seja, na fusão do espermatozoide com o ovócito, os 23 cromossomos transportados pelo espermatozoide e os 23 transportados pelo ovócito se juntam, formando um conjunto de 46 cromossomos (23 pares). O zigoto sofrerá divisões sucessivas, se tornará um embrião e, posteriormente, um indivíduo completo.

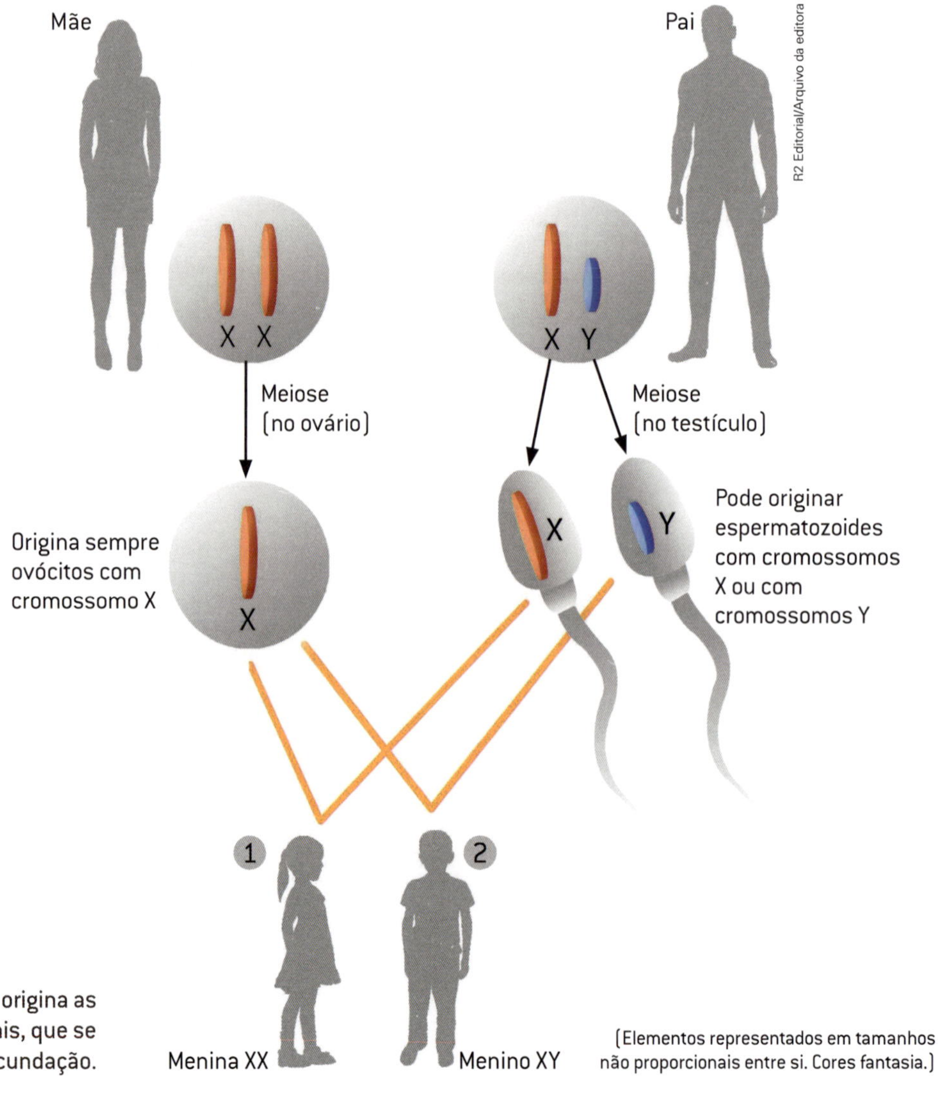

A meiose origina as células sexuais, que se fundem na fecundação.

(Elementos representados em tamanhos não proporcionais entre si. Cores fantasia.)

Formação dos cromossomos

Os cromossomos são formados, em grande parte, por uma substância chamada **DNA** (ou **ácido desoxirribonucleico**). Embora desde o início do século XX já se conhecesse o papel dos cromossomos na hereditariedade, esse reconhecimento ocorreu somente na década de 1940. Durante muitos anos, pesquisadores desenvolveram inúmeros estudos tentando entender como o DNA poderia ser responsável pelas características hereditárias.

Uma das investigações procurava compreender como era formada a molécula de DNA, ou seja, qual sua constituição e qual sua estrutura. Em 1953, os cientistas Francis Crick (1916-2004) e James Watson (1928-) apresentaram um modelo para essa molécula, representando-a de modo semelhante a uma escada torcida. Para que eles chegassem a esse modelo, foi fundamental a contribuição de Rosalind Franklin (1920-1958), bioquímica que na época trabalhava com uma técnica de determinação da estrutura das moléculas conhecida como cristalografia de raios x. Segundo o modelo proposto por Crick e Watson, o DNA é uma grande molécula formada por inúmeras moléculas menores que se ligam umas às outras: os "corrimões" da escada são formados por um tipo de açúcar ligado a um grupo fosfato. Já os "degraus" são moléculas chamadas de bases nitrogenadas.

No DNA existem quatro tipos de bases nitrogenadas: **adenina (A)**, **guanina (G)**, **citosina (C)** e **timina (T)**. Essas bases se ligam duas a duas, sempre do seguinte modo: a adenina liga-se à timina, enquanto a citosina liga-se à guanina.

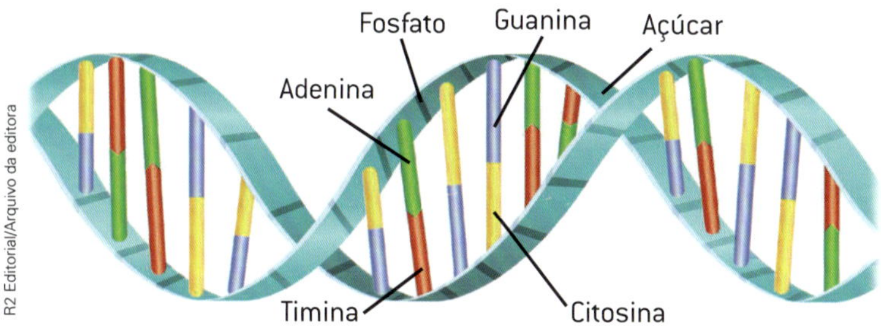

(Elementos representados em tamanhos não proporcionais entre si. Cores fantasia.)

Modelo da molécula de DNA, formado por uma sequência de bases nitrogenadas ligadas aos pares (A com T e C com G).

Genes

Uma determinada sequência de bases nitrogenadas, que corresponde a um pedaço de DNA, é um **gene**. De forma muito simplificada, podemos dizer que os genes transmitem o potencial de geração das características herdadas geneticamente, como a cor dos olhos ou da pele, a tendência à calvície, doenças como a hemofilia (doença que impede a coagulação do sangue), entre outras.

Por meio das informações contidas nos genes, as células produzem substâncias (proteínas) que participam de sua estrutura e de seu funcionamento, relacionando-se com muitas das características observadas nos seres vivos.

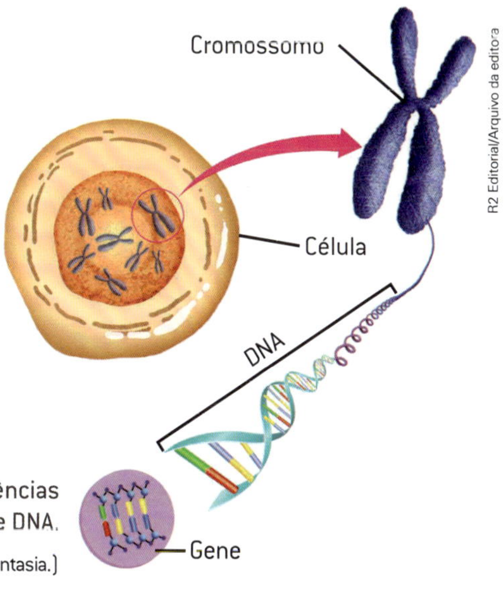

Cada cromossomo é formado por longas sequências de bases nitrogenadas da molécula de DNA.

(Elementos representados em tamanhos não proporcionais entre si. Cores fantasia.)

Vida e Evolução

Mutações gênicas e cromossômicas

Diversos fatores podem causar alterações nos genes e nos cromossomos, também chamadas de **mutações**. Uma alteração na posição de uma base nitrogenada em um gene pode resultar em mudança de alguma característica do indivíduo.

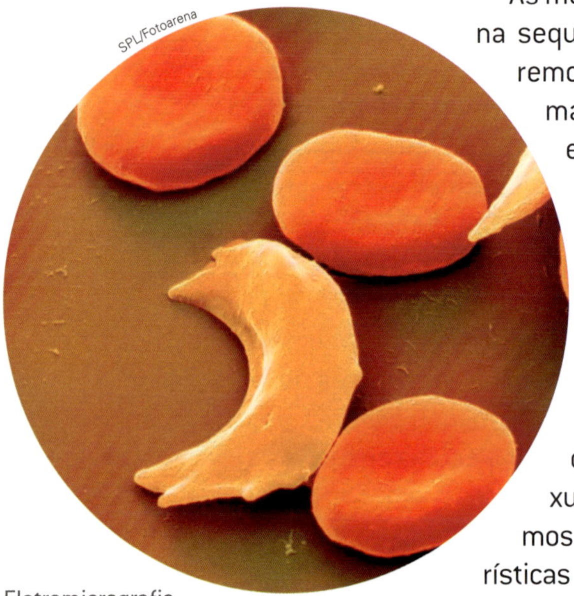

SPL/Fotoarena

Eletromicrografia de varredura de hemácias de pessoa portadora de anemia falciforme.

(Ampliação aproximada de 9 000 vezes. Cores artificiais.)

As mutações que afetam os genes, provocando alterações na sequência de bases nitrogenadas (troca, acréscimo ou remoção de uma ou mais bases, por exemplo), são chamadas de **mutações gênicas**. A anemia falciforme é um exemplo de doença causada por mutação gênica: os indivíduos apresentam hemácias com forma de foice, o que afeta sua função de transporte e distribuição do oxigênio para as demais células do corpo.

As **mutações cromossômicas** ocorrem quando os indivíduos apresentam alterações na estrutura ou no número de cromossomos em suas células.

A **síndrome de Turner** é um exemplo de mutação cromossômica, relacionada aos cromossomos sexuais. Os indivíduos apresentam 22 pares de cromossomos e apenas um cromossomo sexual, o X. São características da síndrome de Turner órgãos sexuais femininos com ovários atrofiados e não funcionais, baixa estatura e tórax largo. Há, geralmente, anomalias renais e cardiovasculares.

A **síndrome de Down** também é chamada de trissomia do cromossomo 21, pois os portadores apresentam 3 cromossomos 21, em vez de dois. Pessoas com síndrome de Down comumente apresentam baixa estatura, têm crânio achatado e face arredondada. Existe uma variação muito grande na maneira como essa síndrome pode se apresentar; as deficiências neurológicas que podem se manifestar não impedem que essas pessoas estudem, aprendam e tenham vida profissional.

SPL/Fotoarena

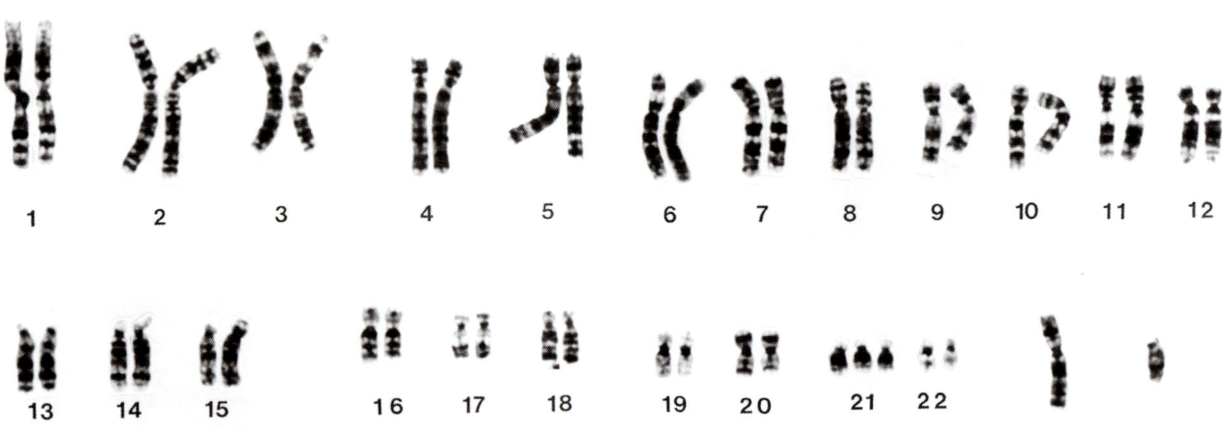

Cariograma de portador de síndrome de Down. Note que há três cromossomos no número 21.
(Ampliação desconhecida.)

Uma nova explicação sobre evolução

Para entender como os conhecimentos na área da Genética contribuíram para a revisão do darwinismo, vamos lembrar de um fenômeno que você estudou no 8º ano, ocorrido na Inglaterra durante a Revolução Industrial, conhecido como **melanismo** industrial.

Melanismo: produção excessiva de melanina, pigmento encontrado na pele dos animais. É uma mutação relacionada à concentração dessa substância.

A poluição provocada pelas fábricas modificou o meio ambiente, tornando os troncos das árvores negros de fuligem e colocando as mariposas pretas (mutantes) em vantagem em relação às mariposas claras, que, ficando em evidência, começaram a ser mais predadas pelos pássaros.

Como consequência, a população de mariposas pretas foi aumentando, e a população de mariposas claras, diminuindo.

Podemos concluir que, em função da mudança do meio ambiente, houve uma seleção natural das mariposas portadoras de uma mutação mais favorável do ponto de vista adaptativo. As mariposas mutantes (pretas), que em um ambiente não poluído estavam em desvantagem, passaram a apresentar vantagem adaptativa diante das novas condições ambientais. O exemplo das mariposas nos ajuda a entender de que maneira podemos explicar a evolução dos seres vivos pela teoria da seleção natural proposta por Darwin e pelos conhecimentos construídos pela Genética.

Os seres vivos são portadores de um material genético que pode sofrer mutações, tornando-os mais ou menos adaptados ao ambiente onde vivem. Por outro lado, a reprodução sexuada provoca o aparecimento contínuo de indivíduos com novas combinações genéticas.

A evolução dos seres vivos ocorre por meio do contínuo processo de seleção natural de indivíduos portadores de mutações ou combinações genéticas favoráveis do ponto de vista adaptativo, aumentando a chance de esses indivíduos deixarem descendentes com essas características vantajosas.

Mariposas escura e clara em tronco claro.

Bill Coster/Alamy/Fotoarena

NESTE CAPÍTULO VOCÊ ESTUDOU

Monkey Business Images/Shutterstock

- Mendel e seus estudos da transmissão das características hereditárias.
- O DNA e o gene.
- Células somáticas e sexuais.
- Fenótipo e genótipo.
- Mutações gênicas e cromossômicas.
- Darwinismo e Genética.

ATIVIDADES

PENSE E RESOLVA

1 O que significa hereditariedade?

2 Gregor Mendel, ao estudar o cruzamento de ervilhas, forneceu resultados que deram base para a formulação de alguns dos fundamentos da Genética. Explique a contribuição de Mendel utilizando os conceitos: genes, células somáticas, células sexuais, seres vivos e fecundação.

3 Cite três características das ervilhas que as tornam um bom modelo experimental para pesquisas sobre cruzamentos entre variedades dessa espécie.

4 Imagine que, do cruzamento entre dois ratos de pelagem preta (característica dominante), nasceu um filhote de pelagem branca. Ao observar esse fato, podemos afirmar que:

a) Os pais do rato branco são heterozigotos.

b) Os pais do rato branco são homozigotos.

c) O rato branco é heterozigoto.

d) O rato branco tem o mesmo genótipo dos pais, diferindo apenas no fenótipo.

e) É impossível que o rato branco seja filho dos ratos de pelagem preta.

Justifique sua resposta.

5 A fibrose cística é uma doença que afeta as glândulas exócrinas (órgãos produtores de substâncias que são liberadas fora da circulação sanguínea, como as glândulas salivares, sudoríferas e lacrimais), causando problemas para o trato digestivo e os pulmões. É uma doença recessiva, em que a presença de dois alelos recessivos indica que o indivíduo tem a doença. A gravidade da fibrose cística pode variar de acordo com a idade e de pessoa para pessoa. Observando o heredograma abaixo, responda:

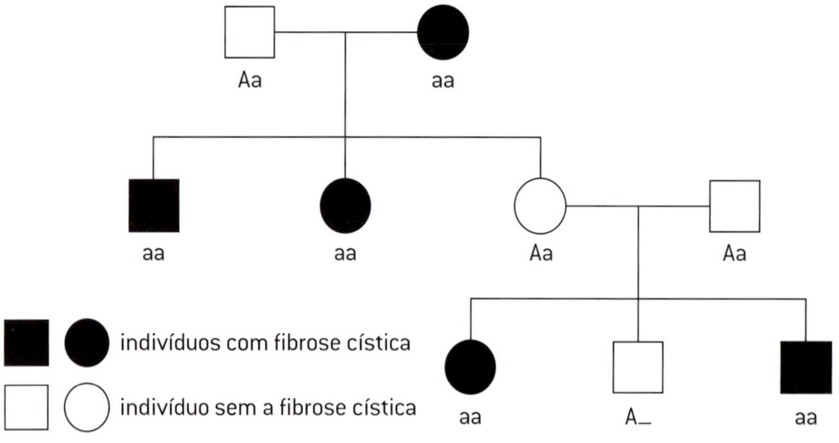

a) Quantos indivíduos da geração F_1 são heterozigotos? Qual é seu genótipo?

b) Qual é o genótipo dos indivíduos afetados pela doença (fibrose cística)?

c) Quantos indivíduos do sexo feminino apresentam a doença em todas as gerações?

d) Qual é o genótipo do indivíduo heterozigoto da geração F_2?

6 Baseando-se no que você estudou sobre genes, responda:

a) Qual é a relação entre o gene e as bases nitrogenadas?

b) O que são genes?

c) Todos os seres vivos têm a mesma quantidade e os mesmos tipos de genes? Justifique sua resposta.

7 Com relação aos cromossomos sexuais humanos, explique:

a) Quantos cromossomos sexuais existem em uma célula somática normal?

b) Quantos cromossomos sexuais podemos encontrar em um espermatozoide?

c) Quais são os tipos de cromossomos sexuais da espécie humana?

8 A imagem a seguir mostra o cariograma de um indivíduo portador da síndrome de Klinefelter. Os portadores dessa síndrome são, em geral, altos e magros, com membros inferiores relativamente longos. No adulto, os órgãos reprodutores masculinos apresentam desenvolvimento deficiente, com testículos pequenos e atrofiados. Os indivíduos com síndrome de Klinefelter têm, em geral, deficiência mental.

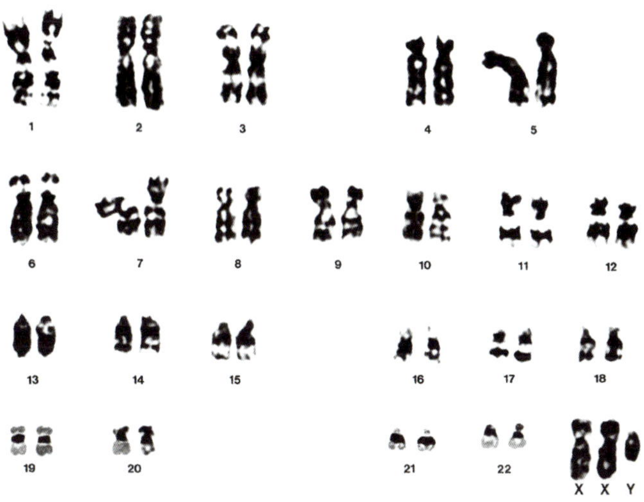

Science Source/Getty Images

Cariograma de portador de síndrome de Klinefelter.

(Ampliação desconhecida.)

a) Cariograma é o mesmo que cariótipo? Explique.

b) Qual é o número normal de cromossomos das células somáticas da espécie humana?

c) Quantos cromossomos o indivíduo em questão apresenta em suas células?

d) Quantos cromossomos não sexuais esse indivíduo tem em suas células somáticas?

e) Quantos cromossomos sexuais esse indivíduo tem em suas células somáticas?

9 Explique de que maneira as mutações e a reprodução sexuada estão relacionadas à evolução dos seres vivos.

SÍNTESE

Forme frases relacionando os termos a seguir:

a) Células, DNA, seres vivos.

b) DNA, substância, macromoléculas.

c) Cromossomos, genes, bases nitrogenadas.

d) Mutações gênicas, mutações cromossômicas, doenças.

DESAFIO

Converse com seus colegas sobre as seguintes afirmações:

"Na espécie humana são os gametas masculinos que determinam o sexo dos seus descendentes."

"Todos os irmãos de uma mesma família deveriam ser identicamente iguais, sendo filhos dos mesmos pais."

Vocês concordam com elas? Justifiquem.

LEITURA COMPLEMENTAR

Mutação que criou mariposa negra na Revolução Industrial é identificada

Inseto geralmente tem asas de cor branca, mas passou a ter asas escuras. Equipe da Universidade de Liverpool publicou resultados na revista *Nature*

Pesquisadores da Universidade de Liverpool, na Inglaterra, identificaram e dataram a mutação genética que originou a versão negra da mariposa, que se espalhou durante a Revolução Industrial. A forma mais comum do animal tem asas da cor branca.

Novas descobertas resolvem um quebra-cabeça desse clássico exemplo de seleção natural. Durante a Revolução Industrial, a versão escura das mariposas se misturava com a casca das árvores cheias de fuligem. Com a "camuflagem", elas se reproduziram mais e, na década de 1950, 90% de todas as mariposas na região próxima de Manchester estavam escuras, e não brancas.

Em um novo estudo publicado pela revista *Nature* [...], os cientistas descobriram que uma mutação de um "gene saltador" foi responsável por essa variação escura. Usando estatística e métodos para análise de DNA, eles descobriram que esta mudança genética ocorreu por volta de 1819, o que é consistente com o registro histórico.

Os genes saltadores (*jumping genes*, em inglês) são segmentos móveis de DNA que, em uma mutação, podem mudar sua posição dentro de um genoma e mudar a expressão de outros genes.

Alamy/Fotoarena

A população de mariposas negras aumentou durante a Revolução Industrial.

Usando um método de sequenciamento de DNA de última geração, a equipe descobriu que esses genes, inseridos no interior do córtex da mariposa, teriam determinado a criação da cor nas mariposas.

O pesquisador Ilik Saccheri, que liderou o estudo, disse: "Esta descoberta preenche uma lacuna fundamental na história da mariposa. O fato de que este famoso mutante foi causado por um gene transponível deve atrair mais interesse sobre o impacto do DNA celular e a aptidão para geração de novos fenótipos".

A primeira mariposa negra avistada e documentada é de Manchester, cidade localizada no norte da Inglaterra. O registro é de 1848. No entanto, esse tipo do inseto pode existir há mais tempo sem ter sido detectado, dada a frequência muito baixa antes do aumento da população.

Fonte: G1 Notícias. Mutação que criou mariposa negra na revolução industrial é identificada. Publicado em: 2/6/2016. Disponível em: <http://g1.globo.com/natureza/noticia/2016/06/estudo-acha-mutacao-que-gerou-mariposa-negra-na-revolucao-industrial.html> (acesso em: 22 ago. 2018).

Questões

1. Explique por que durante a Revolução Industrial as mariposas negras eram dominantes em muitos locais, como próximo de Manchester.
2. Segundo o estudo publicado pela revista *Nature*, o que provocou o aparecimento de mariposas negras?
3. O que são genes saltadores?

Capítulo

6 Genética no século XXI

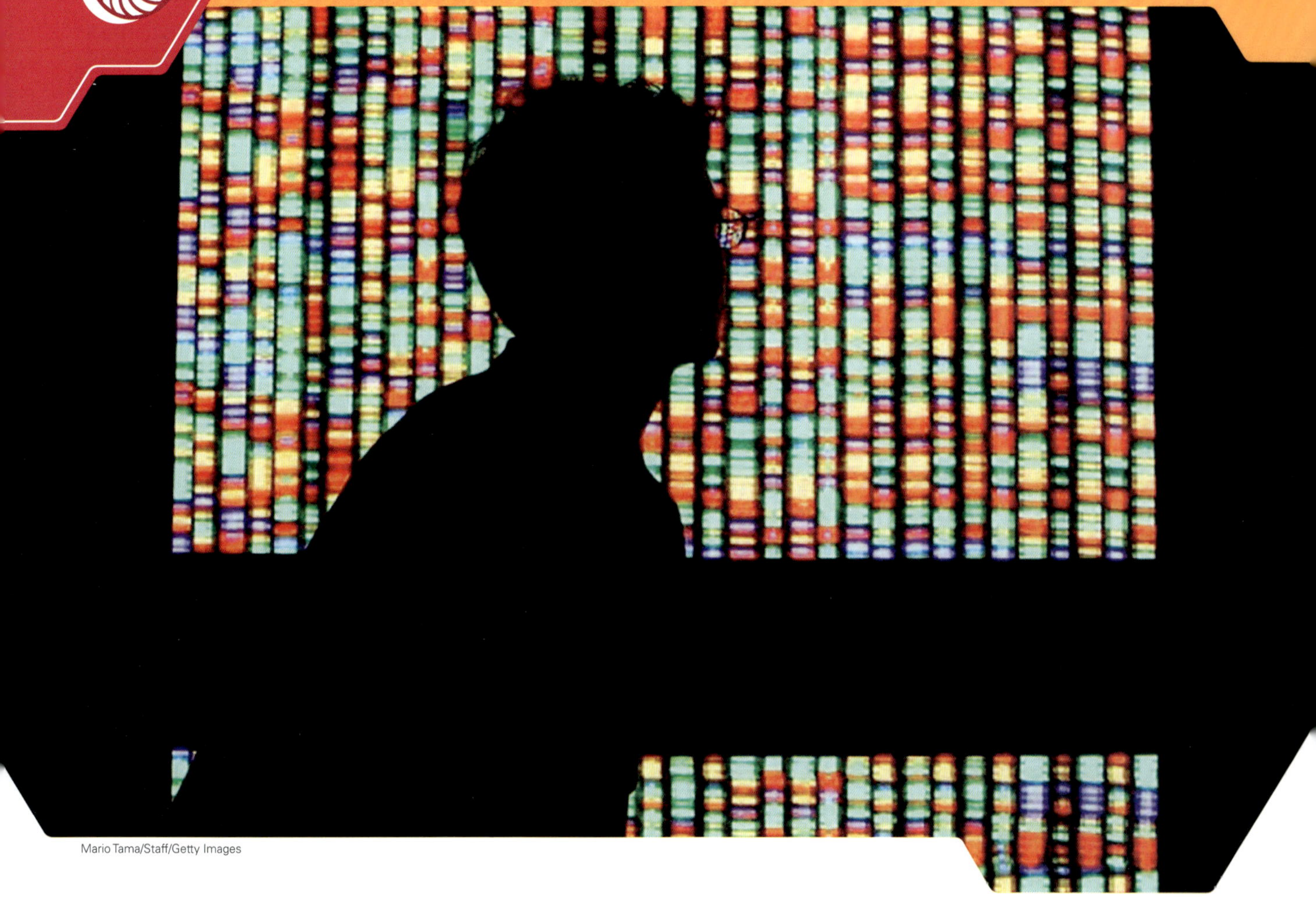

Mario Tama/Staff/Getty Images

Representação digital do genoma humano.

Com a descoberta da estrutura do DNA, novos caminhos se abriram para a Ciência, principalmente na área da saúde humana. Muito do conhecimento produzido nessa área só foi possível graças às diversas técnicas que permitiram manipular o DNA. Algumas dessas técnicas acabam sendo conhecidas porque aparecem em notícias de jornais, revistas, internet e, às vezes, fazem parte de tramas de filmes, novelas e livros.

As pesquisas com manipulação de DNA, de maneira geral, trouxeram esperança para a cura de muitas doenças de origem genética. Entretanto, ainda há dúvidas sobre suas aplicações e as consequências de seu uso. Afinal, a manipulação de genes do DNA pode realmente ajudar no tratamento de algumas doenças? É possível criar um animal idêntico a outro? Quais são os limites das pesquisas com manipulação genética?

Neste capítulo vamos discutir um pouco sobre os caminhos da Genética no século XXI.

Pesquisas com DNA

A descoberta de que as sequências de bases nitrogenadas presentes na molécula de DNA transmitem características genéticas estimulou o desenvolvimento de inúmeras pesquisas com o objetivo de localizar genes e relacioná-los às suas funções nos seres vivos. Além disso, abriu-se a possibilidade de manipular o material genético, copiando, alterando e até transferindo genes de uma espécie para outra, dando assim origem a uma nova área da pesquisa, chamada Engenharia Genética. Os primeiros resultados das pesquisas mostraram inúmeros benefícios, mas também apontaram dilemas e conflitos que persistem até os dias de hoje.

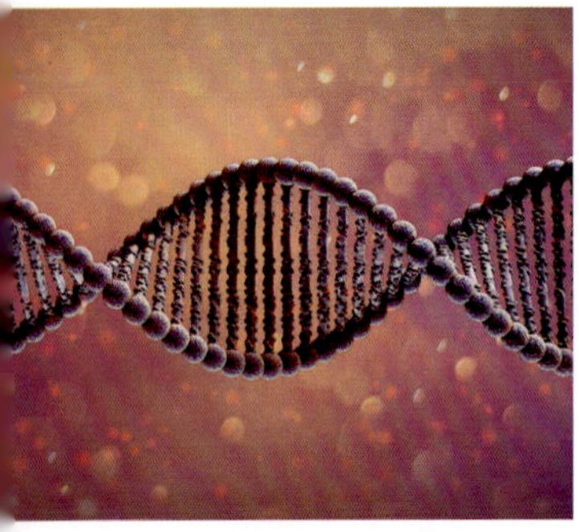

Aranami/Shutterstock

Ilustração digital da estrutura da molécula de DNA.

(Cores fantasia.)

O Projeto Genoma

Nas últimas décadas, pesquisadores de vários países do mundo, inclusive do Brasil, estão trabalhando em diversos projetos relacionados à manipulação de DNA. Uma dessas pesquisas é o Projeto Genoma. O termo **genoma** se refere ao conjunto do material genético que caracteriza uma espécie e pode ser utilizado para designar o material genético de um indivíduo.

O principal objetivo do projeto é mapear o genoma de diferentes espécies, ou seja, sequenciar as bases nitrogenadas de seus DNAs para localizar os genes e determinar as suas funções. Outros objetivos incluem localizar genes não conhecidos ou não identificados, analisar suas possíveis expressões e possibilitar a manipulação e terapias genéticas.

Projeto Genoma *Xylella fastidiosa*

Gerson Sobreira/Terra Stock

As bactérias da espécie *Xylella fastidiosa* são transmitidas à planta (**A**) por um inseto chamado cigarrinha. O "amarelinho" causa perda de clorofila, manchas nas folhas e nos frutos e produção de frutos pequenos e duros, impróprios para consumo.

Em 13 de julho de 2000, o Brasil foi destaque no mundo ao publicar na revista *Nature*, uma das mais importantes publicações científicas do mundo, o sequenciamento genético da bactéria *Xylella fastidiosa*, causadora do "amarelinho", praga que afeta os pomares de laranja, causando enormes prejuízos. Em 130 anos de história da revista, foi a primeira vez que uma pesquisa brasileira apareceu como destaque. O projeto começou em 1997 e envolveu 197 pesquisadores de 35 laboratórios.

O destaque do projeto se deve ao fato de que a bactéria *Xylella fastidiosa* foi o primeiro organismo causador de doença em plantas que teve seu genoma sequenciado. Como consequência, surgiu o Projeto Genoma *Xylella fastidiosa*, que busca estudar os genes de caráter patogênico da bactéria, ou seja, aqueles que mantêm relação com a doença.

O Brasil tem muitos projetos relacionados ao genoma, alguns em parceria com outros países. Com essas pesquisas, espera-se aumentar a produtividade e a resistência a diversos fatores ambientais de espécies de interesse econômico.

Cássio Vasconcellos/Acervo do fotógrafo

O Projeto Genoma da cana-de-açúcar (**B**), iniciado em 1998, identificou 50 mil genes com características de interesse econômico, como resistência a doenças, geadas e seca.

Projeto Genoma Humano

O Projeto Genoma Humano (PGH), do qual o Brasil fez parte, teve início em 1990 e foi finalizado em 2003, dois anos antes do tempo previsto. A data coincidiu com o aniversário de 50 anos da publicação da estrutura do DNA por Watson e Crick, que deu início à era da Biologia Molecular.

Seu objetivo principal foi determinar a sequência de DNA das células do corpo humano. Todas as informações descobertas pelas pesquisas foram armazenadas em bancos de dados públicos, isto é, que podem ser utilizados por pesquisadores do mundo inteiro para pesquisas na área da **genômica**. Esses dados foram usados, por exemplo, para localizar milhares de genes e tentar desvendar suas funções.

O conhecimento mais detalhado do genoma humano pode revolucionar a Medicina, que poderá ser capaz de identificar genes relacionados a doenças e preveni-las ou tratá-las precocemente, mesmo antes de se manifestarem.

O maior desafio do Projeto Genoma Humano ainda está na definição de como o conhecimento adquirido será utilizado. Se, por um lado, as informações contidas no DNA humano poderão trazer a identificação e a cura de inúmeras doenças que hoje não têm tratamento eficaz, por outro lado, poderão provocar o surgimento de conflitos de ordem ética que deverão ser analisados e discutidos pela sociedade. Alguns exemplos:

- Se for constatada a presença de uma doença genética grave no embrião, durante a gestação, essa informação poderá ser utilizada para justificar a interrupção da gravidez?
- As empresas poderão solicitar o genoma aos candidatos a empregos para verificar a possibilidade de desenvolverem determinadas doenças?
- Os planos de saúde poderão ter acesso às informações genéticas dos seus usuários e estabelecer planos com valores diferenciados em função da maior ou da menor probabilidade de manifestarem doenças?
- Os genes descobertos nas pesquisas científicas poderão ser patenteados, ou seja, suas informações poderão ser de propriedade privada?

Genômica: área do conhecimento que tem como objetivo estudar o genoma das diversas espécies de seres vivos.

Assista também!

Gattaca – experiência genética. Direção: Andrew Niccol. Estados Unidos, 1997 (1 h 46 min).

Esse filme, que se passa no futuro, mostra seres humanos selecionados geneticamente em laboratórios, os "válidos", que são tratados como superiores em relação às pessoas concebidas biologicamente, os "inválidos".

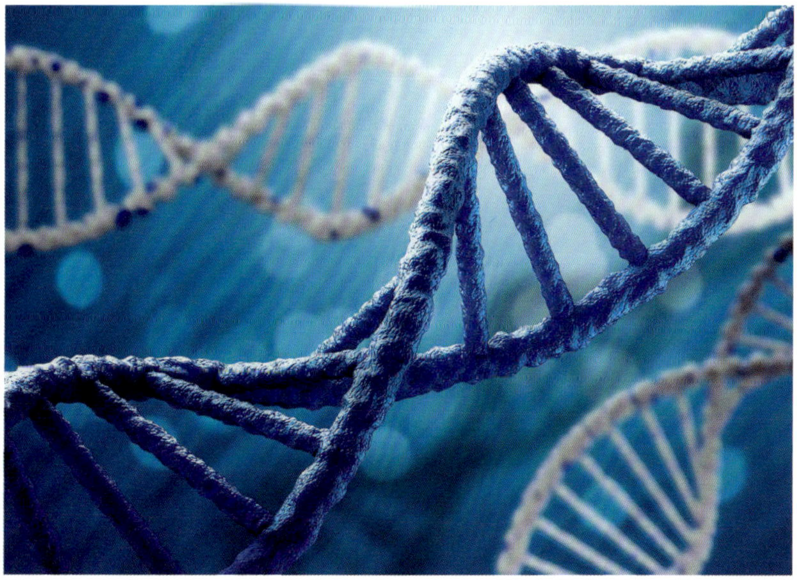

ESB Professional/Shutterstock

Representação artística de molécula de DNA. (Cores fantasia.)

Vida e Evolução

› Organismos transgênicos

Os organismos transgênicos são aqueles que, de alguma forma, incorporaram em seu DNA genes de outra espécie. Essa transferência de genes de uma espécie para outra pode ocorrer de forma natural (o que é comum em bactérias, mas raro em outros seres vivos) ou artificial.

Na década de 1970, descobriu-se que muitas bactérias tinham enzimas, chamadas enzimas de restrição, que permitem o corte de segmentos de DNA. O uso dessas enzimas, associado ao desenvolvimento de outras técnicas de manipulação do DNA, possibilitou uma série de aplicações, como a transferência de genes específicos de uma espécie para outra.

Um exemplo é a produção de insulina humana, que passou a ser produzida em larga escala a partir da década de 1980, utilizando-se bactérias, principalmente a *Escherichia coli*, que teve o gene humano responsável pela produção de insulina incorporada no seu genoma.

A insulina é um hormônio produzido pelo pâncreas e é responsável pelo transporte do açúcar contido nos alimentos até as células. Sua falta é responsável pela diabetes, doença que apresenta uma série de consequências negativas para a saúde das pessoas em função do acúmulo de açúcar no sangue. Segundo a Sociedade Brasileira de Diabetes, essa doença atinge 110 milhões de pessoas no mundo, sendo 5 milhões só no Brasil.

Alimentos transgênicos

Várias espécies de seres vivos utilizados na alimentação humana tiveram seu genoma modificado para finalidades diversas, como aumentar a capacidade de resistência a determinadas condições ambientais ou produzir substâncias importantes para a saúde dos seres humanos. Vejamos alguns exemplos.

Patrick Pleul/picture-alliance/dpa/AP Photo/Glow Images

jeep2499/Shutterstock

O milho Bt (**A**) e a cana-de-açúcar Bt (**B**) foram produzidos inserindo-se genes da bactéria *Bacillus thuringiensis*, responsável pela produção de uma substância com efeito inseticida, que protege a planta contra insetos.

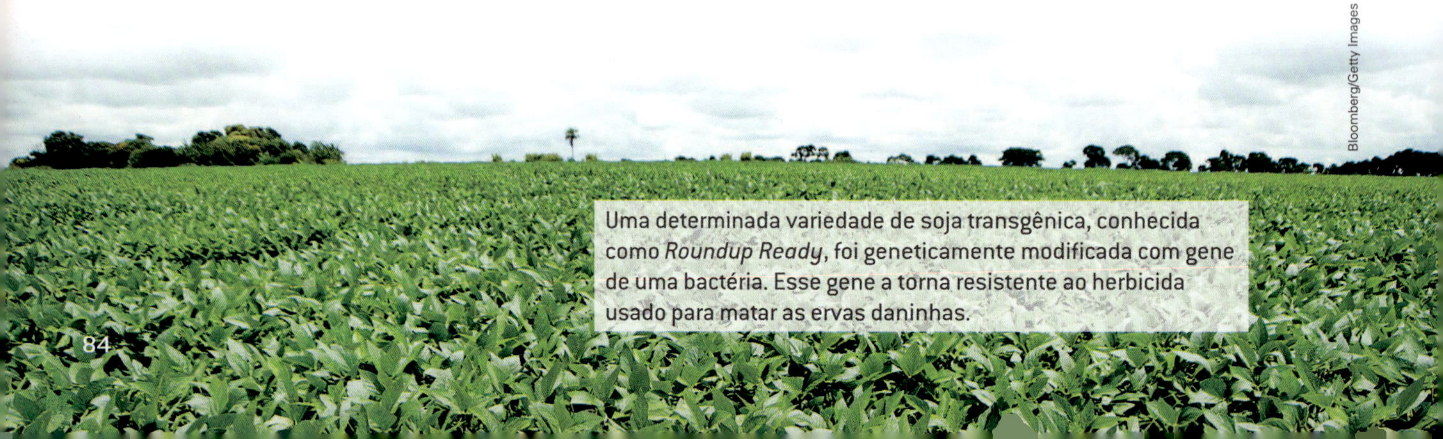

Bloomberg/Getty Images

Uma determinada variedade de soja transgênica, conhecida como *Roundup Ready*, foi geneticamente modificada com gene de uma bactéria. Esse gene a torna resistente ao herbicida usado para matar as ervas daninhas.

A utilização de organismos transgênicos na alimentação humana tem causado muita polêmica, mostrando a necessidade de discutir e divulgar informações corretas, para que os consumidores possam exercer seus direitos de maneira consciente.

Os principais argumentos usados a favor dos transgênicos são:

- Produção de alimentos mais nutritivos e mais baratos.
- Redução de agrotóxicos, diminuindo os custos de produção e reduzindo os riscos de contaminação do ambiente.
- Até o momento não há indícios de prejuízo para a saúde da população humana nem para o meio ambiente.

Os principais argumentos usados contra os transgênicos são:

- Não há estudos suficientes que garantam a segurança em longo prazo para a saúde da população e algumas pessoas poderiam desenvolver alergias.
- Genes de plantas modificadas poderiam afetar o equilíbrio dos ecossistemas, pois esses genes seriam transferidos para espécies nativas via infecções virais.
- Há criação de dependência econômica do agricultor, já que é necessário usar herbicidas fabricados pela mesma empresa que vende os grãos.

A rotulagem dos alimentos transgênicos

Diversos países têm leis que obrigam as empresas alimentícias a informar aos consumidores a presença de transgênicos nos seus produtos, no rótulo das embalagens. No Brasil, desde 2003, a indústria de alimentos é obrigada por lei (Decreto federal n. 4 680) a informar sobre a presença de mais de 1% de ingredientes transgênicos em qualquer produto para o consumo humano ou animal. No entanto, essa obrigatoriedade tem causado muita polêmica entre diversos setores da sociedade que defendem sua exclusão, como algumas indústrias alimentícias e agropecuárias, e outros que defendem sua manutenção, como os ambientalistas e as associações de defesa do consumidor.

Eduardo Santaliestra/Arquivo da editora

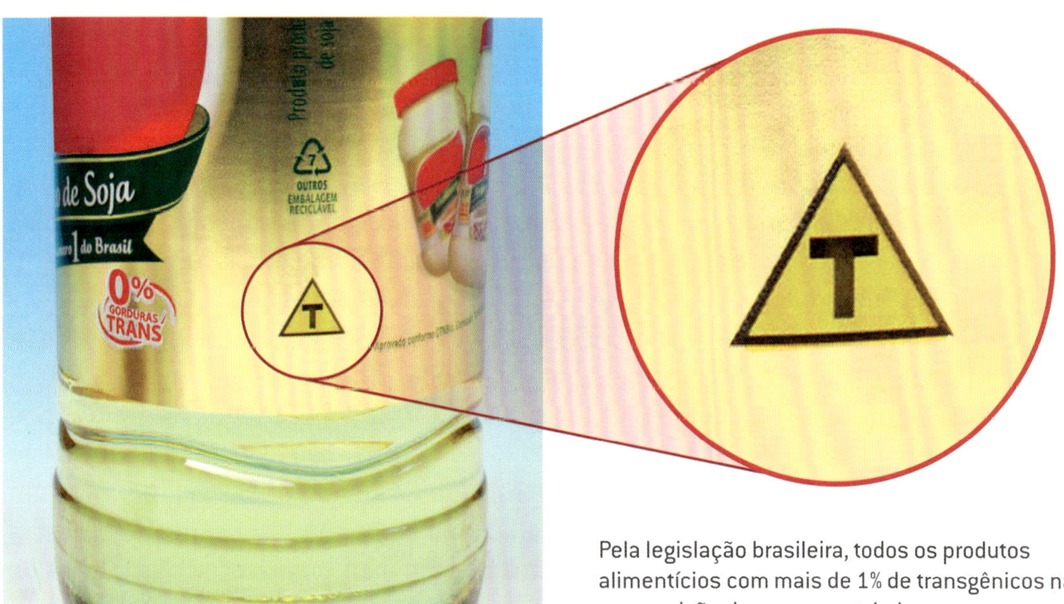

Pela legislação brasileira, todos os produtos alimentícios com mais de 1% de transgênicos na sua composição devem ser rotulados.

› Clonagem

Clonagem é o processo de reprodução assexuada no qual, de um ser vivo unicelular ou pluricelular, são formados descendentes geneticamente idênticos entre si e ao progenitor. Os descentes originados por esse processo são chamados **clones**.

A clonagem é um processo que ocorre de forma natural nos seres unicelulares, como bactérias, certos fungos e protozoários, e em muitos pluricelulares, como vegetais com capacidade de se propagar por brotamento, entre eles a banana, o alho e o inhame. Há também exemplos entre os animais, como as anêmonas-do-mar, que também se reproduzem por brotamento.

Certas variedades de plantas, como de inhame (**A**), alho (**B**) e banana (**C**), domesticadas há muito tempo, foram selecionadas de tal maneira que perderam a capacidade de se reproduzir sexuadamente (por sementes), reproduzindo-se somente de forma assexuada.

Variabilidade genética: é o mesmo que diversidade genética; é resultado da reprodução sexuada, que provoca o aparecimento de diferentes combinações genéticas, e das mutações, que podem introduzir genes diferentes nas populações.

A vantagem da clonagem vegetal, também chamada propagação vegetativa, é a manutenção das características vantajosas da espécie do ponto de vista comercial, como formato, resistência e sabor, já que os clones são geneticamente idênticos à planta-mãe. Além disso, a propagação vegetativa é, em geral, mais rápida do que o plantio por sementes. Por outro lado, a baixa **variabilidade genética** pode tornar a espécie mais vulnerável a alterações ambientais, uma vez que todos os indivíduos poderão ter a mesma capacidade de resposta a elas.

Uma novidade científica importante que surgiu nas últimas décadas foi a possibilidade de clonar animais em laboratório. Em 1962, J. B. Gurdon (1933-), no Reino Unido, conseguiu obter clones de um sapo adulto, mas eles morreram antes de chegar à fase adulta. Em 1981, Karl Illmensee (1939-) e Peter Hoppe (1942-2006), da Universidade de Genebra (Suíça), anunciaram ter obtido clones de ratos a partir de células embrionárias. Em 1996, na Escócia, a ovelha Dolly foi o primeiro caso de clonagem bem-sucedida a partir de uma célula adulta.

O caso da ovelha Dolly

Em 1996, o pesquisador Ian Wilnut e sua equipe utilizaram três fêmeas de ovelhas no seu experimento para realizar a clonagem que resultou no nascimento de uma ovelha a quem deram o nome Dolly. Nesse processo, retirou-se o núcleo de uma célula de glândula mamária de uma ovelha adulta da raça *Finn Dorset* ('cara branca'); esse núcleo foi implantado em um óvulo sem núcleo de outra ovelha, da raça *Scottish Blackface* ('cara preta'). A célula resultante foi cultivada em laboratório, gerando um embrião que foi implantado no útero de uma terceira ovelha da raça *Scottish Blackface*, que gerou um filhote – a ovelha Dolly, da raça *Finn Dorset*.

Os experimentos feitos com a ovelha Dolly e outros animais mostraram que a clonagem em mamíferos gera riscos de doenças, envelhecimento precoce e má-formação dos clones. Isso provocou muitos questionamentos sobre os limites de realização desse tipo de pesquisa. A ovelha Dolly morreu em 2003 acometida de vários problemas comuns a animais clonados. Com relação à clonagem humana, mais de sessenta países, inclusive o Brasil, já se pronunciaram contra qualquer tipo de experimento desse sentido.

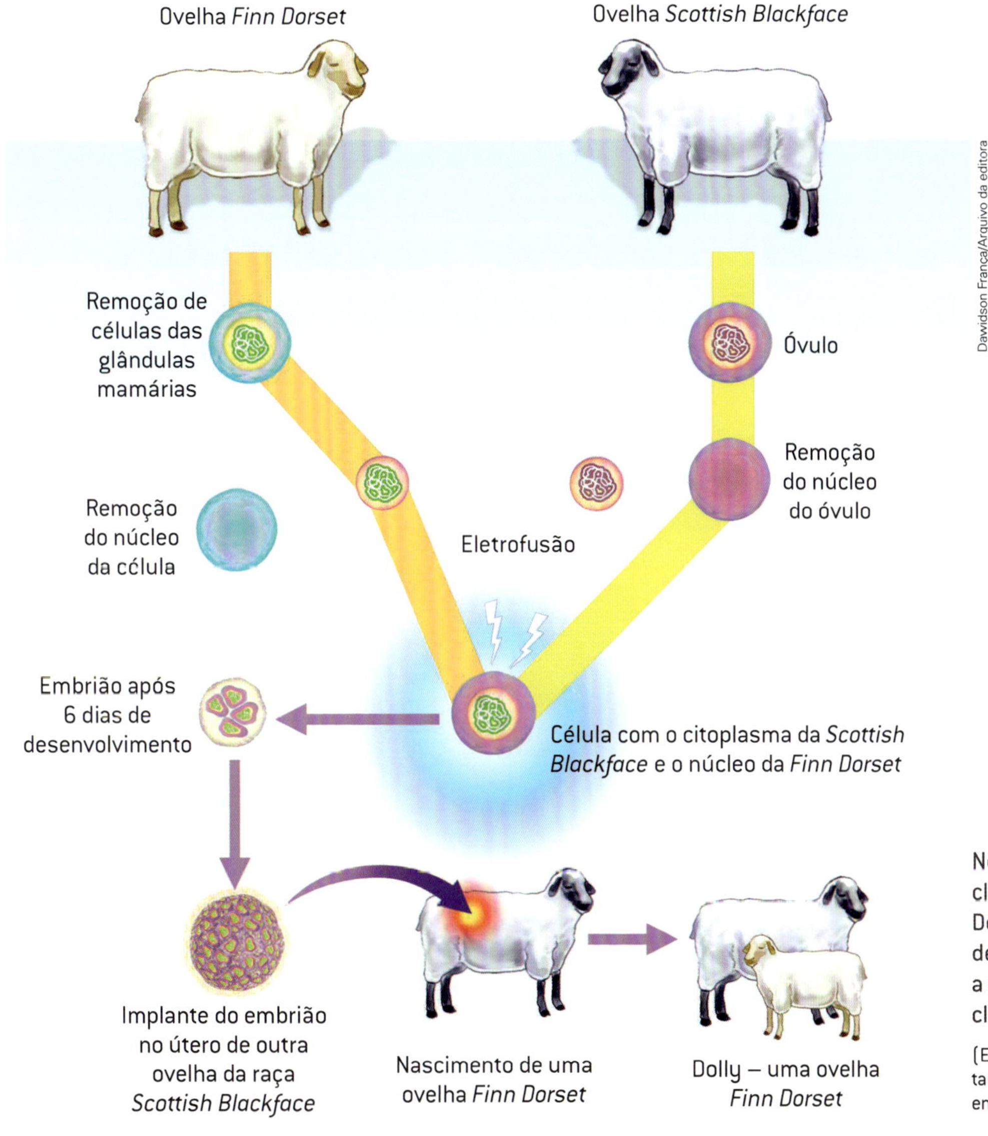

Dawidson França/Arquivo da editora

No processo de clonagem da ovelha Dolly, foram feitas mais de 270 tentativas para a obtenção de um único clone viável.

(Elementos representados em tamanhos não proporcionais entre si. Cores fantasia.)

Desde o caso da ovelha Dolly, em 1996, cientistas conseguiram clonar com sucesso mais de vinte outras espécies, incluindo vacas, porcos, coelhos e camundongos.

Mais recentemente, em 2018, cientistas chineses anunciaram a clonagem bem-sucedida de macacos, rompendo a barreira técnica para clonagem em humanos. Embora os cientistas chineses afirmem que a clonagem de macacos tem como objetivo a realização de pesquisas na área médica, esse fato instiga a polêmica sobre qual deve ser o limite da ciência com relação à clonagem de seres vivos.

A clonagem para fins terapêuticos

A clonagem terapêutica é a clonagem de células e de tecidos que tem como finalidade o tratamento de doenças ou outros fatores que afetam a saúde das pessoas. Uma das técnicas utilizadas envolve a retirada de células de embriões nos seus primeiros estágios de desenvolvimento, as chamadas **células-tronco embrionárias**, pois elas têm a capacidade de se transformar em vários tipos de célula e formar diferentes tecidos. Essas células podem ser cultivadas em laboratório e utilizadas no tratamento de doenças como câncer, doença de Alzheimer, doença de Parkinson, diabetes, artrite e doenças cardíacas, além de auxiliar no tratamento de lesões na coluna, queimaduras, entre outras.

CÉLULAS-TRONCO

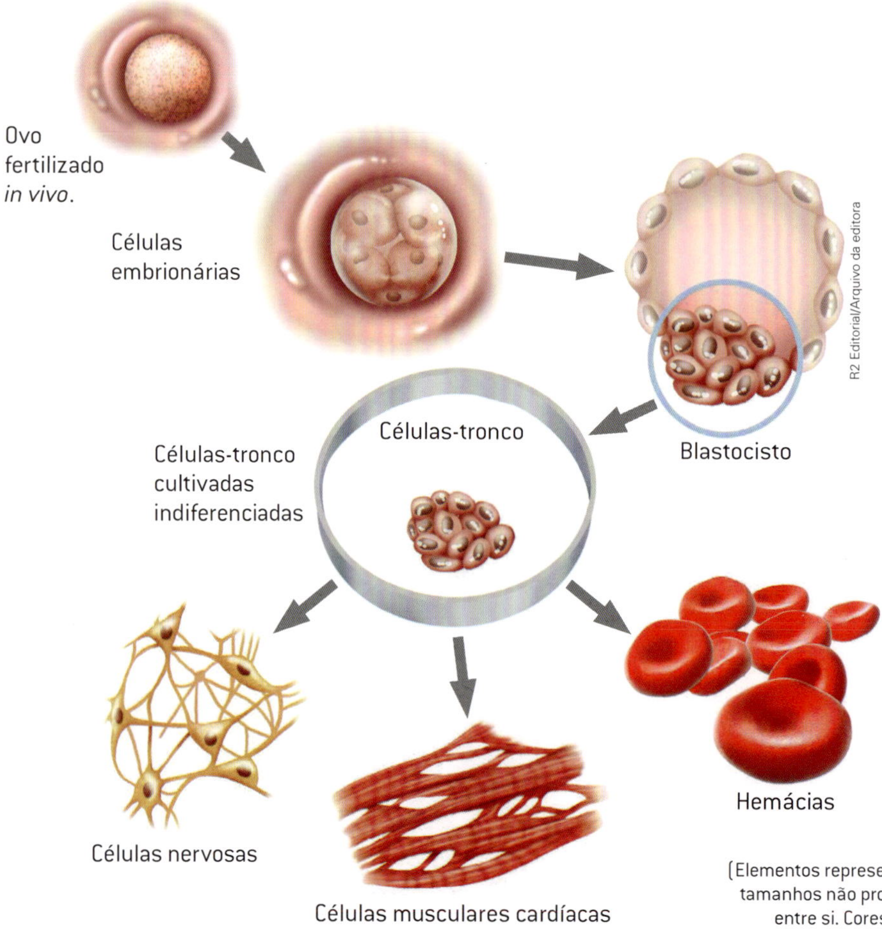

(Elementos representados em tamanhos não proporcionais entre si. Cores fantasia.)

As células-tronco embrionárias podem se diferenciar em diversos tipos celulares, formando vários tecidos.

A clonagem envolvendo células-tronco embrionárias tem provocado polêmica. Muitos consideram que a vida tem início a partir da fecundação, o que torna a utilização de células de um embrião humano (e sua consequente destruição) um ato criminoso. Outros acreditam que a vida só se inicia com a implantação do embrião no útero, e há aqueles ainda que só a consideram após a formação do sistema nervoso do embrião.

Outra possibilidade de clonagem terapêutica consiste em implantar o núcleo de uma célula do próprio paciente em um ovócito sem núcleo. As células obtidas da divisão dessa nova célula terão capacidade de diferenciar-se em vários tecidos humanos, compatíveis com o paciente, evitando problemas de rejeição. Esses tecidos poderiam ser utilizados, por exemplo, para recuperar órgãos ou partes deles que tivessem se danificado em algum acidente ou fossem doentes. Existe forte oposição ao desenvolvimento dessa técnica, pois ela poderia possibilitar a clonagem humana.

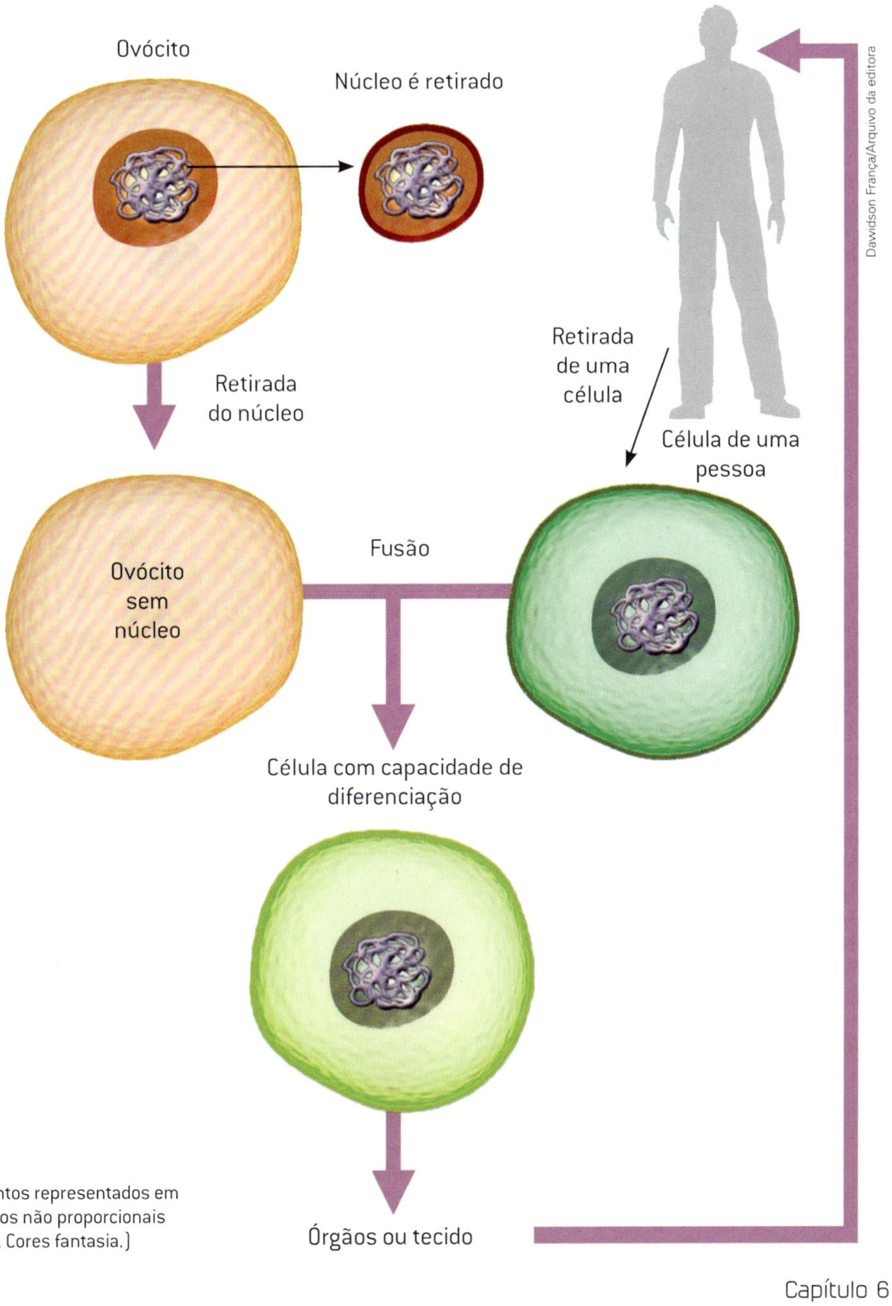

(Elementos representados em tamanhos não proporcionais entre si. Cores fantasia.)

A clonagem terapêutica poderá ajudar na cura de inúmeras doenças e possibilitar a regeneração de partes do corpo que foram lesadas.

Assista também!

A ilha.

Direção: Michael Benjamin Bay. Estados Unidos, 2005 (2 h 18 min).

Nesse filme, a Terra passou por uma catástrofe natural ambiental e perdeu parte de sua população em razão de uma contaminação. Há o desejo da população restante de habitar a ilha, único lugar supostamente seguro para se viver.

Assista também!

O óleo de Lorenzo. Direção: George Miller. Estados Unidos, 1992 (2 h 16 min).

Esse filme é baseado no relato real de um garoto diagnosticado com uma doença extremamente rara, que provoca a degeneração das células nervosas. Seus pais passam a pesquisar uma possível cura para sua doença.

Terapia genética

Terapia genética é o tratamento de determinadas doenças, geralmente hereditárias, por meio da manipulação de genes do paciente.

Embora as pesquisas envolvendo a manipulação de genes tenham começado há algumas décadas, muitas delas tiveram de ser abandonadas ou postergadas por causa dos resultados insatisfatórios obtidos, alguns envolvendo a morte de pacientes.

Em 2013, o desenvolvimento de uma nova técnica chamada CRISPR permitiu copiar e colar genes ou pedaços do genoma de maneira fácil e com custos mais baixos em comparação às técnicas utilizadas anteriormente; em 2016 foram autorizados os primeiros testes em humanos, depois de ser demonstrada sua eficácia em outros animais.

Embora os resultados sejam promissores, ainda existem muitas questões que deverão ser discutidas pela sociedade para definir os limites da manipulação genética na cura de doenças.

Bioética

Os conhecimentos científicos, apesar de trazerem muitos benefícios, provocam questionamentos e dúvidas com relação à maneira e aos limites de sua utilização. Não é fácil estabelecer limites para o comportamento dos seres humanos. É preciso estipular regras e princípios gerais que disciplinem a convivência em sociedade.

A Ética é o campo do conhecimento que se dedica a refletir sobre como os seres humanos devem agir perante os outros e qual deve ser o comportamento adequado diante de determinada situação. A partir de meados do século XX, a Bioética surgiu como um ramo do estudo da Ética, que tem como objetivo refletir sobre os limites do comportamento das pessoas com relação às pesquisas científicas e aplicações relacionadas aos seres vivos, incluindo o próprio ser humano. Questionamentos sobre os limites das pesquisas e das aplicações envolvendo organismos transgênicos e clonagem, além de questões sobre aborto, **eutanásia**, manipulação de animais em laboratório, entre outras, fazem parte da Bioética. Busca-se, por meio dela, a construção de princípios e regras que possibilitem uma convivência mais harmônica entre os seres humanos e destes com os outros seres vivos que habitam o planeta.

Eutanásia: ato de proporcionar morte sem sofrimento a um doente que esteja sofrendo de alguma doença incurável e dolorosa.

NESTE CAPÍTULO VOCÊ ESTUDOU

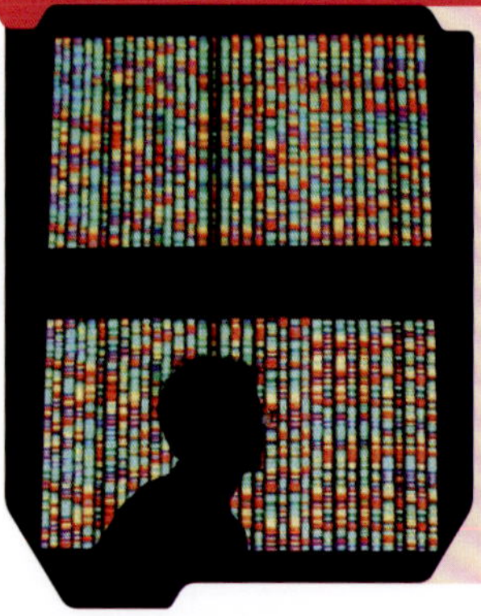

Mario Tama/Staff/Getty Images

- O que é genoma.
- O Projeto Genoma.
- O que são organismos transgênicos.
- O processo de clonagem.
- O que são células-tronco.
- O que é terapia genética.
- Ética e Bioética associadas aos avanços da Genética.

ATIVIDADES

PENSE E RESOLVA

1 O Projeto Genoma Humano (PGH) é considerado um dos maiores empreendimentos realizados pela ciência. Nele, somou-se o trabalho de cientistas de todo o mundo, em um esforço de colaboração internacional.

a) O que significa genoma?

b) Qual foi o objetivo inicial do PGH?

c) Qual é a importância do PGH para a Medicina?

2 Com relação ao Projeto Genoma *Xylella fastidiosa*:

a) Explique algumas características da *Xylella fastidiosa*.

b) De que maneira o Brasil e outros países poderão se beneficiar dos resultados desse projeto?

3 Cite dois possíveis conflitos de ordem ética que podem surgir com o conhecimento do genoma humano.

4 Os alimentos transgênicos têm causado polêmica em todo o mundo, provocando uma verdadeira guerra de argumentos entre seus defensores e opositores.

a) O que são transgênicos?

b) Cite dois argumentos utilizados pelos defensores dos alimentos transgênicos.

c) Quais são os principais argumentos dos opositores aos alimentos transgênicos?

5 A partir do caso da ovelha Dolly, a clonagem passou a ocupar os meios de comunicação. Para muitas pessoas, a clonagem seria uma técnica artificial desenvolvida pela ciência.

a) O que significa clonagem?

b) Você concorda com a ideia de que a clonagem foi criada por cientistas? Justifique.

c) Explique a vantagem da clonagem (reprodução assexuada) para a agricultura.

6 Sobre as células-tronco, responda.

a) O que são células-tronco embrionárias?

b) Por que a pesquisa envolvendo células-tronco embrionárias de seres humanos tem provocado polêmica?

c) A clonagem pode ser realizada para produzir células-tronco para o tratamento de doenças. Como é conhecido esse tipo de clonagem?

SÍNTESE

Crie frases relacionando os conceitos a seguir.

a) Genoma, espécie, material genético.

b) Projeto Genoma Humano, benefícios, conflitos.

c) Espécies, Projetos Genoma, Ciência.

d) Genes, transgênicos, espécie.

e) Clonagem, seres vivos, reprodução assexuada.

f) Células-tronco, clonagem terapêutica, doenças.

g) Terapia genética, doenças, genes.

h) Ética, ser humano, meio ambiente.

DESAFIO

Os avanços da ciência e os seus impactos no ambiente e na sociedade levaram ao surgimento da Bioética. Converse com seus colegas, reflita e responda às questões a seguir.

a) Qual é o objetivo da Bioética?

b) Por que as questões de ordem ética são muitas vezes polêmicas?

c) Cite algumas questões de ordem Bioética que já foram ou estão sendo discutidas pela sociedade.

d) Discuta com seus colegas um dilema ético do qual você já tenha participado e como procurou resolvê-lo.

LEITURA COMPLEMENTAR

Como a revelação dos mistérios do genoma humano está mudando o mundo

[Em maio de 2018] completaram-se 15 anos desde que sequência completa do genoma humano foi divulgada pela primeira vez, algo que deu início a uma nova era para a Medicina. Dali em diante a tecnologia acelerou significativamente o sequenciamento genético e reduziu seu custo. Mas até que ponto os avanços médicos tão esperados se materializaram?

[...]

Completar o sequenciamento exigiu 10 anos de trabalho e o investimento de cerca de US$ 30 bilhões (R$ 106 bilhões). Agora, os avanços na tecnologia dos computadores reduziram o custo desse trabalho para menos de US$ 500 (cerca de R$ 1.773,00).

Uma empresa [britânica] desenvolveu um leitor portátil, pouco maior que um celular, para sequenciar o material genético em questão de minutos.

[...]

Esse leitor portátil também pode servir para estabelecer a origem da comida de um restaurante, a presença de micróbios perigosos em uma fábrica de processamento de alimentos ou em fontes de água, por exemplo. Em outro campo, será possível utilizá-lo para analisar vestígios de DNA em cenas de crimes.

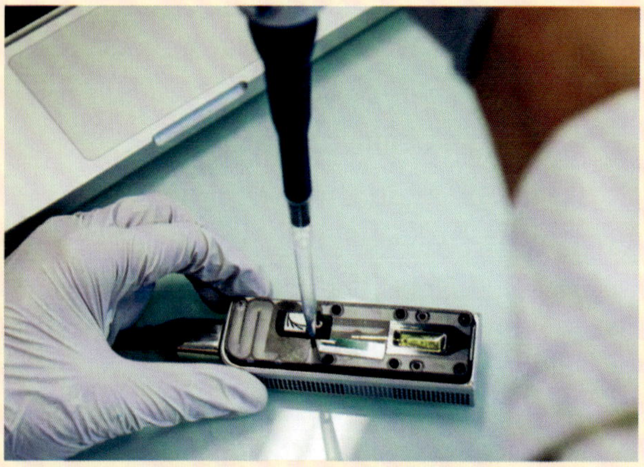

SPL/Fotoarena

O sequenciador de DNA portátil já é utilizado em vários países do mundo.

Um cabelo humano tem 10 mil vezes a espessura de um filamento de DNA, mas o dispositivo portátil consegue processá-lo por meio de um minifuro – conhecido como nanoporo – e lê seus sinais elétricos, que são instantaneamente convertidos em uma sequência.

[...] Esse aparato poderia ser usado para diagnosticar infecções comuns e, assim, reduzir as visitas desnecessárias ao médico e a excessiva prescrição de antibióticos.

[...] Durante a próxima década, será possível "sequenciar o DNA de cada recém-nascido" – com isso, será possível saber se há disposição genética do bebê para sofrer doenças e, como consequência disso, medidas poderão ser tomadas para prevenir problemas advindos delas.

[...]

A redução do custo levou a um rápido aumento do número de sequenciamentos de DNA feitos. [...]

Mas o que está provocando todo esse entusiasmo recente é a forma como essa informação será combinada com outros dados e analisada posteriormente.

Cientistas em Boston, nos EUA, usaram informações de um banco genético para destacar o aumento do risco de desenvolver diabetes tipo 2 entre as pessoas que trabalham em turnos diferentes do horário tradicional, das 9 h às 17 h, como quem cobre horários rotativos ou trabalha à noite, entre outros.

[...]

Tratamentos específicos

Existem grandes esperanças de que essa informação genética analisada por sistemas de inteligência artificial ajude a acelerar o diagnóstico de câncer e leve a tratamentos mais específicos para combatê-lo.

[Uma] empresa suíça desenvolveu um sistema de inteligência artificial que tem sido utilizado nos diagnósticos de 200 mil pacientes em mais de 400 hospitais em 55 países.

[...]

Além disso, as análises que normalmente precisavam de meses para serem feitas agora poderão estar prontas em questão de horas.

"Estamos entrando numa nova era em que seremos capazes de agrupar os casos de pacientes com câncer e decidir se o câncer de um paciente específico é parecido com o de outro dentro de um grupo de 10 mil pacientes" [...].

Então, os médicos saberão qual tratamento funcionou melhor para esse tipo de pessoa com esse tipo de câncer. [...]

Inteligência artificial

O desenvolvimento da inteligência artificial para a área de saúde teve um novo impulso com o recebimento dos recursos da radiômica, a capacidade de extrair informações úteis de imagens médica (os exames de imagem como a ultrassonografia, a tomografia computadorizada ou a ressonância magnética) – em casos de tumores, por exemplo. [...] Se for possível prever como um tumor pode se desenvolver, fica mais fácil entender como tratá-lo de maneira mais efetiva.

[...]

"Um número crescente de pacientes está sendo tratado com medicamentos precisos devido à crescente compreensão sobre os impulsores genéticos da doença. Os pacientes podem ser tratados com os remédios que têm maior probabilidade de beneficiá-los" [...].

Algumas empresas acreditam que o vínculo entre o genoma e a análise de outros dados de saúde poderia ajudar as pessoas a viverem mais saudáveis por mais tempo.

[...]

Mas os avanços impressionantes da Medicina têm sido mais difíceis de serem alcançados do que muitos esperavam no início da era genômica.

"A finalização do projeto do genoma humano trouxe muita esperança sobre a melhora na compreensão e no tratamento de doenças. Mas como sempre, subestimamos a complexa relação entre o genoma, a doença e a saúde" [...].

Então, ainda que isso seja só o início, na era do genoma, o cuidado da saúde está mudando de maneira definitiva.

Fonte: GASKELL, Adi; WALL, Matthew. Como a revelação dos mistérios do genoma humano está mudando o mundo. **BBC News Brasil**. Publicado em: 7/5/2018. Disponível em: <www.bbc.com/portuguese/geral-43958616> (acesso em: 24 ago. 2018).

Questões

1. Qual é o principal fator que tem provocado a aceleração nas pesquisas e aplicações relacionadas ao sequenciamento do genoma humano? Explique o motivo.
2. Cite dois exemplos do uso da tecnologia no sequenciamento do DNA humano.
3. Quais são os principais avanços na área médica que podemos esperar para os próximos anos com os avanços do sequenciamento do DNA?

Unidade 2 Matéria e Energia

A roda do moinho da fotografia é feita de madeira.

Na imagem também observamos água, plantas, telhas de cerâmica, solo e algumas rochas. Todos esses componentes são exemplos de matéria.

Nessa mesma imagem existe outra forma de matéria, que não é possível ver, mas com certeza está ao redor do moinho, da água e das rochas.

Estamos falando de matéria. Você sabe o que é? Conhece as propriedades dela?

A roda fotografada certamente estava em movimento. Do que a roda precisa para girar?

Essas são algumas questões que serão discutidas nesta unidade.

Rogério Reis/Pulsar Imagens

Roda-d'água de moinho colonial, em Pomerode (SC), 2017.

Capítulo 7

A matéria e os átomos

Annamaria Zappatore/Shutterstock

Terra, fogo, água e ar: os quatro elementos que, para alguns filósofos antigos, constituíam tudo o que existe.

Os filósofos antigos acreditavam que tudo o que havia na natureza era constituído por quatro elementos: terra, fogo, água e ar. Essa tentativa de explicar como a matéria era constituída levou várias pessoas – os chamados alquimistas – a tentarem produzir ouro a partir de chumbo, por exemplo. Para eles, bastava mudar as proporções de cada um dos elementos para que os materiais se transformassem.

Você concorda com essa ideia? De que você acha que é constituída toda a natureza ao nosso redor? Sabemos que existe uma grande variedade de substâncias, mas por que elas são diferentes?

Neste capítulo vamos estudar os diferentes conceitos envolvidos na constituição da matéria e um dos modelos para explicar essa composição.

A história da constituição da matéria

Existem muitas maneiras de explicar os eventos naturais. Algumas delas são baseadas em teorias, observações e experimentações científicas, outras, em crenças religiosas.

No ensino de Ciências o foco das explicações encontra-se nos conhecimentos das ciências naturais, nas quais não se utilizam as explicações religiosas, que são próprias de outros domínios do conhecimento humano.

A primeira tentativa de entender os fenômenos naturais desvinculada da religião foi usada para explicar a constituição da matéria. Isso aconteceu no século V a.C., na Grécia, com o filósofo Empédocles. Ele imaginou que toda matéria era formada por uma mistura de quatro elementos: água, terra, fogo e ar e que, ao juntar esses quatro elementos em proporções diferentes, seria possível obter todos os outros tipos de materiais.

A esses elementos foram atribuídos os seguintes símbolos:

Banco de imagens/Arquivo da editora

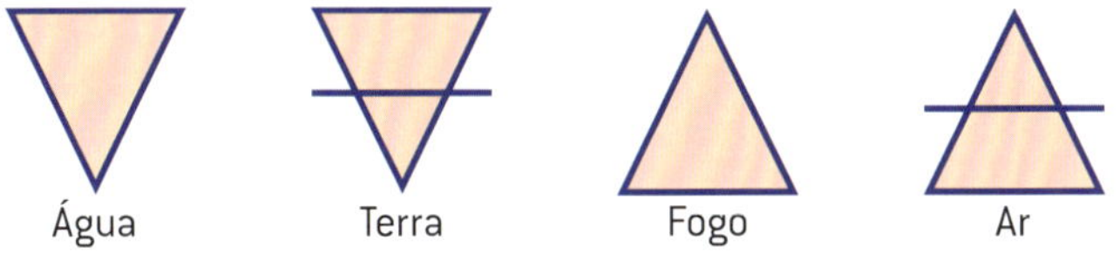

Representação em símbolos dos quatro elementos primordiais, segundo Empédocles.

EM PRATOS LIMPOS

Quem foram os alquimistas?

A ideia de que todos os materiais são constituídos por apenas quatro elementos levou diversas pessoas a tentar obter ouro a partir da combinação de outros metais. Essas pessoas ficaram conhecidas como alquimistas.

A partir das ideias de Empédocles de que o chumbo e o ouro, como toda matéria, seriam formados por fogo, ar, terra e água, não seria possível ajustar as proporções das substâncias formadoras desses metais de tal forma que o chumbo pudesse se transformar em ouro?

Reprodução/Museu de Tessé, Le Mans, França.

Quadro **Um Alquimista em seu ateliê**, de David Teniers, o Jovem (1610-1690), pintado possivelmente entre os anos 1640 e 1650. Óleo sobre tela.

Essa pergunta motivou o trabalho dos alquimistas, entre os séculos I e XV. Vários métodos pareceram guiar o trabalho dos alquimistas, resultando na crença de que um espírito universal poderia estar concentrado em uma peça particular de matéria: a **pedra filosofal**. Essa pedra teria o poder de transformar qualquer metal em ouro.

O espírito universal, segundo os alquimistas, seria a energia criadora da matéria.

Os alquimistas também estavam interessados em produzir o **elixir da longa vida**, que tornaria o ser humano imortal.

Leemage/Diomedia/Museu Arqueológico Nacional, Nápoles, Itália.

O filósofo grego Demócrito viveu entre os anos 460 a.C. e 370 a.C. Segundo ele, todas as coisas eram formadas por átomos e espaços vazios.

Nem todos os filósofos gregos da Antiguidade tinham a mesma explicação para a natureza da matéria. Por volta de 400 a.C., os filósofos Leucipo e Demócrito elaboraram a **filosofia atômica**, segundo a qual toda matéria seria constituída de pequenas partículas, denominadas átomos (*a* = 'não'; *tomo* = 'divisão'), que seriam a porção mínima e indivisível da matéria.

Para eles, toda a natureza era formada por átomos e vácuo. Os átomos eram partículas tão pequenas que não podiam ser vistas. Seriam também idênticas em sua composição, mas diferentes no tamanho e na forma, e mais: sempre teriam existido e sempre iriam existir.

As diferentes propriedades dos corpos seriam explicadas pelas diferenças de tamanho, forma e movimento dos átomos.

Demócrito afirmava que todas as coisas, inclusive a alma, eram feitas de matéria, formada pela união temporária de átomos: "Na verdade, só existem átomos e vazio".

No século XVIII, um cientista chamado Antoine Laurent de Lavoisier inseriu o uso da balança nas pesquisas químicas. Suas pesquisas, envolvendo cuidadosas pesagens, levaram-no a descobrir e justificar fatos que outros cientistas não tinham conseguido por subestimarem o uso criterioso da balança.

Prisma/UIG/Getty Images

Antoine Laurent de Lavoisier (1743-1794) dedicou-se ao estudo da Matemática, da Astronomia, da Química e da Física. É considerado o pai da Química moderna. Sua principal contribuição científica foi a lei da conservação das massas.

A partir do trabalho de Lavoisier, os pesquisadores começaram a perceber que os fenômenos químicos apresentavam certas regularidades, às quais foi dado um tratamento matemático, o que permitiu sua expressão na forma de leis. Essas leis, chamadas **leis das combinações químicas**, permitiram a elaboração de cálculos relacionando as quantidades de reagentes e produtos participantes de uma reação química.

Genericamente, essas leis que relacionam massas são denominadas **leis ponderais**, sendo a **lei da conservação das massas**, de Lavoisier, a primeira delas.

Leis ponderais

Lei da conservação das massas

Essa lei foi proposta por volta de 1775 por Antoine Laurent de Lavoisier e é popularmente enunciada da seguinte maneira:

"Na natureza, nada se cria, nada se perde, tudo se transforma."

Isso significa que em uma reação química a matéria não pode ser criada e nem destruída.

A lei da conservação das massas foi proposta por Lavoisier após a realização, em 1773, do seguinte experimento: ele colocou em um frasco uma quantidade do metal mercúrio (Hg) e, após fechá-lo **hermeticamente**, determinou a massa do sistema. Em seguida, esse sistema fechado foi colocado em um forno de alta temperatura. Após certo tempo, ele determinou novamente a massa do sistema e verificou que esta não se havia alterado, porém o mercúrio havia reagido com o gás oxigênio do ar contido no frasco, formando uma nova substância: o óxido de mercúrio.

> **Hermeticamente:** perfeitamente, totalmente fechado.

Esse experimento pode ser representado pela equação:

$$\underbrace{\overbrace{\underset{\text{prateado}}{\text{mercúrio}} + \underset{\text{incolor}}{\text{oxigênio}}}^{\text{REAGENTES}}} \xrightarrow{\text{aquecimento } (\Delta)} \overbrace{\underset{\text{vermelho}}{\text{óxido de mercúrio}}}^{\text{PRODUTO}}$$

Esse mesmo experimento foi repetido muitas vezes, sempre utilizando balanças e determinando as massas dos reagentes e dos produtos. Isso permitiu a Lavoisier concluir que, em um sistema fechado, a massa total dos reagentes é igual à massa total dos produtos.

As fotografias abaixo demonstram a validade da lei de Lavoisier na obtenção do sulfeto de prata (produto) a partir de prata e enxofre (reagentes).

Fotos: Sérgio Dotta Jr./Arquivos da editora

$$\begin{array}{rccccc} \text{substâncias:} & \text{prata} & + & \text{enxofre} & \rightarrow & \text{sulfeto de prata} \\ \text{massas:} & 53{,}2\text{ g} & & 7{,}9\text{ g} & & 61{,}1\text{ g} \end{array}$$

$$\underbrace{53{,}2\text{ g} + 7{,}9\text{ g}}_{61{,}1\text{ g}}$$

Generalizando:

$$\begin{array}{ccccccc} A & + & B & \rightarrow & C & + & D \\ m_A & & m_B & & m_C & & m_D \\ \underbrace{m_A + m_B}_{\text{REAGENTES}} & & & = & \underbrace{m_C + m_D}_{\text{PRODUTOS}} & & \end{array}$$

Matéria e Energia

Lei das proporções definidas

Em 1799, Joseph Louis Proust (1754-1826), por meio da análise de substâncias puras, determinou que a composição em massa dessas substâncias era constante, independentemente de seu processo de obtenção.

Experimentalmente, para a obtenção da água a partir do gás hidrogênio e do gás oxigênio, foram realizados dois experimentos cujos valores numéricos das massas dos reagentes e do produto são:

	Gás hidrogênio	+	Gás oxigênio	→	Água
Experimento 1	2 g		16 g		18 g
Experimento 2	20 g		160 g		180 g

Vamos determinar a razão entre as massas de gás hidrogênio e gás oxigênio nos dois experimentos.

$$\text{Experimento 1: } \frac{\text{gás hidrogênio}}{\text{gás oxigênio}} = \frac{2\text{ g}}{16\text{ g}} = \frac{1}{8}$$

$$\text{Experimento 2: } \frac{\text{gás hidrogênio}}{\text{gás oxigênio}} = \frac{20\text{ g}}{160\text{ g}} = \frac{1}{8}$$

Como a razão é a mesma, podemos concluir que:

$$\underbrace{1\text{ g de }H_2}_{\text{gás hidrogênio}} + \underbrace{8\text{ g de }O_2}_{\text{gás oxigênio}} \rightarrow \underbrace{9\text{ g de }H_2O}_{\text{água}}$$

Em função desses resultados, Proust enunciou a **segunda lei ponderal**, conhecida por **lei das proporções definidas**, pela qual toda substância apresenta uma proporção em massa constante na sua composição.

› O primeiro modelo atômico: Dalton

A ideia do filósofo grego Demócrito, de que toda matéria deveria ser constituída por pequenas partículas indivisíveis, foi retomada pelo cientista inglês John Dalton (1766-1844), que, em 1808, elaborou uma teoria para explicar a constituição da matéria.

Para Dalton, a matéria seria constituída por pequenas partículas esféricas maciças e indivisíveis, que poderiam ser representadas por modelos, como os ilustrados abaixo. Essas partículas seriam os átomos.

Sheila Terry/Science Photo Library/Fotoarena

Retrato de John Dalton, químico e meteorologista britânico, em gravura de Charles Turner publicada na década de 1820.

Ilustrações: Luis Moura/Arquivo da editora

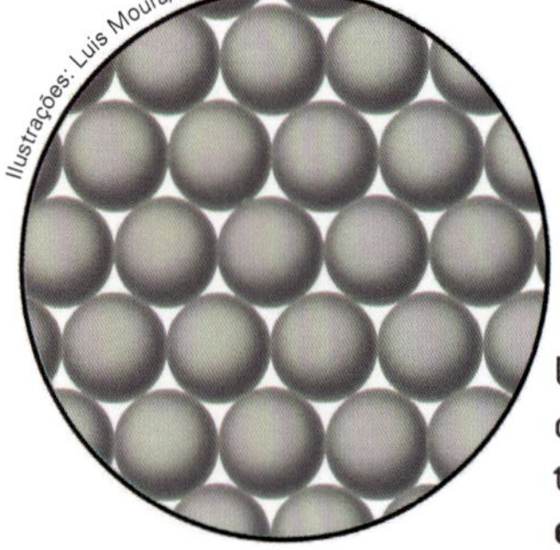

Um conjunto de átomos de mesma massa e tamanho constitui um **elemento químico**.

Elementos químicos diferentes apresentam átomos com massas e tamanhos diferentes.

(Elementos representados em tamanhos não proporcionais entre si. Cores fantasia.)

Até 1808, quando Dalton propôs a teoria atômica, eram conhecidos aproximadamente cinquenta elementos químicos. Até 2018, eram reconhecidos pela IUPAC (sigla em inglês para União Internacional de Química Pura e Aplicada) 118 elementos químicos, que são representados por símbolos constituídos por uma ou duas letras de forma, sendo a primeira maiúscula e a segunda, quando existir, minúscula.

ALGUNS ELEMENTOS QUÍMICOS

Nome	Nome latino	Símbolo
Sódio	*Natrium*	Na
Potássio	*Kallium*	K
Hidrogênio	*Hidrogenium*	H
Ouro	*Aurum*	Au
Cobre	*Cuprum*	Cu
Carbono	*Carbo*	C

Para indicar a proporção com que cada elemento entra na formação de determinada substância, Dalton associou um índice numérico aos símbolos. Essa notação, simples e funcional, foi logo adotada pelos químicos da época e permanece inalterada até os dias atuais.

A representação gráfica de uma substância, utilizando símbolos e índices numéricos, é denominada **fórmula** e indica a constituição de cada unidade formadora da substância. Assim, por exemplo, quando dizemos que a fórmula da água é $\mathbf{H_2O}$, devemos entender que a água é formada pela combinação de 2 átomos de hidrogênio e 1 átomo de oxigênio. A essas unidades que constituem as substâncias deu-se o nome de **moléculas**. Veja em **A** uma molécula de água representada pela sua fórmula.

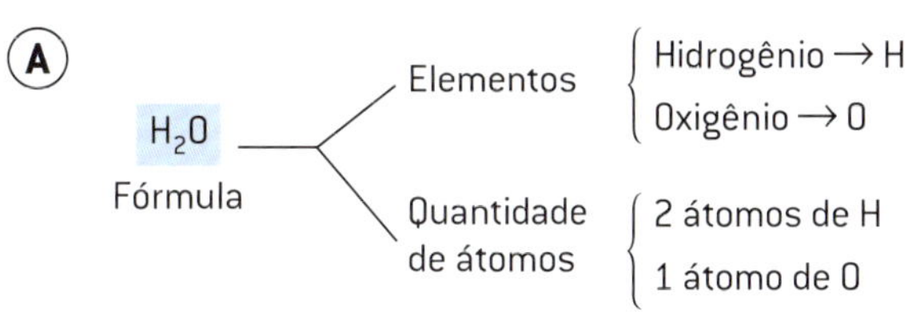

Veja agora em **B** outra representação muito utilizada para a molécula de água. Nessa representação, cada tipo de átomo (elemento) é representado por esferas diferentes.

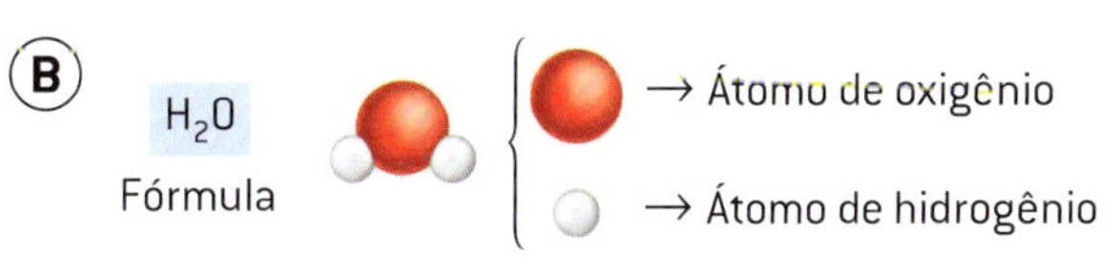

Ilustrações: Luís Moura/Arquivo da editora

(Elementos representados em tamanhos não proporcionais entre si. Cores fantasia.)

Tiago Donizete Leme/Arquivo da editora

Utilizando essas mesmas representações, veja outros exemplos e suas principais aplicações:

Representações de uma molécula de metano

CH_4 Fórmula
- Elementos: Carbono → C; Hidrogênio → H
- Quantidade de átomos: 1 átomo de C; 4 átomos de H

● → Átomo de carbono
○ → Átomo de hidrogênio

Representações de uma molécula de ozônio

O_3 Fórmula
- Elemento: Oxigênio → O
- Quantidade de átomos: 3 átomos de O

● → Átomo de oxigênio

Ilustrações: Luis Moura/Arquivo da editora

(Elementos representados em tamanhos não proporcionais entre si. Cores fantasia.)

O gás natural veicular (GNV) que é utilizado como combustível alternativo em alguns veículos de transporte, como caminhões e ônibus, é composto de aproximadamente 88% de gás metano.

A partir do modelo atômico de Dalton, podemos concluir que toda matéria é constituída por átomos de um mesmo elemento ou de diferentes elementos químicos.

Em função dos elementos que estão presentes na constituição, temos as substâncias puras, que podem ser classificadas em simples ou compostas.

UM POUCO MAIS

O mundo é feito de átomos

JNix/Shutterstock

Tudo que existe é feito de átomos.

[...] Atualmente, com o avanço científico e tecnológico, sabemos não apenas que a matéria é feita de átomos, mas também podemos manipular a matéria em escala atômica e produzir novas coisas.

A chamada nanotecnologia, que é a tecnologia na escala do nanômetro [10^{-9} m], vem permitindo o desenvolvimento de novos materiais que são aplicados nos mais diversos ramos. Alguns exemplos são a produção de computadores mais rápidos e baratos, ou a criação de remédios que curam inúmeras doenças.

[...] Os átomos de carbono também estão presentes nos ipês amarelos e brancos [...]. São idênticos aos dos diamantes mais caros ou àqueles que estão nos detritos que formam os anéis de Saturno. Os de oxigênio estão também nessas árvores, nos cristais de gelo que formam algumas nuvens, na água que cai nas Cataratas do Iguaçu e em muitas das belas nebulosas que observamos no céu.

Saber que as coisas são feitas de átomos talvez tenha sido uma das mais importantes descobertas da humanidade. Quando vemos que a natureza pode combiná-los de forma a produzir belos espetáculos, percebemos mais ainda como esse conhecimento é valioso.

Fonte: OLIVEIRA, Adilson de. O mundo é feito de átomos. Disponível em: <http://cienciahoje.org.br/coluna/o-mundo-e-feito-de-atomos/> (acesso em: 10 jul. 2018).

› Substâncias puras simples e compostas

Vladimir salman/Shutterstock

Os balões cheios de gás hélio flutuam devido a uma propriedade específica desse gás.

A substância formada por um ou mais átomos de um mesmo elemento químico é classificada como **substância pura simples** ou apenas **substância simples**. Veja os exemplos a seguir.

Ilustrações: Luis Moura/ Arquivos da editora

Substâncias puras simples

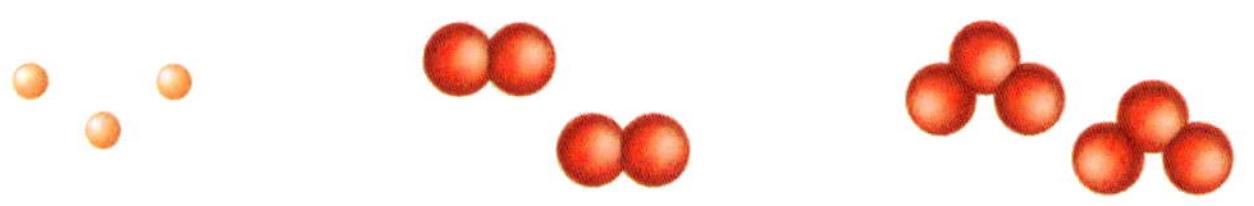

Gás hélio (He) Gás oxigênio (O_2) Gás ozônio (O_3)

(Elementos representados em tamanhos não proporcionais entre si. Cores fantasia.)

Uma substância cujas moléculas são formadas por dois ou mais elementos químicos é classificada como **substância pura composta** ou, simplesmente, **substância composta**. Veja os exemplos a seguir.

Ilustrações: Luis Moura/ Arquivos da editora

Substâncias puras compostas

Gás cianídrico (HCN) Água (H_2O)

(Elementos representados em tamanhos não proporcionais entre si. Cores fantasia.)

Uma **substância pura** é sempre representada por uma única fórmula. Se nessa fórmula houver um elemento apenas, ela será uma **substância pura simples**. Na fórmula de uma **substância pura composta** existe mais do que um elemento químico.

Uma **mistura** sempre é representada por mais do que uma fórmula, por exemplo: água e sal de cozinha ($H_2O + NaCℓ$).

Associando esses conhecimentos ao que foi visto até agora, podemos fazer uma classificação mais abrangente da matéria. Observe o esquema abaixo:

Ilustrações: Conceitograf/ Arquivos da editora

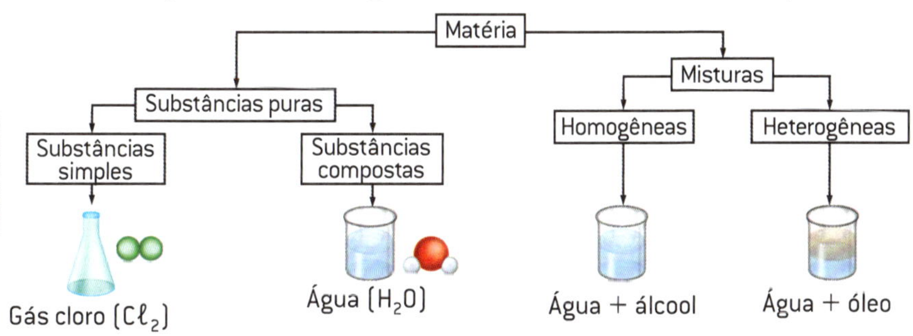

(Elementos representados em tamanhos não proporcionais entre si. Cores fantasia.)

NESTE CAPÍTULO VOCÊ ESTUDOU

Annamaria Zappatore/Shutterstock

- O conceito de átomo proposto pelos filósofos gregos.
- A lei da conservação das massas.
- A lei das proporções definidas.
- Características do modelo atômico de Dalton.
- Fórmulas químicas.
- Substâncias puras simples, puras compostas e misturas.

ATIVIDADES

PENSE E RESOLVA

1 O carvão, ao reagir com o gás hidrogênio, produz gás metano, o principal componente do gás natural.

Foram realizados dois experimentos cujos dados estão na tabela a seguir.

	Carvão	+ Gás hidrogênio	→ Gás metano
1	12 g		16 g
2		40 g	

a) Determine os valores que faltam.

b) Qual lei foi utilizada para a determinação do valor da linha **1**?

c) Qual lei permite determinar os valores da linha **2**?

2 A formação da ferrugem (óxido de ferro III) pode ocorrer quando o ferro fica exposto ao ar, reagindo com o gás oxigênio. Esta transformação pode ser representada simplificadamente pela equação:

Ferro + Gás oxigênio → Óxido de ferro III (ferrugem)

Suponha que uma placa de ferro de 112 g foi guardada em um recipiente fechado, com ar. Após a degradação completa, detectou-se 160 g de ferrugem.

A massa de oxigênio, em gramas, consumida nessa reação é aproximadamente:

a) 32

b) 48

c) 56

d) 72

Apresente seus cálculos.

3 Com base no esquema a seguir, que representa os estados inicial e final de um sistema no qual ocorre uma reação química, responda aos itens.

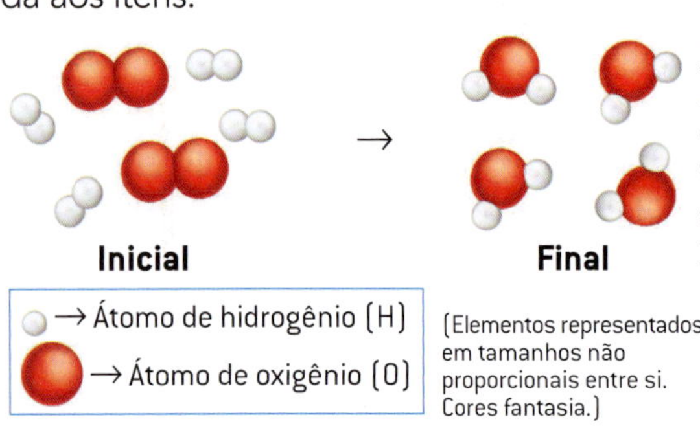

(Elementos representados em tamanhos não proporcionais entre si. Cores fantasia.)

Luis Moura/Arquivo da editora

a) No estado inicial, temos uma substância pura ou uma mistura?

b) No estado final, temos uma substância pura ou uma mistura?

c) Escreva as fórmulas dos gases presentes no sistema inicial.

d) Escreva a fórmula do produto da reação.

e) Qual é o número de moléculas de cada substância no estado inicial?

f) Qual é o número de átomos de cada elemento no estado inicial?

g) Qual é o número de moléculas no estado final?

h) Nessa reação ocorre conservação do número de átomos ou do de moléculas?

i) A resposta da questão anterior pode ser generalizada para todas as reações químicas? Justifique.

SÍNTESE

1 O carvão, ao reagir com o gás oxigênio presente no ar, produziu gás carbônico. Essa reação foi feita três vezes e alguns valores das massas constam da tabela a seguir.

	Carvão +	Gás oxigênio →	Gás carbônico
Reação 1	12 g	32 g	
Reação 2		16 g	22 g
Reação 3	60 g		

a) Determine os valores que faltam nas reações.

b) Qual lei foi utilizada para determinar os valores nas reações **1** e **2**?

c) Qual lei foi utilizada para determinar os valores na reação **3**?

2 A queima da madeira de uma fogueira pode ser representada por:

madeira + gás oxigênio → cinzas + gás carbônico + vapor de água + energia.

Considerando a reação acima, explique por que temos a impressão de que a madeira desapareceu ao ser queimada?

DESAFIOS

1 Em um laboratório, foram realizados três experimentos.

Experimento I – Temos carvão em pó no prato **A** e os pratos estão equilibrados. Se o carvão queimar, ele reagirá com o gás oxigênio presente no ar e se transformará em gás carbônico.

(Elementos representados em tamanhos não proporcionais entre si. Cores fantasia.)

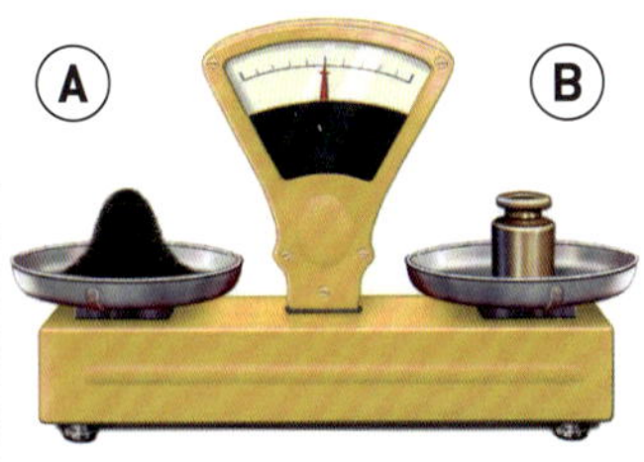

Paulo Cesar Pereira/Arquivo da editora

Experimento II – Temos uma esponja de ferro (Fe) no prato **A** e os pratos estão equilibrados. Ao queimarmos a esponja, o ferro reagirá com o gás oxigênio do ar, produzindo uma substância sólida denominada óxido de ferro.

(Elementos representados em tamanhos não proporcionais entre si. Cores fantasia.)

Paulo Cesar Pereira/Arquivo da editora

Experimento III – Temos carvão em pó (C) no prato **A** dentro de um sistema fechado, e os pratos estão equilibrados. Com o auxílio da luz solar e utilizando uma lente, provocamos a queima do carvão.

(Elementos representados em tamanhos não proporcionais entre si. Cores fantasia.)

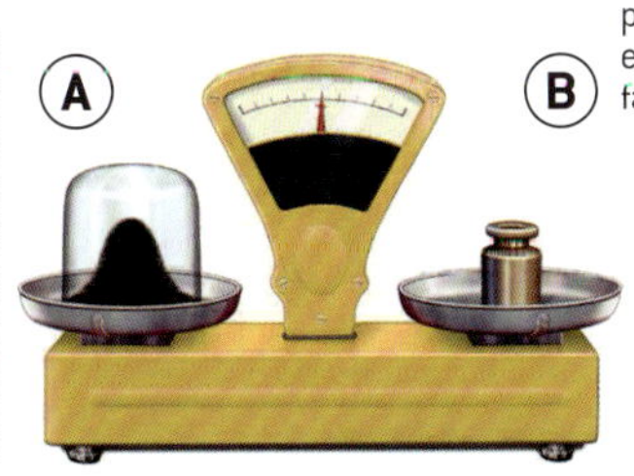

Paulo Cesar Pereira/Arquivo da editora

Indique, para cada experimento, qual das alternativas a seguir apresenta a posição final dos pratos da balança. Justifique sua resposta.

a)

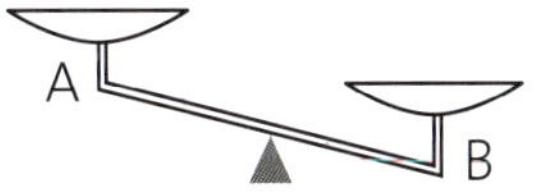

b)

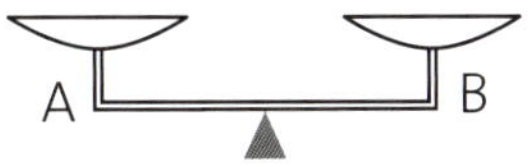

c)

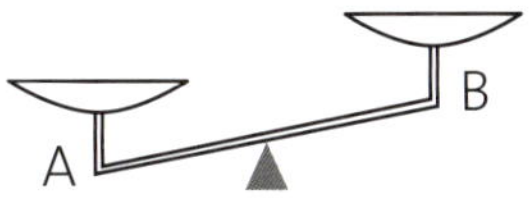

2 Se compararmos a massa de uma semente com a massa da planta gerada, poderemos nos enganar e pensar que esse crescimento é um exemplo de criação de matéria. Explique essa confusão baseando-se na lei de Lavoisier e na ilustração abaixo.

Jurandir Ribeiro/Arquivo da editora

(Elementos representados em tamanhos não proporcionais entre si. Cores fantasia.)

3 De acordo com o gráfico abaixo, qual seria a massa de gás oxigênio necessária para queimar 1 000 kg de madeira?

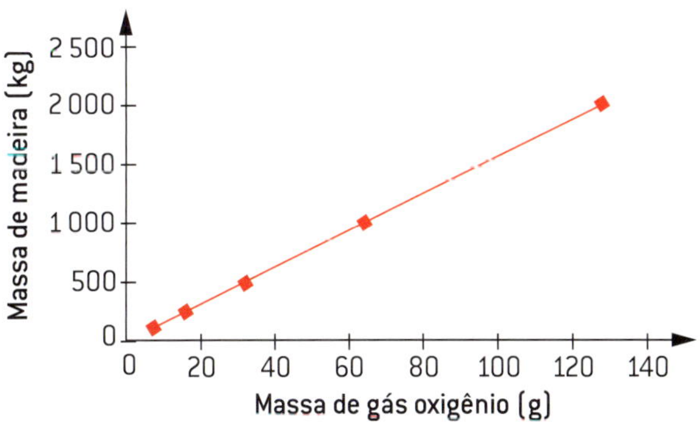

LEITURA COMPLEMENTAR

Antoine Laurent de Lavoisier

Considerado um dos maiores cientistas da história, Antoine Laurent de Lavoisier nasceu em Paris, em 1743. Conhecido por muitos como o pai da Química Moderna, Lavoisier recebeu desde cedo uma boa educação no colégio Mazarin. Aos 22 anos, ganhou medalha de ouro da Academia de Ciências por um projeto de iluminação para as ruas de Paris, e, aos 25, foi eleito membro da prestigiosa Academia Real de Ciências da França.

Ainda aos 25 anos, o químico francês tomou uma decisão que lhe custaria a vida futuramente: associou-se à Ferme Générale – uma sociedade privada que tinha o direito de cobrar impostos em nome da coroa francesa. Aos 26 anos, conheceu Marie-Anne Pierrette Paulze (1758-1836), que era filha de um dos sócios majoritários da Ferme Générale, e casou-se com ela em 1771. O casamento transformou-se em uma grande união para ambos, já que Marie-Anne auxiliava Lavoisier em suas pesquisas e traduzia trabalhos científicos e filosóficos.

[...]

Ao longo de sua vida, ele propôs a Lei de Conservação da Massa ou Lei de Lavoisier, a qual mostrava que, nas reações de combustão, as massas de todas as substâncias envolvidas permaneciam inalteradas. [...]

[...]

Em 1789, Lavoisier publicou a obra *Tratado Elementar de Química*, que fornecia uma nomenclatura moderna para 33 elementos. Isso foi importante porque antes a alquimia usava uma linguagem obscura para referir-se aos elementos.

Lavoisier teve um fim trágico infelizmente, já que nesse mesmo ano de 1789 ocorreu a Revolução Francesa, que derrubou a ordem política existente. O povo rebelou-se contra os excessos da coroa, e os membros da Ferme Générale foram considerados inimigos. Preso em 1793, acabou sendo guilhotinado em 1794, aos 51 anos, em plena Place de la Révolution em Paris, atual Place de la Concorde. [...]

Album Art/Latinstock/Museu de Arte Metropolitano, Nova York, EUA.

No óleo sobre tela, pintado por Jacques-Louis David, em 1788, Lavoisier aparece ao lado de sua esposa, Marie-Anne Pierrette Paulze.

Fonte: PORTAL de Divulgação Científica e Tecnológica. Lavoisier: vida, obra e descobertas. Disponível em: <http://www.canalciencia.ibict.br/personalidades_ciencia/Antoine_Lavoisier.html> (acesso em: 10 jul. 2018).

Questões

1. Qual foi a lei proposta por Lavoisier?
2. Por que ele é conhecido como o introdutor da Química moderna?

Capítulo 8

Os estados físicos da matéria e suas características

Alamy/Fotoarena

Iceberg visto acima e abaixo da superfície do mar. Ilha de Baffin, no Canadá, 2017.

Vimos anteriormente o que é matéria, analisamos suas propriedades e entendemos como medi-las. A partir de agora, vamos estudar como a matéria é formada e como ela pode se comportar em diferentes pressões e temperaturas.

Observe a imagem acima e reflita sobre algumas ideias. A substância água está presente nesta fotografia em quais estados físicos? O que muda quando a água líquida vira gelo? Por que o *iceberg* flutua e não afunda, uma vez que é formado pela mesma substância? Quais são os fatores que favorecem o derretimento do *iceberg*?

Neste capítulo, vamos estudar as mudanças de estados físicos da matéria e como podemos representá-las usando um modelo para facilitar a compreensão de todos esses fenômenos.

O modelo de Dalton e as mudanças de estado físico

Já estudamos que toda matéria existente na natureza é constituída por unidades denominadas átomos. As inúmeras combinações possíveis desses átomos formam substâncias que são encontradas em diferentes estados físicos, os quais podem ser decorrentes de maior ou menor interação das moléculas que formam a matéria.

Os estados físicos da matéria são:

- sólido;
- líquido;
- gasoso (vapor).

Vamos estudar agora as interações dessas moléculas utilizando o modelo de Dalton.

Para relembrar o modelo de Dalton, observe as ilustrações abaixo.

Luis Moura/Arquivo da editora

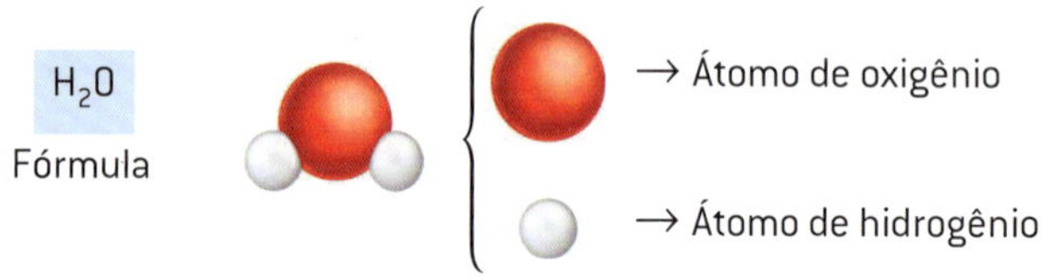

(Elementos representados em tamanhos não proporcionais entre si. Cores fantasia.)

Nas ilustrações, cada molécula de água está representada por uma esfera vermelha ligada a duas esferas brancas. O modelo de Dalton será utilizado frequentemente para várias substâncias.

Já estudamos também que os estados físicos podem ser chamados de **estados de agregação**. Observe as imagens.

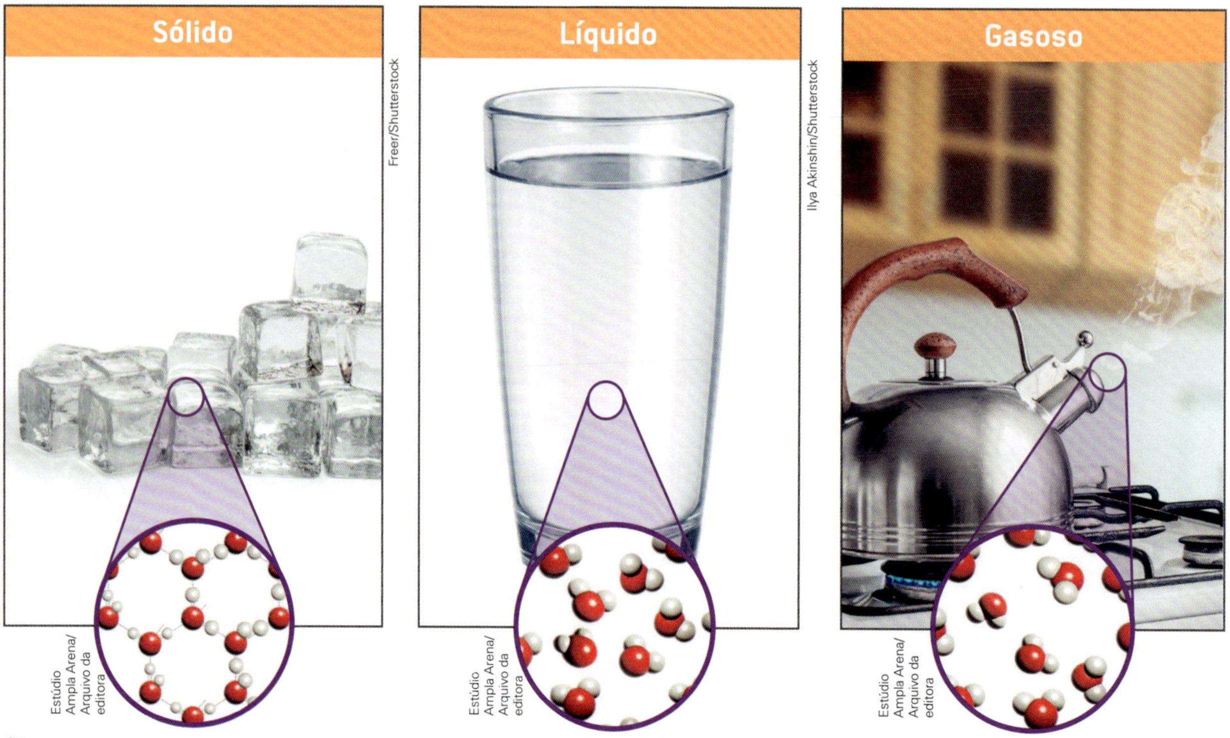

Freer/Shutterstock; Ilya Akinshin/Shutterstock; Oleg Doroshin/Shutterstock; Estúdio Ampla Arena/Arquivo da editora

(Elementos representados em tamanhos não proporcionais entre si. Cores fantasia.)

A água em estado gasoso, ou de vapor, não é visível (note a região imediatamente acima do bico da chaleira). A "fumacinha" ou "nuvem" que vemos é na verdade o vapor que, ao entrar em contato com o ar (mais frio), volta ao seu estado líquido (sofre condensação).

Cada um dos três estados de agregação apresenta características próprias de volume e forma que podem ser alteradas pela variação de temperatura (aquecimento ou resfriamento) ou de pressão.

Quando uma substância muda de estado, sofre alterações em suas características macroscópicas (volume, forma, etc.) e microscópicas (organização das partículas), não havendo, contudo, mudança em sua composição.

Características macroscópicas dos estados físicos

	Sólido	Líquido	Gasoso
Estado	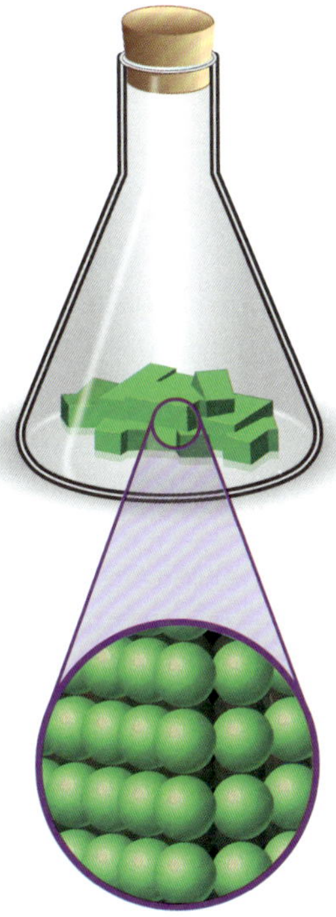	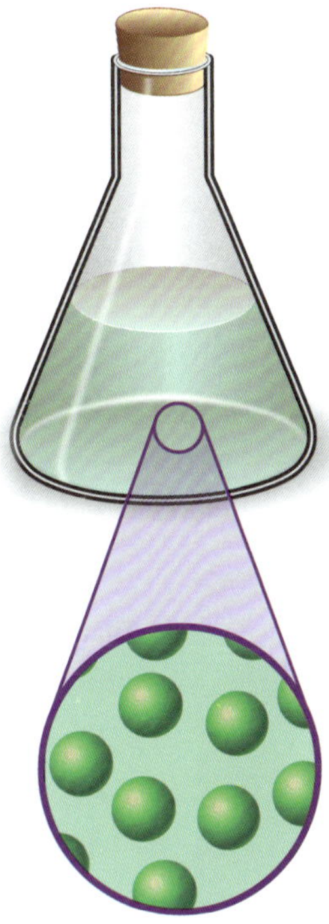	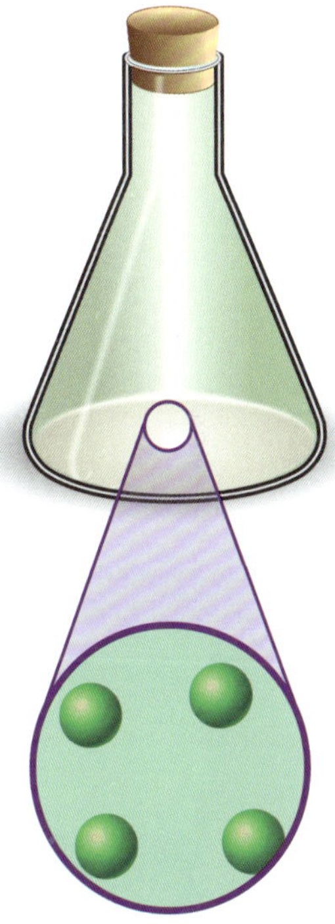
Características das substâncias	• Forma própria. • Volume fixo. • Dificilmente sofre compressão.	• Adquire a forma do recipiente que o contém. • Volume fixo. • Dificilmente sofre compressão.	• Tem a forma do recipiente. • As partículas se movimentam espontaneamente e ocupam todo o volume do recipiente. • Sofre compressão e expansão facilmente.

Ilustrações: Banco de imagens/Arquivo da editora

(Elementos representados em tamanhos não proporcionais entre si. Cores fantasia.)

Os três estados físicos podem ser estudados com base na organização das moléculas, apresentando as seguintes características:

- **Estado sólido** – moléculas organizadas. O único movimento é sua vibração. A atração entre elas é intensa.
- **Estado líquido** – moléculas com menor organização, com forças de atração menos intensas, o que permite que se movimentem.
- **Estado gasoso** – moléculas com grande desorganização, praticamente sem forças de atração e com grande liberdade de movimento.

› Mudanças de estado físico

Você iniciou o estudo sobre mudanças de estado físico no 6º ano. Agora, irá conhecer um pouco mais sobre esse assunto.

Para que ocorra mudança de estado físico, deverão ocorrer alterações nas características macroscópicas (volume, forma, etc.) e microscópicas (arranjo das partículas) pela variação de temperatura e/ou de pressão, sem alterar a composição da matéria. Cada mudança de estado recebe um nome, como mostrado a seguir.

Fusão e solidificação

Quando fornecemos calor a um sólido, as partículas presentes em sua estrutura ganham energia e se movimentam rapidamente até que sua estrutura rígida seja destruída, passando do estado sólido para o líquido. A esse processo damos o nome de **fusão**.

De maneira semelhante, quando uma substância sofre perda de energia, o movimento das partículas no estado líquido diminui, voltando ao arranjo característico do estado sólido. A esse processo damos o nome de **solidificação**.

Vaporização e liquefação

ErikWestmann/Shutterstock

A água que está nas roupas que secam no varal sofre evaporação.

A **vaporização** pode receber outros nomes, dependendo das condições em que o líquido se transforma em vapor.

- **Evaporação**: passagem do estado líquido para o estado de vapor. Ela ocorre predominantemente na superfície do líquido, de forma lenta e gradual, sem ocasionar o surgimento de bolhas no seu interior e em qualquer temperatura.
- **Ebulição**: passagem rápida do estado líquido para o estado de vapor, geralmente obtida pelo aquecimento do líquido, quando ocorre a formação de bolhas. Cada substância ou mistura de substâncias sofre ebulição em temperaturas diferentes, dependendo da pressão atmosférica. A água ao nível do mar, por exemplo, apresenta temperatura de ebulição (TE) igual a 100 °C.

chittakorn59/Shutterstock

A água que se ferve, por exemplo, para a preparação de alimentos, sofre ebulição.

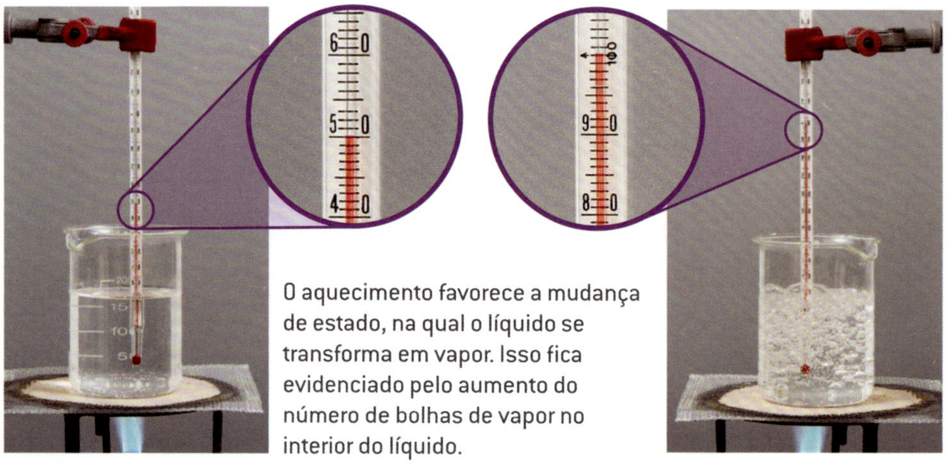

O aquecimento favorece a mudança de estado, na qual o líquido se transforma em vapor. Isso fica evidenciado pelo aumento do número de bolhas de vapor no interior do líquido.

Fotos: Sérgio Dotta Jr./Arquivo da editora

Liquefação ou **condensação** é o processo inverso da vaporização. Ele ocorre quando as partículas da substância perdem energia, fazendo com que o movimento das partículas do estado de vapor diminua e transforme-se em líquido novamente.

Cristian Zamfir/Shutterstock

A chuva é um processo de liquefação.

Sublimação

A **sublimação** é a passagem direta do estado sólido para o estado de vapor, isto é, sem passar pelo estado líquido. Quando ocorre o processo inverso, ou seja, do estado de vapor para o sólido, também pode ser chamado de sublimação ou de ressublimação. Esse fenômeno ocorre, por exemplo, com as bolinhas de naftalina em armários de roupas ou com alguns tipos de desinfetantes sólidos usados em vasos sanitários. Também sofrem sublimação: iodo, cânfora e gelo-seco (gás carbônico no estado sólido).

Mashka/Shutterstock

Bolinhas de naftalina utilizadas em armários para repelir insetos como traças e baratas. A substância química que as compõe, o naftaleno, é altamente tóxica não apenas para os insetos. Por isso, elas devem ser mantidas fora do alcance de crianças e de animais domésticos.

Photostriker/Shutterstock

O gelo-seco é um recurso muito utilizado em *shows* e outras apresentações artísticas pelo efeito de "nuvem" branca e densa que ele causa.

EM PRATOS LIMPOS

Gás ou vapor?

A expressão "estado gasoso" é usada para substâncias que, em condição ambiente, são encontradas na **forma de gases**, como gás oxigênio, gás nitrogênio, gás argônio e gás carbônico. Substâncias que em condição ambiente são encontradas no estado sólido ou no líquido e que sofrem vaporização ou sublimação passam para o estado de vapor.

Podemos diferenciar o estado gasoso do estado de vapor, simplificadamente, da seguinte maneira:

- uma substância no **estado de vapor** pode virar líquido quando submetida a um **aumento** de pressão ou a uma **diminuição** de temperatura – aplicados **separadamente**;
- uma substância no **estado gasoso** só pode virar líquido se submetida **simultaneamente** a um **aumento** de pressão e a uma **diminuição** de temperatura.

› Processos endotérmicos e exotérmicos

Os processos de mudança de estado físico das substâncias podem ocorrer com a absorção de calor ou com a liberação de calor.

Os processos que ocorrem com **absorção** de calor, como fusão, vaporização e sublimação, são denominados **processos endotérmicos**; os processos em que ocorrem **liberação** de calor, como solidificação, liquefação e (res)sublimação, são denominados **processos exotérmicos**.

Influência da temperatura nas mudanças de estado

B.Panupong/Shutterstock

Rio Hai, na China, que teve sua superfície congelada devido à baixa temperatura em 3/1/2018.

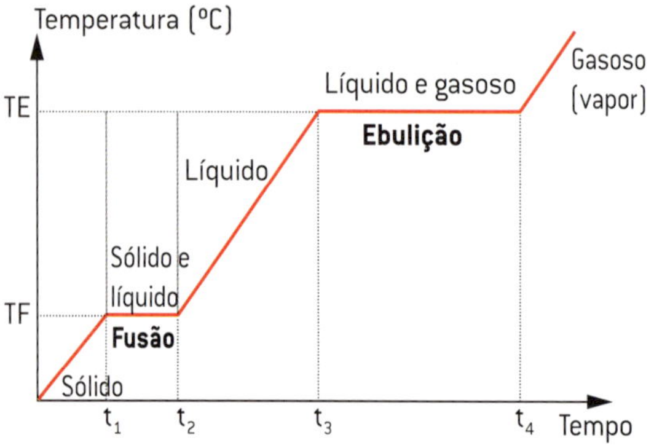

Banco de imagens/Arquivo da editora

A temperatura está diretamente relacionada com o estado de agitação das partículas que formam um corpo e com a capacidade de transmitir ou receber calor.

Ao fornecermos calor a um sistema constituído de uma substância pura e anotarmos as temperaturas nas quais ocorrem as mudanças de estado físico, ao nível do mar, obtemos um gráfico como o representado ao lado.

Ao analisá-lo, observamos que a primeira mudança de estado físico é a **fusão**, que ocorre em uma temperatura denominada **temperatura de fusão** (TF) ou ponto de fusão. A segunda mudança de estado é a **ebulição**, a qual ocorre em uma temperatura denominada **temperatura de ebulição** (TE) ou ponto de ebulição.

No caso da água ao nível do mar, a fusão ocorre a uma temperatura de 0 °C e a ebulição ocorre a uma temperatura de 100 °C.

Gráficos como esse, que apresentam dois patamares, em que as temperaturas permanecem constantes nas mudanças de estado (fusão e ebulição), caracterizam o comportamento de uma substância pura (formada por um único tipo de molécula) durante o aquecimento.

UM POUCO MAIS

Por que os lagos congelam só na superfície?

Porque a camada de gelo funciona como uma espécie de “cobertura”, impedindo que a água mais profunda congele. “A capa gelada faz o papel de isolante térmico. Como o gelo é um mau condutor, ele evita que o resto da água perca calor para a atmosfera”, afirma o glaciologista Jefferson Cardia Simões, da Universidade Federal do Rio Grande do Sul (UFRGS).

Há ainda outro fator importante: no inverno, o fundo do lago libera o calor armazenado pelo solo durante o verão, deixando a temperatura um pouco mais quente, perto de 4 °C. Pode não ser nada encorajador para um mergulho, mas é o suficiente para manter a água em estado líquido, garantindo a sobrevivência de várias espécies. Nos lagos que congelam só no inverno, a capa de gelo não costuma ter mais que 1 metro de espessura. Parece pouco, mas, se ela for bem sólida e longa, suporta o peso de um caminhão de 25 toneladas!

A

Rolf G Wackenberg/Shutterstock

B

Alberto Masnovo/Shutterstock

(A) Lago congelado em Munique, na Alemanha durante o inverno de 2018.
(B) O mesmo lago durante o verão de 2018.

A água de lagos e rios congela a 0 °C e nos oceanos a −1,8 °C — porque o sal reduz a temperatura necessária para o congelamento. O “cobertor gelado” dos mares também pode ser mais espesso. Existem regiões no Ártico com mais de 30 metros de gelo, embora a média não ultrapasse 5 metros no polo Norte e 1,20 metro no oceano Antártico.

Fonte: **Superinteressante**. Por que os lagos congelam só na superfície? Publicado em: 18 abr. 2011. Disponível em: <https://super.abril.com.br/mundo-estranho/por-que-os-lagos-congelam-so-na-superficie/> (acesso em: 31 jul. 2018).

A temperatura de fusão (TF) e a temperatura de ebulição (TE), a uma dada pressão, são duas propriedades específicas das substâncias puras, pois praticamente apresentam valores de TF e TE sem variação.

Substâncias puras diferentes apresentam distintas TF e TE.

A tabela a seguir apresenta os valores de TF e TE de algumas substâncias puras:

Temperaturas de fusão e de ebulição de algumas substâncias puras (ao nível do mar)

Substância	TF (°C)	TE (°C)
Água	0	100
Álcool comum	−114	78
Mercúrio	−39	357
Ferro	1 535	3 000

Fonte: CREF – UFRGS. Disponível em: <http://www.if.ufrgs.br/cref/amees/tabela.html> (acesso em: 15 nov. 2018).

Influência da pressão nas mudanças de estado

A Terra está envolta por uma camada de ar chamada **atmosfera**, que possui uma espessura aproximada de 1 000 km.

Essa camada de ar exerce pressão sobre tudo o que existe na Terra e é chamada de **pressão atmosférica**.

A quantidade de moléculas do ar por unidade de volume diminui com o aumento de altura, o que proporciona uma diminuição da pressão atmosférica. Ao nível do mar, a pressão atmosférica vale 1 atmosfera (1 atm). No Everest (Ásia), que está 8 840 metros acima do nível do mar, a pressão atmosférica apresenta aproximadamente $\frac{1}{3}$ desse valor.

Quando a pressão é maior sobre a superfície de um líquido, torna-se difícil sua mudança de estado para vapor.

Quando a pressão é menor sobre a superfície de um líquido, a mudança de estado para vapor ocorre a uma temperatura menor do que a evidenciada ao nível do mar. Por exemplo, na cidade de Santa Terezinha (PE), a uma altitude de aproximadamente 800 m, a água entra em ebulição a uma temperatura de 98 °C.

ASCOM/Prefeitura Municipal de Sa

Vista da cidade de Santa Terezinha (PE), em 2018, localizada a 800 m do nível do mar, aproximadamente.

Alamy/Fotoarena

Vista das montanhas Lobuche e do monte Everest, entre a China e o Nepal, cujo pico está a 8848 metros acima do mar.

EM PRATOS LIMPOS

Por que os alimentos cozinham mais rápido na panela de pressão?

Quanto maior a pressão que o ar exerce sobre a superfície de um líquido, mais difícil será a passagem de suas moléculas para o estado de vapor. No interior da panela de pressão, a pressão do vapor é cerca de quatro vezes maior que a pressão atmosférica. Nela, a água pode atingir, ainda no estado líquido, temperaturas em torno de 130 °C.

Assim, o alimento que se encontra nessa água é cozido a uma temperatura maior do que se fosse cozido em uma panela aberta. Em razão disso, seu cozimento é mais rápido.

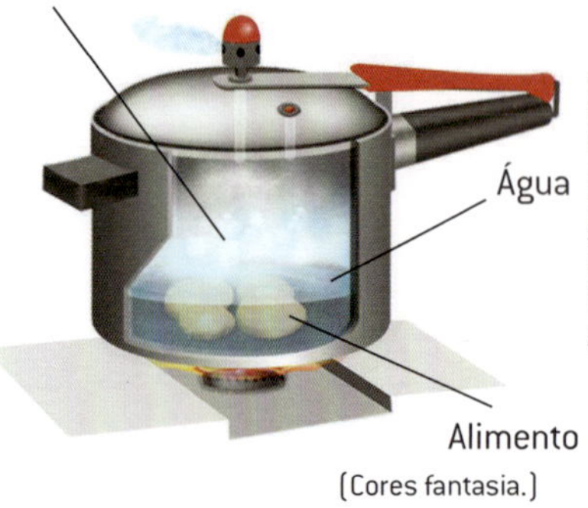

(Cores fantasia.)

Conceitograf/Arquivo da editora

› Densidade

Além de conhecer as temperaturas de fusão e de ebulição, para identificar uma substância é necessário conhecer sua densidade. O que é e como se determina a densidade?

É provável que você já saiba ou tenha observado que, se colocado sobre a água, o óleo de cozinha flutua, diferentemente de um pequeno pedaço de chumbo, que, na mesma situação, afunda. Para entender por que um material afunda ou flutua, vamos analisar a situação mostrada na fotografia ao lado.

Observe que óleo de cozinha e água são imiscíveis, isto é, não se dissolvem entre si. A razão entre a massa e o volume de um mesmo material, nas mesmas condições de temperatura e pressão, é denominada **densidade**.

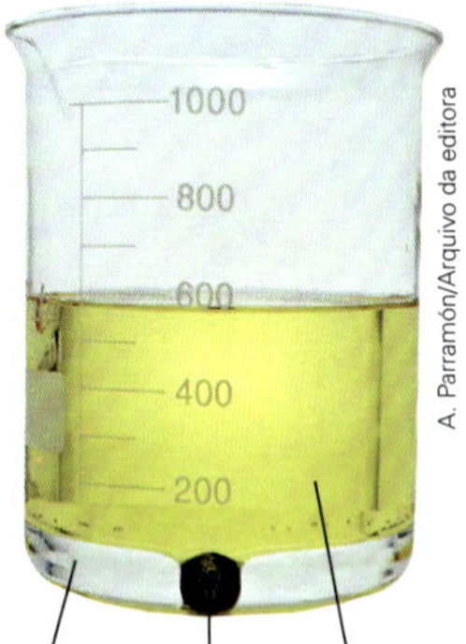

No béquer foram colocados uma esfera de chumbo de massa igual a 11,3 g e volume de 1 cm^3; um volume de 99 cm^3 de água, cuja massa é de 99 g; e um volume de 500 cm^3 de óleo de soja de massa igual a 450 g.

$$\text{densidade (d)} = \frac{\text{massa (m)}}{\text{volume (V)}} \qquad d = \frac{m}{V}$$

Vamos calcular as densidades do chumbo, da água e do óleo a 1 atm e 4 °C, com os dados obtidos no experimento registrado na fotografia.

Chumbo	Água	Óleo
$d = \frac{11{,}3\ g}{1\ cm^3} = 11{,}3\ g/cm^3$	$d = \frac{99\ g}{99\ cm^3} = 1 g/cm^3$	$d = \frac{450\ g}{500\ cm^3} = 0{,}9 g/cm^3$

Nas mesmas condições de pressão e temperatura, a densidade é uma das propriedades físicas que permitem identificar materiais.

Comparando os valores, temos:

$$\mathbf{d}_{\text{óleo}} < \mathbf{d}_{\text{água}} < \mathbf{d}_{\text{chumbo}}$$

Por esses valores percebe-se que o material de menor densidade flutua e que o de maior densidade afunda.

Para sólidos e líquidos, a densidade geralmente é expressa em **gramas por centímetros cúbicos (g/cm^3)**; para gases, costuma ser expressa em **gramas por litro (g/L)**.

A densidade de uma mesma substância depende do estado físico e da temperatura; no caso dos gases, além desses fatores, inclui-se também a pressão.

Nas regiões polares, é comum a presença de grandes blocos de gelo flutuando na água do mar. Isso ocorre porque a densidade do gelo (0,92 g/cm^3) é menor do que a densidade da água do mar (1,03 g/cm^3). Islândia, 2018.

UM POUCO MAIS

Densidade, colesterol e doenças do coração

Muitas vezes as substâncias são separadas e identificadas por sua densidade. Isso se aplica às lipoproteínas, substâncias presentes no organismo humano, responsáveis pelo transporte do colesterol no sangue. Existem dois tipos de lipoproteínas, as LDL e as HDL.

Lipoproteínas de baixa densidade ou LDL (sigla em inglês para *Low-Density Lipoproteins*)

As LDL são conhecidas como **colesterol ruim** e não são transportadas até o fígado, onde seriam metabolizadas. Essas substâncias permanecem nas artérias, tendendo a formar depósitos em suas paredes, tornando-as mais estreitas e dificultando a passagem do sangue. Esses depósitos podem evoluir para uma obstrução total da artéria e causar sérios problemas.

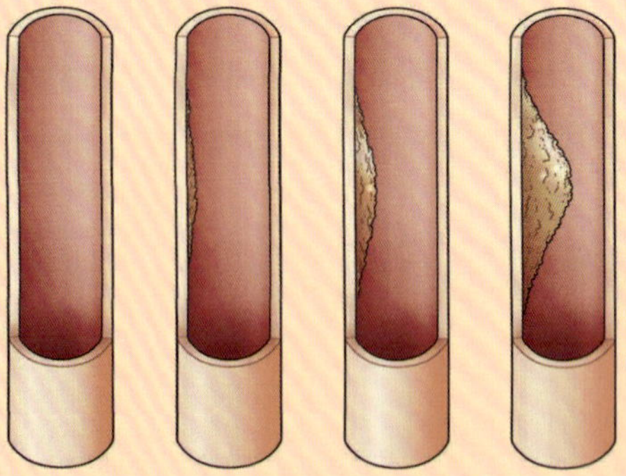

Tiago Donizete Leme/Arquivo da editora

Esquema da evolução da aterosclerose em uma artéria saudável: a parede arterial sofre modificações pelo acúmulo de gordura, que podem levar à redução do diâmetro interno e até à parada total do fluxo sanguíneo no local. (Elementos representados em tamanhos não proporcionais entre si. Cores fantasia.)

A diminuição do fluxo sanguíneo pode provocar:

- **Acidente Vascular Cerebral (AVC)**: popularmente conhecido por **derrame**, consiste na falta de irrigação sanguínea no cérebro, o que pode ocasionar lesão total ou parcial de determinadas regiões cerebrais. O quadro clínico de um AVC pode variar desde pequenas alterações de consciência até paralisia total dos membros de um lado do corpo.
- **Infarto do miocárdio**: popularmente conhecido por **ataque cardíaco**, é causado pela falta de irrigação de parte do músculo cardíaco, o que pode levar à lesão total ou parcial de uma região do coração. Os sintomas de infarto mais divulgados nos manuais médicos são: dor aguda no peito, dormência no braço esquerdo, falta de ar, náusea e sudorese.

Lipoproteínas de alta densidade ou HDL (sigla em inglês para *High-Density Lipoproteins*)

As HDL são conhecidas como **colesterol bom** porque transportam o colesterol para o fígado, onde é metabolizado e excretado, reduzindo assim sua quantidade no sangue.

As densidades dos dois tipos de lipoproteína são: LDL = 1,04 g/cm^3 e HDL = 1,13 g/cm^3.

NESTE CAPÍTULO VOCÊ ESTUDOU

Alamy/Fotoarena

- Constituição da matéria.
- Um modelo para o estudo de átomos e de partículas.
- Características dos três estados físicos da matéria.
- As mudanças de estado físico.
- Gráfico de mudança de estado físico de uma substância pura.
- A influência da temperatura e da pressão nas mudanças de estado.
- Densidade.

ATIVIDADES

PENSE E RESOLVA

1 Leia a história em quadrinhos.

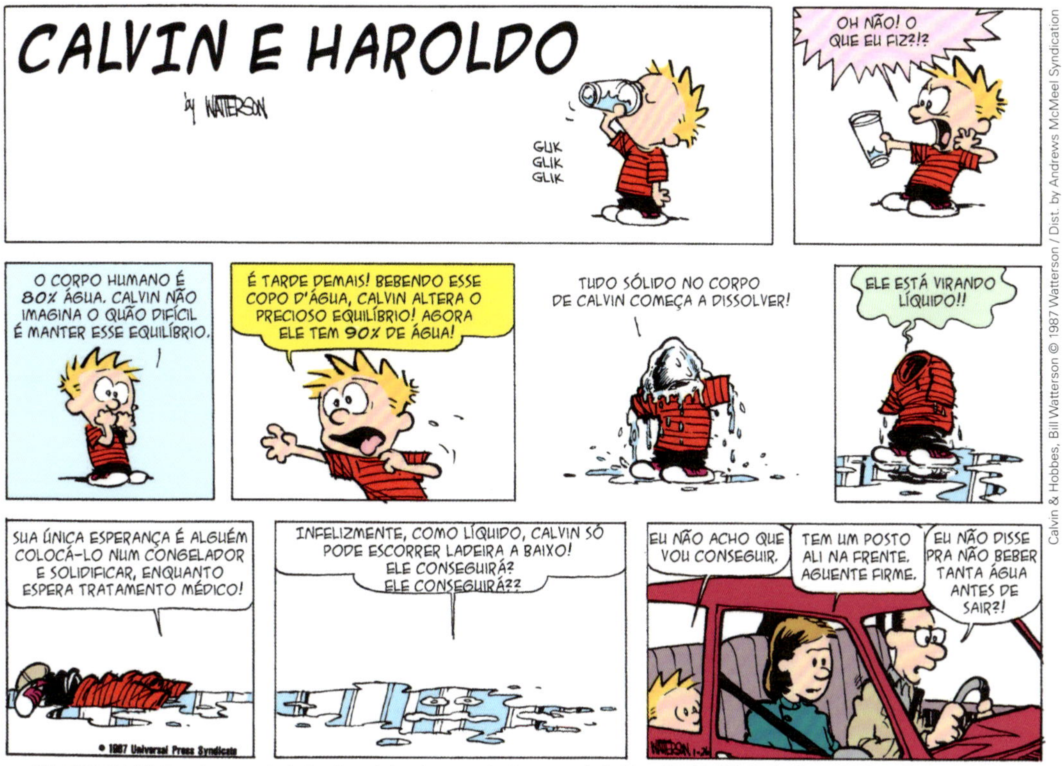

Fonte: WATTERSON, Bill. Tem alguma coisa babando embaixo da cama. *As Aventuras de Calvin e Haroldo*. São Paulo: Conrad Editora do Brasil, 2010. p. 91.

A partir do 5º quadrinho, Calvin começa a se tornar líquido por um processo físico. Escolha uma das alternativas abaixo que explique esse processo.

a) condensação.
b) fusão.
c) sublimação.
d) evaporação.
e) solidificação.

2 Observe os gráficos a seguir, que mostram as mudanças de estado físico da substância pura chumbo.

I. Chumbo submetido a aquecimento

Indique:

a) a temperatura de fusão (TF).

b) a temperatura de ebulição (TE).

c) o estado físico aos 5 min.

d) o estado físico aos 15 min.

e) o estado físico aos 30 min.

f) o estado físico aos 40 min.

g) o estado físico aos 55 min.

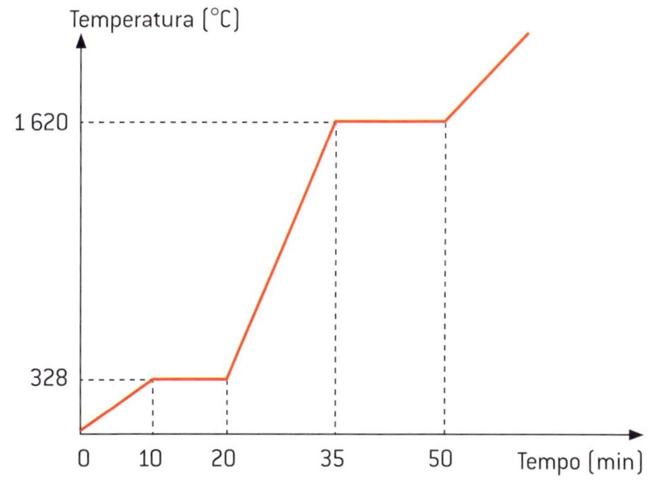

Matéria e Energia

II. Chumbo submetido a resfriamento

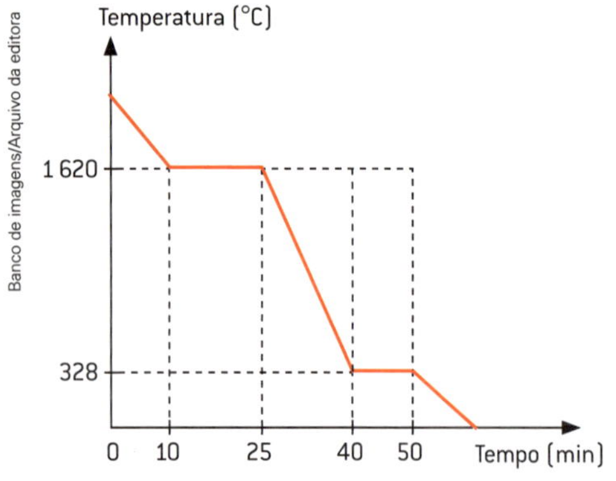

Indique:

a) a temperatura de liquefação.

b) a temperatura de solidificação.

3 Observe o quadro abaixo.

Substância	Densidade (g/cm³)
Água	1,0
Benzeno	0,9
Clorofórmio	1,48

Essas três substâncias foram colocadas em uma proveta, originando um sistema com o aspecto apresentado a seguir.

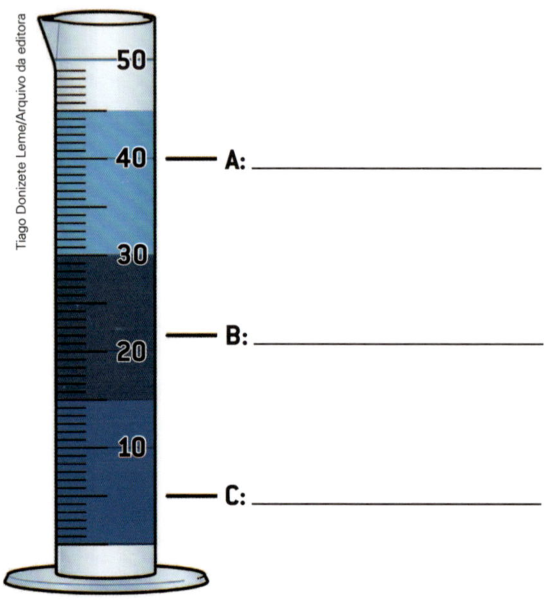

Relacione as substâncias **A**, **B** e **C** com aquelas mencionadas na tabela. Justifique sua resposta.

SÍNTESE

1 Certa quantidade de uma substância foi aquecida em um recipiente apropriado, sendo depois resfriada.

O gráfico a seguir indica a variação da temperatura com o tempo e as mudanças de estado observadas durante o experimento.

Observe o gráfico e responda aos itens de I a IV.

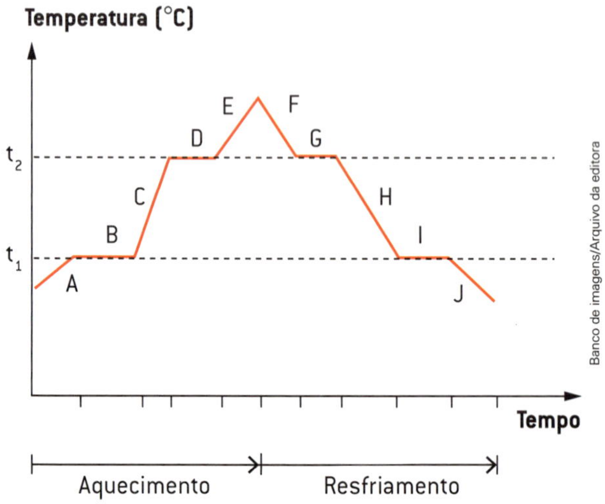

I. Indique em que trechos a substância é encontrada somente no estado:

a) sólido.

b) líquido.

c) gasoso.

d) sólido e líquido.

e) líquido e gasoso.

II. Considere os valores t_1 e t_2 de temperatura e indique:

a) temperatura de fusão.

b) temperatura de ebulição.

c) temperatura de condensação.

d) temperatura de solidificação.

III. A passagem de A até E envolve absorção ou liberação de calor?

IV. A passagem de F até J envolve absorção ou liberação de calor?

2 Acompanhe a explicação sobre o ciclo da água.

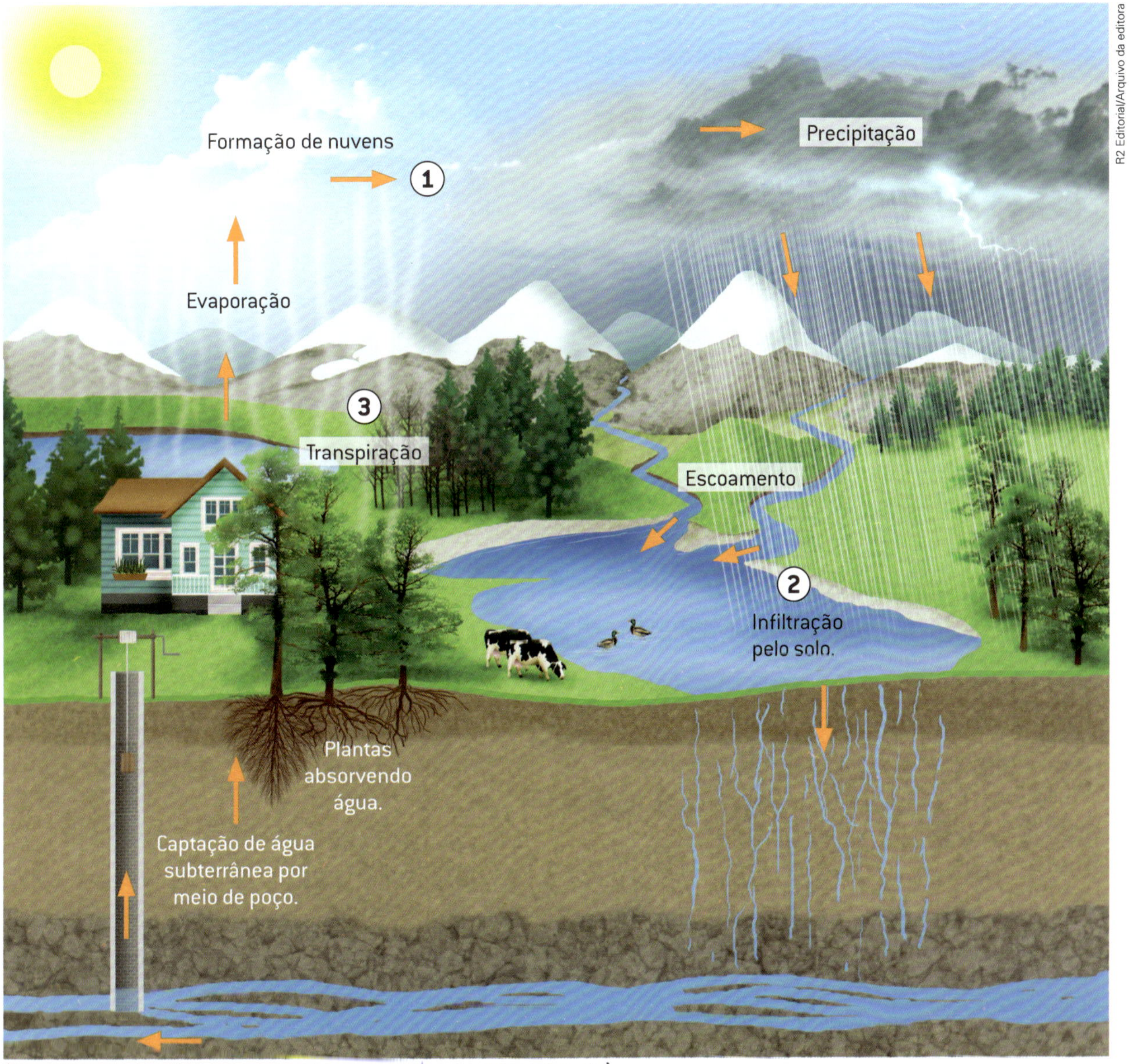

(Elementos representados em tamanhos não proporcionais entre si. Cores fantasia.)

A evaporação da água forma massas de ar úmido que, quando resfriadas, formam as nuvens (1). A água, então, volta à superfície da terra, alimentando as fontes subterrâneas de água (lençóis freáticos), rios, lagos, etc. (2), antes de evaporar novamente (3), fechando o ciclo.

A água, quando cai sob a forma de chuva, dissolve os gases presentes no ar: oxigênio, nitrogênio e também o dióxido de carbono. Este, ao se dissolver na água, forma um ácido: o carbônico. Assim, toda chuva é ligeiramente ácida.

Com base no texto e em seus conhecimentos prévios, responda:

a) Em qual faixa de temperatura provavelmente se encontra a água da chuva?

b) Em que estado físico se encontra a água perdida na transpiração das plantas pelas folhas?

c) Explique o aparecimento da água líquida na parte externa (superfície) de um copo que contém água gelada.

Matéria e Energia

3 Para identificar três líquidos – de densidades 0,8, 1,0 e 1,2 – o analista dispõe de uma pequena bola de densidade 1,0. Conforme as posições das bolas apresentadas no desenho a seguir, podemos afirmar que:

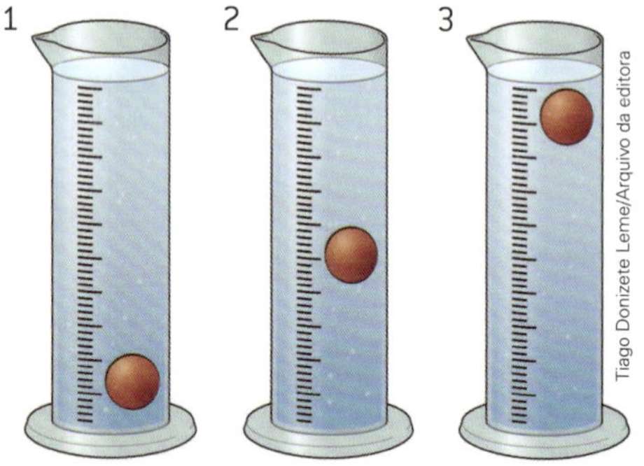

(Elementos representados em tamanhos não proporcionais entre si. Cores fantasia.)

a) os líquidos contidos nas provetas 1, 2 e 3 apresentam densidades 0,8, 1,0 e 1,2.

b) os líquidos contidos nas provetas 1, 2 e 3 apresentam densidades 1,2, 0,8 e 1,0.

c) os líquidos contidos nas provetas 1, 2 e 3 apresentam densidades 1,0, 0,8 e 1,2.

d) os líquidos contidos nas provetas 1, 2 e 3 apresentam densidades 1,2, 1,0 e 0,8.

e) os líquidos contidos nas provetas 1, 2 e 3 apresentam densidades 1,0, 1,2 e 0,8.

DESAFIOS

1 Se um sólido apresentar forma geométrica bem definida, pode-se determinar seu volume medindo e multiplicando suas dimensões. Porém, para determinar o volume de um sólido com formato irregular, conhecendo somente a sua massa, sem conhecer a sua densidade, pode-se proceder da seguinte forma:

I. Coloque água em um recipiente graduado, como uma proveta, até um volume determinado.

II. Mergulhe o sólido de formato irregular no recipiente que contém água e verifique o novo volume.

III. A diferença entre o volume final e o volume inicial é o volume desse sólido. Com esse procedimento, podemos determinar a densidade do sólido utilizando a expressão d = m/v.

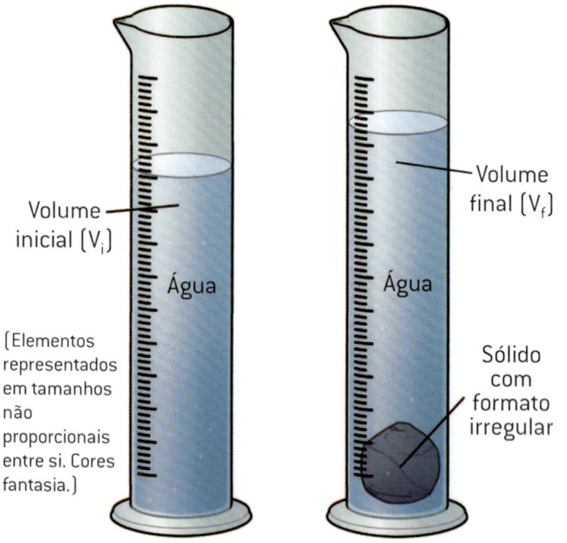

(Elementos representados em tamanhos não proporcionais entre si. Cores fantasia.)

Observe que esse procedimento é apropriado para sólidos mais densos do que o líquido.

Com base nessas informações, resolva a seguinte questão:

Um garimpeiro encontrou uma pepita de formato irregular de um material que parecia ouro. Para verificar se era ouro mesmo, executou os seguintes procedimentos:

I. determinou a massa da pepita, que era de 28,5 gramas;

II. colocou-a em um cilindro graduado contendo inicialmente 100 mL de água (V_i) e verificou que o volume final (V_f) era de 103 mL;

III. consultou uma tabela e verificou que a densidade do ouro é 19 g/cm^3.

Qual foi a conclusão do garimpeiro? Justifique.

2 Observe o esquema.

Associe os copos **A** e **B** com o álcool e a água. Justifique sua resposta.

3 Sabendo que o gelo apresenta uma densidade de 0,92 g/mL, observe a ilustração e responda: O líquido contido no copo **B** é álcool ou água? Justifique.

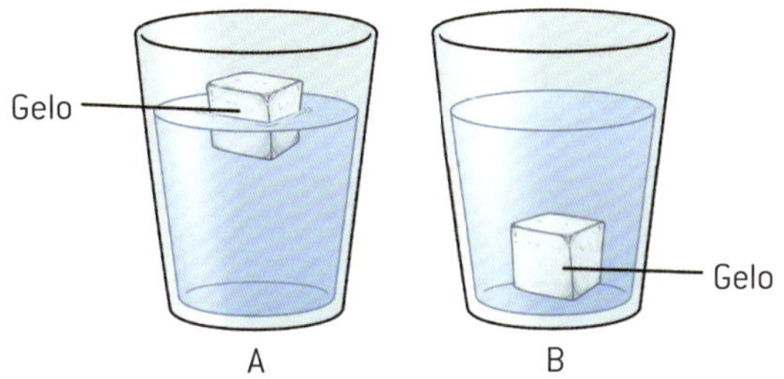

Tiago Donizete Leme/Arquivo da editora

(Elementos representados em tamanhos não proporcionais entre si. Cores fantasia.)

4 Em cada um dos sistemas representados a seguir, a fase sólida é um bloco de gelo e a fase líquida pode ser água, álcool ou uma mistura de álcool e água.

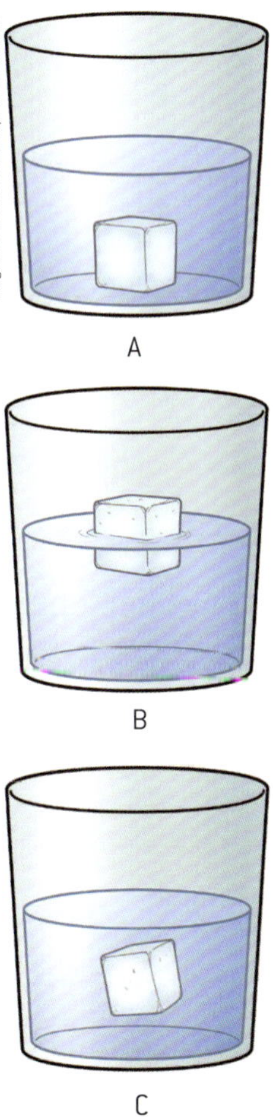

Tiago Donizete Leme/Arquivo da editora

(Elementos representados em tamanhos não proporcionais entre si. Cores fantasia.)

Dados (densidades em g/mL): água = 1,0; álcool = 0,8; gelo = 0,92.

Com relação a esses sistemas, indique as alternativas corretas.

I. A fusão parcial do gelo em **A** pode levar à situação representada em **C**.

II. A fusão parcial do gelo em **B** pode levar à situação representada em **C**.

III. A adição de água ao sistema **B** pode levar à situação representada em **C**.

IV. A adição de álcool ao sistema **B** pode levar à situação representada em **C**.

Observação: quando dizemos "pode levar à situação representada em **C**", não estamos considerando as quantidades dos componentes representadas no sistema **C**, mas a situação nele representada.

PRÁTICA

Construção de um densímetro

Objetivo

Usar materiais comuns do dia a dia para construir um densímetro e utilizá-lo para comparar densidades de diferentes líquidos.

Quando o densímetro é colocado em um líquido, ele indica a densidade do líquido pela graduação existente na haste superior do aparelho.

Ele pode ser usado, por exemplo, em postos de combustíveis para determinar a densidade dos combustíveis (etanol ou gasolina), indicando se estão de acordo com os padrões estabelecidos por lei.

Sergio Dotta Jr./Arquivo da editora

Exemplo de densímetro utilizado em postos de combustíveis. São Paulo (SP), 2018.

Material

- Massa de modelar
- Meio canudo de plástico
- 4 copos
- 1 copo com água
- 1 copo com água e duas colheres de sal
- Óleo de cozinha
- Álcool comum
- Canetas hidrocor

Procedimentos

1. Para construir um densímetro, faça, com a massa de modelar, uma bolinha de aproximadamente 1 cm de diâmetro e fixe-a em uma das extremidades do canudo.
2. Coloque o densímetro em um copo com água e marque, com cuidado, o nível que a água atinge no canudo. Essa será a marca da densidade da água.
3. A seguir, coloque o densímetro em copos contendo, respectivamente, água e sal, óleo e álcool comum, como representado na ilustração a seguir.
4. Para cada líquido, faça uma marca no densímetro, utilizando canetas de cores diferentes. Complete o quadro abaixo à medida que forem realizados os testes. Quanto menor for a densidade do líquido, mais submerso ficará o densímetro.

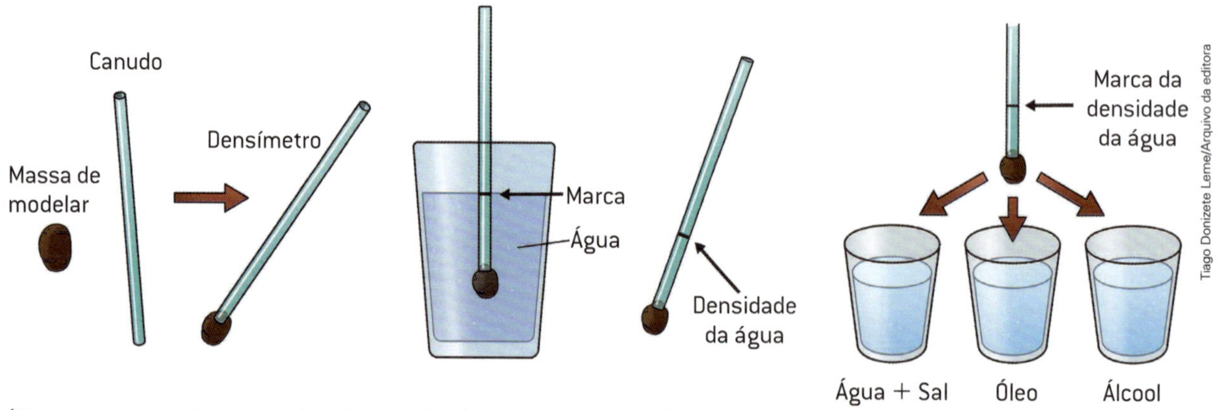

(Elementos representados em tamanhos não proporcionais entre si. Cores fantasia.)

	Água	Água + Sal dissolvido	Óleo de cozinha	Álcool comum
Cor da caneta				
Densidade maior, menor ou igual à da água?				

Discussão final

1 Qual é a ordem crescente de densidade dos três líquidos? Qual é menos denso do que a água?

2 Se repetirmos os mesmos procedimentos utilizando volumes diferentes dos mesmos líquidos, na mesma temperatura, as densidades deles continuariam as mesmas? Por quê?

Capítulo

9 Descobrindo a estrutura atômica

YAKOBCHUK VIACHESLAV/Shutterstock

Os seres humanos são naturalmente curiosos. Uma das perguntas mais frequentes é: "De que somos formados?". Ao longo de toda a história da humanidade tentamos buscar resposta a essa pergunta.

A invenção do microscópio nos permitiu descobrir e observar as células, que são as menores estruturas funcionais dos seres vivos. Os avanços da Química, da Física e da Biologia nos permitiram descobrir partículas muito pequenas, como os átomos. Contudo, mesmo com todas as tecnologias desenvolvidas e os conhecimentos já descritos e divulgados, provavelmente ainda assim não conseguimos responder, afinal, do que é constituída toda a matéria do Universo.

Neste capítulo vamos saber um pouco mais sobre a matéria e de que se constitui tudo o que existe e conhecemos.

O ser humano, há muito tempo, tem feito investigações para saber mais sobre a matéria e usar esse conhecimento em seu benefício.

› Características elétricas da matéria

Como já vimos, as primeiras ideias para explicar a constituição da matéria foram dadas por volta de 400 a.C. pelos filósofos gregos. Para eles toda matéria seria constituída por minúsculas unidades chamadas átomos.

Posteriormente, em 1808, Dalton retomou as ideias desses filósofos, elaborou uma teoria para explicar a constituição da matéria e criou o primeiro modelo atômico.

A partir disso, tentando entender como a matéria era constituída, em 1833 o químico e físico inglês Michael Faraday (1791-1867) realizou uma série de experimentos com os quais provocava a decomposição de substâncias por meio da passagem de corrente elétrica. Esse procedimento foi denominado **eletrólise**.

Nesse experimento, Faraday observou que a massa das substâncias que sofriam decomposição, usando-se esse método, era proporcional à quantidade de eletricidade utilizada.

› O modelo de Thomson

No final do século XIX, os cientistas estavam convencidos de que toda matéria é formada por partículas muito pequenas, maciças e indivisíveis: os átomos. Em 1897, porém, o físico inglês J. J. Thomson (1856-1940) realizou uma série de experimentos e descobriu que os átomos são formados por partículas menores, e que eles são divisíveis.

Thomson conseguiu identificar uma partícula de carga negativa que fazia parte dos átomos. Essa partícula foi denominada **elétron**.

Ele propôs um novo modelo científico. Como considerava que os átomos eram eletricamente neutros, a existência de partículas negativas – os elétrons – indicava a presença de cargas positivas, de tal maneira que o total de cargas negativas no átomo deveria ser igual ao total de cargas positivas.

Tiago Donizete Leme/Arquivo da editora

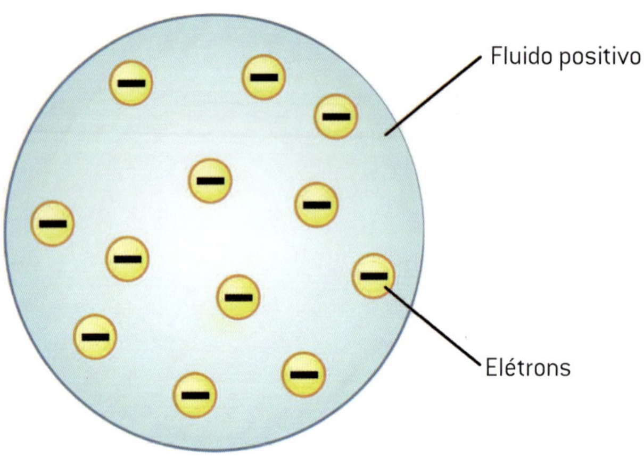

Esquema do modelo atômico — o "pudim de passas" — proposto por J. J. Thomson. A esfera maior teria carga positiva. Nela, estariam dispersos os elétrons (carga negativa).

(Elementos representados em tamanhos não proporcionais entre si. Cores fantasia.)

O modelo atômico de Thomson propunha que o átomo fosse maciço, esférico, descontínuo (estrutura não uniforme, não homogênea) e formado por um fluido com carga positiva no qual estavam dispersos os elétrons. O próprio Thomson associou o seu modelo a um "pudim de passas" em 1897.

Em 1904, o físico neozelandês Ernest Rutherford (1871-1937), ao realizar um experimento com gás hidrogênio, detectou a presença de pequenas partículas com carga elétrica positiva, as quais ele denominou **prótons (p)**.

A massa de um próton é aproximadamente 1836 vezes maior que a de um elétron.

Radioatividade

Em 1895, o cientista alemão Wilhelm Conrad Röentgen (1845-1923), trabalhando com descargas elétricas em gases, descobriu acidentalmente que do tubo de raios catódicos eram emitidos raios (radiações) que conseguiam sensibilizar películas fotográficas. Essas radiações, um tipo de onda eletromagnética de origem desconhecida, foram denominadas **raios X** e geraram um grande interesse na comunidade científica.

Isso possibilitou que, em 1896, o físico francês Antoine Henri Becquerel (1852-1908) descobrisse a **radioatividade** e o primeiro elemento capaz de emitir radiação espontaneamente: o urânio. Logo a seguir, o casal francês Pierre Curie (1859-1906) e Marie Curie (1867-1934) descobriria dois outros elementos radioativos: o polônio e o rádio.

Com a descoberta da radioatividade, alguns cientistas constataram que elementos químicos, como o urânio, emitem espontaneamente partículas e radiações. Uma dessas partículas, denominada partícula alfa (primeira letra do alfabeto grego = α), foi utilizada por Rutherford na realização de um experimento com a finalidade de estudar a estrutura dos átomos.

Radioatividade: fenômeno que consiste na emissão de partículas e radiações devido à instabilidade do núcleo de alguns elementos.

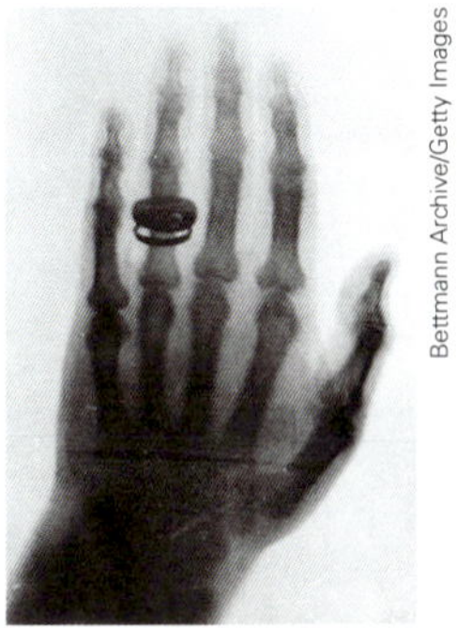

Bettmann Archive/Getty Images

A primeira radiografia da história mostra a mão de Bertha, esposa de Röentgen, usando o anel de casamento.

EM PRATOS LIMPOS

Marie Curie, a polonesa mais brilhante da história

Ganhar um Prêmio Nobel é tido como um dos mais seguros termômetros de brilhantismo. Pois Marie Curie ganhou dois. Em campos diferentes. Na história da ciência, apenas mais uma pessoa atingiu glória similar – Linus Pauling. Mas um dos que ele conquistou era o da Paz e nada tinha a ver com seu trabalho como pesquisador. Já os dela eram ambos científicos: Física e Química. E se hoje há quem denuncie que existe preconceito contra mulheres nos meios acadêmicos, calcule-se como era no fim do século XIX.

Christophel Fine Art/UIG/Getty Images

Ela descobriu o polônio e o rádio, foi a primeira mulher a fazer doutorado na França, ganhou dois prêmios Nobel e virou a cientista mais conhecida da Terra.

[...]

Pelo trabalho com a radioatividade, o trio (Becquerel, Marie e Pierre Curie) recebeu o Prêmio Nobel em Física em 1903. Marie se tornava a primeira mulher a ganhar a honraria.

Ao prosseguir na pesquisa com os minérios de urânio, Marie percebeu (desta vez sem a participação de Becquerel ou de seu marido) que, se seus cálculos estivessem corretos, deveria haver outro elemento ali com capacidade radioativa ainda maior. Essa foi a trilha que levou à descoberta dos elementos polônio (batizado em homenagem à sua terra natal) e rádio, ambos descobertos em 1898. Os dois achados seriam a razão que levou a Academia Real de Ciências da Suécia a conceder a ela um segundo Nobel, em Química, em 1911.

[...]

Fonte: NOGUEIRA, Salvador. Marie Curie, a polonesa mais brilhante da história, 2/3/2018. Disponível em: <https://super.abril.com.br/historia/marie-curie-a-polonesa-mais-brilhante-do-mundo/> (acesso em: 3 ago. 2018).

O químico e físico Ernest Rutherford (1871-1937).

O experimento de Rutherford

Embora Rutherford tenha sido um dos mais brilhantes cientistas do século XX e tenha feito inúmeras descobertas, ele é mais conhecido pelo experimento no qual tentou verificar se os átomos eram realmente maciços, utilizando, para isso, um fluxo de partículas α (alfa), que apresentam carga positiva.

As partículas α são radioativas e emitidas por alguns elementos químicos radioativos, como o polônio. São extremamente pequenas, não são visíveis e são emitidas com grande velocidade.

Tais partículas podiam ser detectadas no experimento de Rutherford, pois provocavam o aparecimento de uma **luminescência** quando atingiam uma superfície revestida de sulfeto de zinco.

Luminescência: é a emissão de luz por uma substância quando submetida a algum tipo de estímulo como radiação.

O experimento de Rutherford consistiu em bombardear uma finíssima lâmina de ouro (0,001 cm) com partículas α emitidas pelo polônio.

Durante a realização do experimento, ele e seus colaboradores observaram que:

- grande parte das partículas α atravessava a lâmina de ouro sem sofrer desvios e sem provocar alterações na lâmina;
- uma quantidade pequena de partículas não atravessava a lâmina e voltava;
- algumas partículas α sofriam desvios ao atravessar a lâmina.

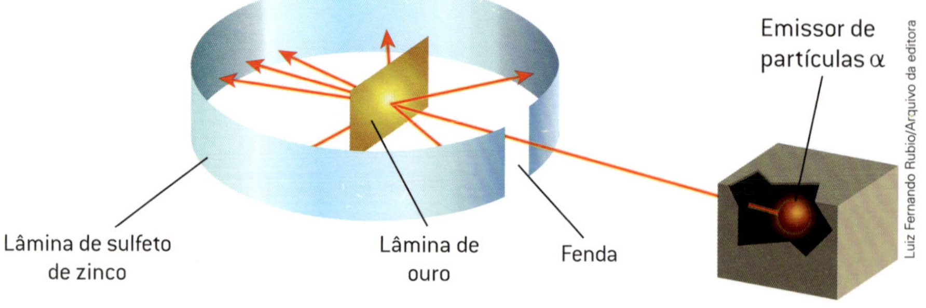

Esquema do experimento de Rutherford. Observa-se que a maior parte das partículas α atravessa a lâmina com pequena ou nenhuma alteração na trajetória, poucas sofrem desvios, e muito poucas retornam. As setas vermelhas representam as trajetórias, que não são visíveis, das partículas α emitidas pelo material radioativo (polônio) contido dentro de um bloco de chumbo com um orifício por onde saem as partículas.

(Elementos representados em tamanhos não proporcionais entre si. Cores fantasia.)

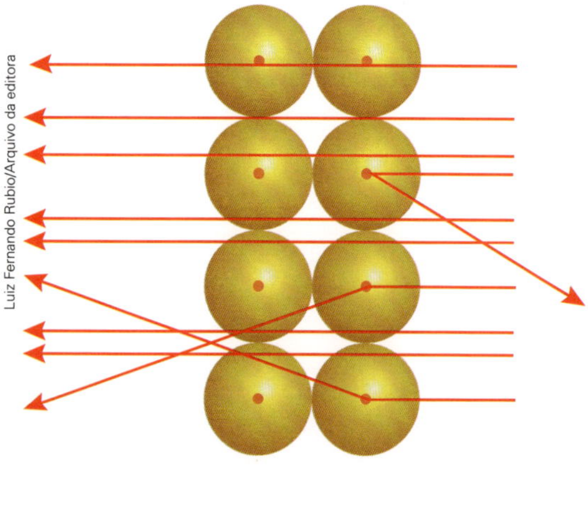

A ilustração representa, de forma muito ampliada, o que acontece com as partículas α ao atravessar a lâmina de ouro: elas cruzam direto, sofrem desvios ou retornam.

(Elementos representados em tamanhos não proporcionais entre si. Cores fantasia.)

UM POUCO MAIS

Elementos químicos no Sistema Solar

Há aproximadamente 5 bilhões de anos teve início a formação dos corpos celestes. Teoricamente, as estrelas se formaram de gigantescas massas de gases chamadas **nebulosas**. Nas regiões mais frias, muito distantes do Sol, essa matéria condensou-se, fundiu-se, solidificou-se e deu origem aos planetas.

Os elementos de menor massa e mais voláteis foram afastados dos planetas pelos ventos solares e pelo calor do Sol e formaram a atmosfera e regiões superficiais.

Os outros elementos, em função de sua densidade e temperatura de fusão, formaram a parte sólida dos planetas. Os elementos de maior densidade, como ferro e níquel, acumularam-se na parte central interna.

A Terra e os outros planetas rochosos, como Mercúrio, Vênus e Marte, apresentam grandes porcentagens de ferro (Fe), oxigênio (O) e silício (Si). Os planetas gasosos, como Júpiter, têm até 98% em massa de gás hidrogênio (H_2) e gás hélio (He).

O gráfico abaixo mostra a porcentagem em massa dos 8 elementos mais abundantes no nosso planeta.

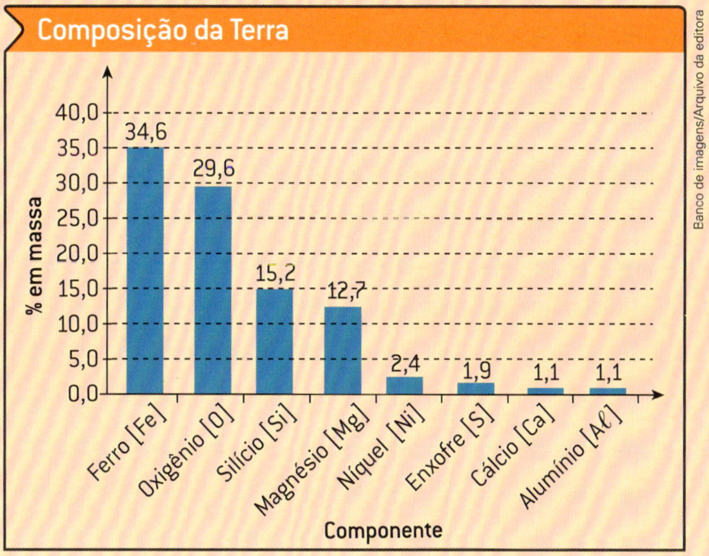

MASON, B.; MOORE, C. *Principles of Geochemistry*. New York: Wiley, 1982.

Íons

Em determinadas condições, os átomos podem perder ou ganhar elétrons, originando unidades carregadas eletricamente, denominadas íons. O íon é uma espécie química que apresenta número de prótons diferente do número de elétrons.

Os átomos, ao ganhar ou perder elétrons, originam dois tipos de íons:

- **íons positivos**: átomos que perdem elétrons, também chamados de **cátions**;
- **íons negativos**: átomos que ganham elétrons, também chamados de **ânions**.

Íons positivos ou cátions

Os cátions formam-se quando um átomo perde um ou mais elétrons, resultando em um sistema eletricamente positivo, em que o número de prótons é maior do que o número de elétrons.

Matéria e Energia

Vamos utilizar o exemplo do átomo de magnésio (Mg), que apresenta Z = 12. Ao perder dois elétrons, ele se torna um cátion. Observe:

Átomo de Mg

Cátion Mg^{2+}

Luis Moura/Arquivo da editora

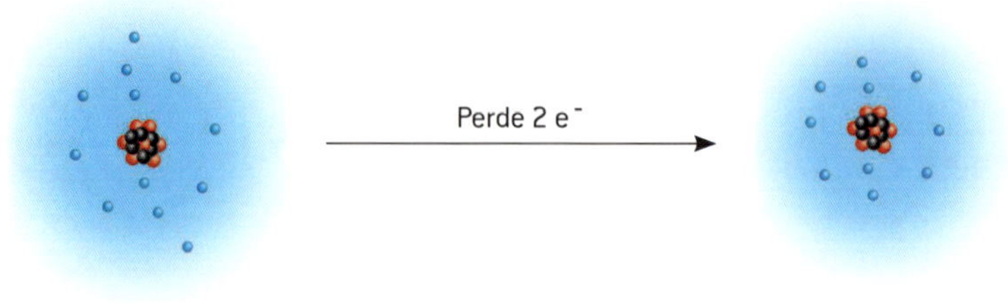

(Elementos representados em tamanhos não proporcionais entre si. Cores fantasia.)

Átomo de Mg	Cátion Mg^{2+}
$p = 12 \Rightarrow$ 12 cargas positivas $= +12$	$p = 12 \Rightarrow$ 12 cargas positivas $= +12$
$e^- = 12 \Rightarrow$ 12 cargas negativas $= -12$	$e^- = 10 \Rightarrow$ 10 cargas negativas $= -10$
carga elétrica total $= 0$	carga elétrica total $= +2$

Representação — Representação

$$Mg \xrightarrow{\text{Perde } 2\,e^-} Mg^{2+}$$

A espécie química Mg^{2+} é denominada cátion bivalente ou íon bivalente positivo. O tamanho de um cátion é sempre menor que o do átomo de origem.

Íons negativos ou ânions

Os ânions formam-se quando um átomo ganha um ou mais elétrons, resultando em um sistema eletricamente negativo, em que o número de prótons é menor do que o de elétrons.

Vamos utilizar como exemplo o átomo de flúor (F), que apresenta Z = 9. Ao ganhar um elétron, ele se torna um ânion. Observe:

Átomo de F

Ânion F^-

Luis Moura/Arquivo da editora

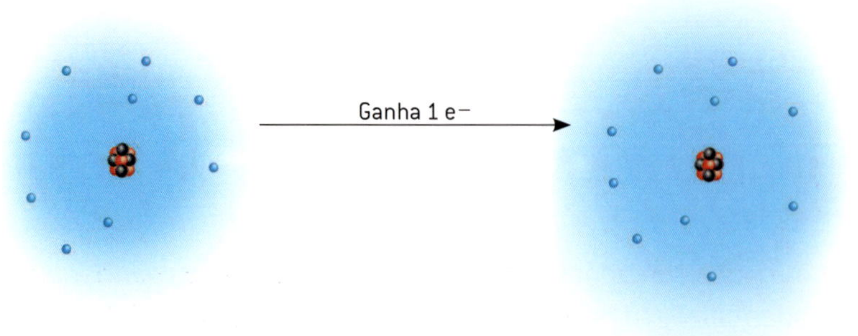

Átomo de F	Ânion F^-
$p = 9 \Rightarrow$ 9 cargas positivas $= +9$	$p = 9 \Rightarrow$ 9 cargas positivas $= +9$
$e = 9 \Rightarrow$ 9 cargas negativas $= -9$	$e = 10 \Rightarrow$ 10 cargas negativas $= -10$
carga elétrica total $= 0$	carga elétrica total $= -1$

Representação — Representação

$$F \xrightarrow{\text{Ganha } 1\,e^-} F^-$$

(Elementos representados em tamanhos não proporcionais entre si. Cores fantasia.)

A espécie química F^- é denominada ânion monovalente ou íon monovalente negativo. O tamanho do ânion é sempre maior que o do átomo de origem.

UM POUCO MAIS

Íons no corpo humano

Os íons são muito importantes para o bom funcionamento do nosso organismo. Seu excesso ou sua carência pode causar problemas à saúde.

Veja algumas das funções desempenhadas por três desses íons e as consequências de sua falta ou de seu excesso:

Na^{+}: cátion sódio

No organismo humano, o cátion sódio atua no controle da pressão sanguínea e na propagação de impulsos nervosos. Sua deficiência ocorre em geral pela perda excessiva de líquido, decorrente principalmente de diarreias, doenças renais e uso inadequado de diuréticos, podendo causar letargia ("moleza"), fraqueza, redução da pressão arterial e até convulsões.

Já o excesso de íon Na^{+}, ingerido em alimentos muito salgados ou quando utilizamos o sal de cozinha, pode causar aumento da pressão arterial.

Ca^{2+}: cátion cálcio

Além de formar ossos e dentes, o cálcio participa dos processos de coagulação, contração muscular, regulação de batimentos cardíacos e atuação de enzimas. A deficiência de cálcio (hipocalcemia) pode provocar osteoporose, raquitismo, paralisia muscular total ou parcial e hipertensão arterial.

O excesso de cálcio (hipercalcemia) pode levar à perda da função renal, à formação de cálculos renais e a distúrbios psíquicos.

Fe^{2+}: cátion ferro II ou ferroso

O metal ferro origina dois cátions: Fe^{2+} ou Fe^{3+}. Embora o nosso organismo utilize somente o Fe^{2+}, muitas vezes ingerimos ferro na forma de Fe^{3+}. Quando o Fe^{3+} entra em contato com o suco gástrico, uma pequena parte dele pode ser transformada em Fe^{2+}.

A quantidade de ferro no corpo humano varia de 3 a 5 g. Cerca de 75% desse total faz parte da hemoglobina presente nas hemácias, responsável pelo transporte de gás oxigênio (O_2).

› Semelhanças atômicas

No início do século XX, foi constatada a existência de átomos de um mesmo elemento químico (mesmo número de prótons), porém com diferentes números de massa. Esses átomos foram denominados **isótopos**.

Isótopos: são átomos que, por pertencerem ao mesmo elemento químico, apresentam o mesmo número atômico (Z), porém diferentes números de massa (A).

Em uma barra de magnésio existem os isótopos naturais do elemento químico magnésio (Mg).

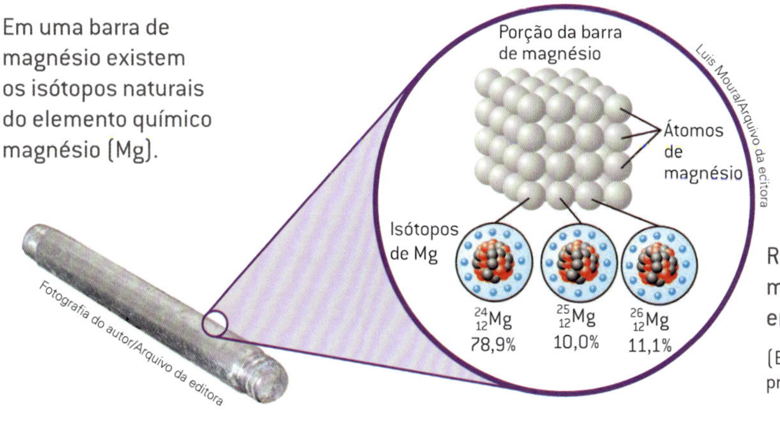

Representação do modelo de três isótopos de magnésio e as proporções (em porcentagem) em que são encontrados na natureza.

(Elementos representados em tamanhos não proporcionais entre si. Cores fantasia.)

Matéria e Energia

O único elemento químico cujos isótopos têm nome é o hidrogênio (H), formado pelos seguintes isótopos naturais:

Os prótons estão representados em vermelho (carga +), os nêutrons em preto e os elétrons em azul (carga −).

(Elementos representados em tamanhos não proporcionais entre si. Cores fantasia.)

Luis Moura/Arquivo da editora

p = 1	p = 1	p = 1
n = 0	n = 1	n = 2
e = 1	e = 1	e = 1
${}^{1}_{1}H$	${}^{2}_{1}H$	${}^{3}_{1}H$

Nomes dos isótopos de hidrogênio		
Representação	**Nomes**	**Abundância (%)**
${}^{1}_{1}H$	Hidrogênio leve; hidrogênio comum; prótio	99,985
${}^{2}_{1}H$	Deutério	0,015
${}^{3}_{1}H$	Trítio; tricério; tritério	10^{-7}

Isóbaros: átomos que apresentam diferentes números atômicos (Z), mas têm o mesmo número de massa (A).

Como os isótopos pertencem a um mesmo elemento químico, eles apresentam propriedades químicas iguais, que são determinadas pelo número atômico (e não pelo número de massa).

Também existem na natureza átomos com diferentes números de prótons (número atômico) que apresentam o mesmo número de massa. Esses átomos são denominados **isóbaros**.

Observe os exemplos:

${}^{40}_{20}Ca$

$\underbrace{p = 20 \quad n = 20}_{A} \quad e = 20$

${}^{40}_{18}Ar$

$\underbrace{p = 18 \quad n = 22}_{A} \quad e = 18$

Os isóbaros pertencem, portanto, a diferentes elementos químicos, o que nos leva a concluir que suas propriedades químicas são diferentes.

NESTE CAPÍTULO VOCÊ ESTUDOU

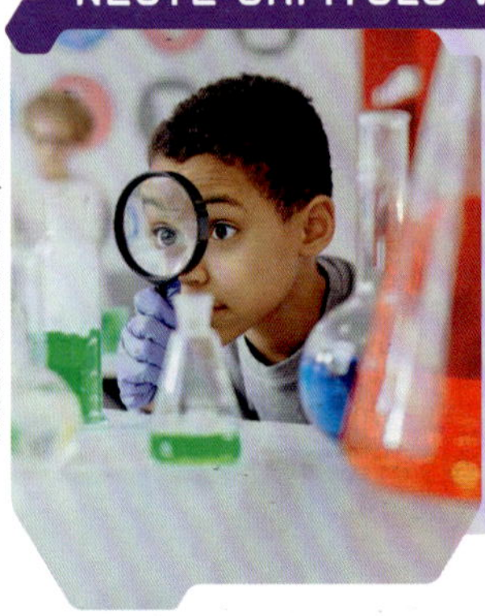

YAKOBCHUK VIACHESLAV/Shutterstock

- Os modelos atômicos de Thomson e Rutherford.
- Prótons, nêutrons e elétrons.
- Número atômico e número de massa.
- Que cada elemento químico é caracterizado pelo seu número atômico.
- Formação dos íons.
- Isótopos e isóbaros.

ATIVIDADES

PENSE E RESOLVA

1 Cinco amigos estavam estudando para a prova de Química e decidiram fazer um jogo com os elementos da Tabela Periódica:

- cada participante selecionou um isótopo dos elementos da Tabela Periódica e anotou sua escolha em um cartão de papel;
- os jogadores Fernanda, Gabriela, Júlia, Paulo e Pedro decidiram que o vencedor seria aquele que apresentasse o cartão contendo o átomo com o maior número de nêutrons.

Os cartões foram, então, mostrados pelos jogadores.

$^{56}_{26}Fe$	$^{16}_{8}O$	$^{40}_{20}Ca$	$^{7}_{3}Li$	$^{35}_{17}Cl$
Fernanda	Gabriela	Júlia	Paulo	Pedro

Ao observar os cartões, quem foi o vencedor? Por quê? Justifique.

a) Júlia.

b) Paulo.

c) Pedro.

d) Gabriela.

e) Fernanda.

2 Leia o texto a seguir.

Os átomos de alguns elementos químicos apresentam a propriedade de, por meio de reações nucleares, transformar massa em energia. O processo ocorre espontaneamente em alguns elementos, porém em outros precisa ser provocado por meio de técnicas específicas.

Existem duas formas de obter essa energia:

- fissão nuclear, em que o núcleo atômico se divide em duas ou mais partículas; e
- fusão nuclear, na qual dois ou mais núcleos se unem para produzir um novo elemento.

A fissão do átomo de urânio é a principal técnica empregada para a geração de eletricidade em usinas nucleares e pode ser usada em armas nucleares.

A fissão do urânio (U) pode ser provocada pelo bombardeamento de nêutrons (n) e pode ser representada pela equação:

$$^{235}_{92}U + ^{1}_{0}n \rightarrow ^{140}_{56}Ba + ^{94}_{36}Kr + 2\,^{1}_{0}n + \text{energia}$$

Ao analisarmos a representação do elemento bário (Ba), na fissão do urânio, podemos afirmar que ele apresenta

a) número atômico 140.

b) número de massa 56.

c) número de prótons 56.

d) número de elétrons 84.

e) número de nêutrons 140.

Justifique sua resposta.

3 A respeito do carbonato de cálcio ($CaCO_3$), resolva as questões a seguir, com base nas informações apresentadas.

a) Escreva o nome e o símbolo de cada elemento químico presente na sua fórmula.

b) Qual é o número total de átomos presentes em sua fórmula?

c) Qual elemento químico na fórmula é essencial para a formação e o desenvolvimento dos ossos?

d) Qual é o elemento químico cuja deficiência provoca a osteoporose?

e) Cite um alimento rico em cálcio.

4 Conhecendo o número atômico e o número de massa de cada elemento: $^{40}_{20}Ca$, $^{12}_{6}C$, $^{16}_{8}O$, determine:

a) o número de prótons, nêutrons e elétrons em cada átomo dos elementos carbono, cálcio e oxigênio;

b) o número de elétrons presentes nos íons Ca^{2+} e O^{2-}.

5 Os átomos de hidrogênio presentes na natureza podem ser representados por:

Átomos de hidrogênio	$^{1}_{1}H$	$^{2}_{1}H$	$^{3}_{1}H$
Abundância (%)	99,985	0,015	10^{-7}

Responda às questões a seguir:

a) Como esses átomos são classificados?

b) Determine o número de prótons, nêutrons e elétrons em cada um deles.

$$^{1}_{1}H \quad ^{2}_{1}H \quad ^{3}_{1}H$$

c) Qual desses átomos é o mais encontrado em um copo com água?

6 Considere os átomos:

$$^{40}_{20}X \qquad ^{42}_{20}Y \qquad ^{40}_{18}W$$

Agora, forme dois pares, um de isótopos e outro de isóbaros.

SÍNTESE

1 Desde a Grécia antiga, filósofos e cientistas vêm levantando hipóteses sobre a constituição da matéria. Demócrito foi um dos primeiros filósofos a propor que a matéria era constituída por partículas muito pequenas e indivisíveis, chamada de átomos. A partir de então, vários modelos atômicos foram formulados, à medida que novos e melhores métodos de investigação foram sendo desenvolvidos. A seguir, são apresentadas as representações gráficas de alguns modelos atômicos.

Assinale a alternativa que correlaciona o modelo atômico com a respectiva representação gráfica.

a) I - Thomson, II - Dalton, III - Rutherford.

b) I - Rutherford, II - Thomson, III - Dalton.

c) I - Dalton, II - Rutherford, III - Thomson.

d) I - Dalton, II - Thomson, III - Rutherford.

e) I - Thomson, II - Rutherford, III - Dalton.

(Elementos representados em tamanhos não proporcionais entre si. Cores fantasia.)

Tiago Donizete Leme/Arquivo da editora

2 Observe atentamente a representação a seguir de um experimento clássico realizado por Rutherford.

Rutherford concluiu que:

a) o núcleo de um átomo é positivamente carregado.

b) os átomos de ouro são muito volumosos.

c) os elétrons em um átomo estão dentro do núcleo.

d) a maior parte da massa se localiza na parte periférica do átomo.

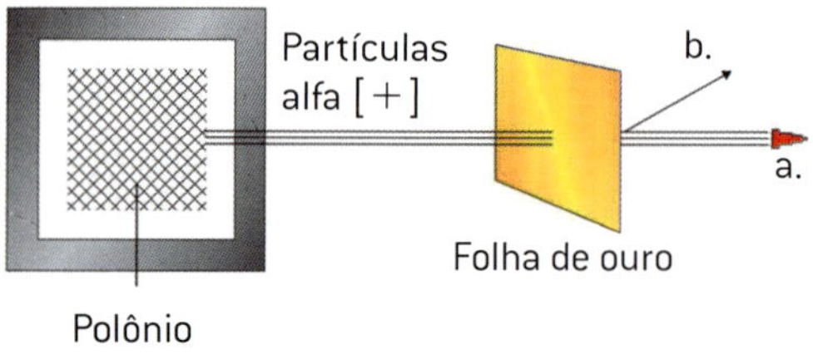

(Elementos representados em tamanhos não proporcionais entre si. Cores fantasia.)

Tiago Donizete Leme/Arquivo da editora

3 A determinação da idade de um objeto arqueológico é um processo que envolve física, química, biologia, história e geografia.

Alguns métodos utilizados para determinar a idade de um artefato ou fóssil são fundamentados no estudo das alterações químicas e físicas que acontecem ao longo do tempo com o material de que o objeto é feito.

O carbono está presente em muitas substâncias como carvão, açúcar, gasolina, gás carbônico, etc.

O carbono-14 é um tipo de carbono utilizado para determinar a idade de objetos. Ele existe na Terra em quantidade muito pequena. É produzido na atmosfera pelos raios cósmicos, que interagem com o gás nitrogênio presente no ar. Considere um átomo de carbono-14:

$$^{14}_{6}C$$

a) Quantos prótons esse átomo apresenta? Quantos nêutrons? E quantos elétrons?

b) Quantas partículas nucleares há no carbono-14?

DESAFIOS

Isótopos radioativos

Um isótopo radioativo, também conhecido como radioisótopo, apresenta o mesmo comportamento químico de um isótopo do mesmo elemento não radioativo, com a diferença de que ele emite radiação. Assim, sua presença e localização podem ser obtidas por meio de detectores de radiação.

Em todos os seres vivos existem pequenas quantidades de isótopos radioativos. No corpo humano, alguns deles estão presentes em órgãos específicos. Veja ilustração abaixo.

Os radioisótopos podem ser usados na medicina no estudo de certas doenças e distúrbios fisiológicos. Administrados ao paciente, os radioisótopos têm a propriedade de se acumular em determinados órgãos ou tipos específicos de células e permitem, por meio de sua detecção, observar a existência de alterações.

Vejamos a seguir alguns exemplos de radioisótopos utilizados na Medicina.

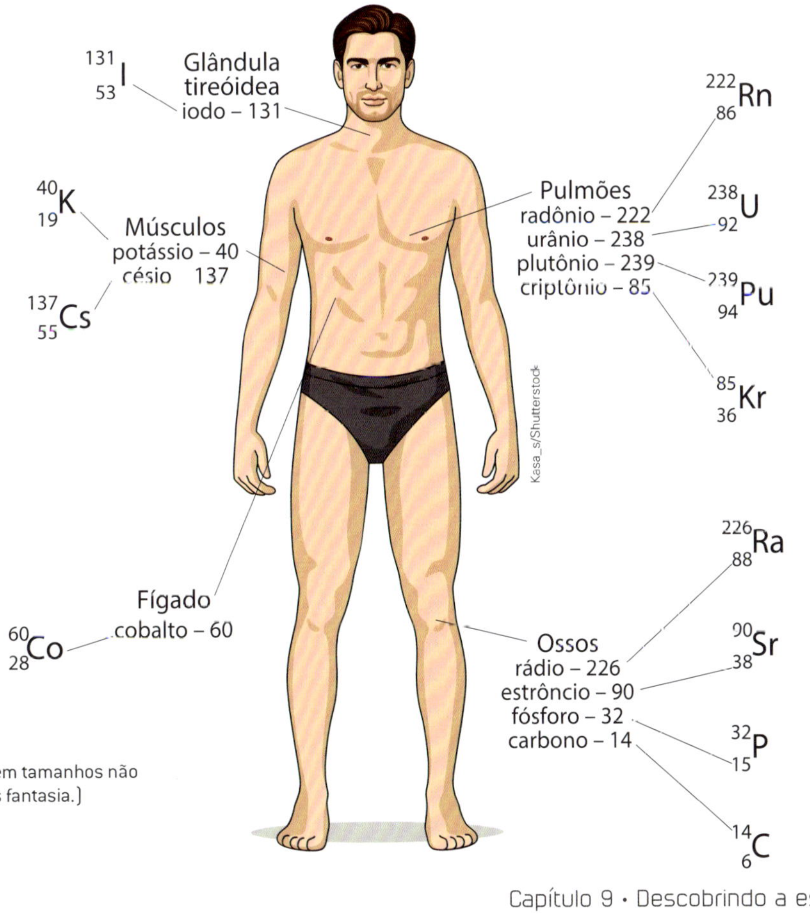

(Elementos representados em tamanhos não proporcionais entre si. Cores fantasia.)

Matéria e Energia

Isótopo	Aplicação
^{51}Cr	Estudo do baço e de desordens gastrointestinais.
^{131}I	Estudo da glândula tireóidea.
^{24}Na	Mapeamento do sistema cardiovascular.
^{99}Tc	Mapeamento de cérebro, fígado, rins, coração.
^{59}Fe	Diagnóstico de anemias.

Fonte dos dados: <http://files.radiologia-rx.webnode.com.br/200000339-3dfb73ef56/Quimica%20Nuclear%20na%20Medicina.pdf>. Acesso em: nov. 2018.

Outro isótopo radioativo, o iodo-123, quando injetado no organismo em pequenas quantidades, permite-nos obter imagens do cérebro.

Responda ao que se pede.

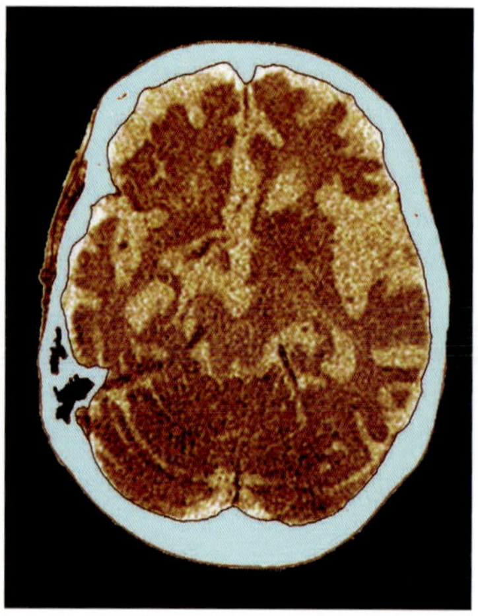

ZEPHYR/SPL/Latinstock

Imagem de cérebro de paciente portador do mal de Alzheimer obtida em exame no qual foi utilizado o isótopo de iodo.

(Cores artificiais.)

1 Determine o número de prótons, nêutrons e elétrons do radioisótopo de maior número de massa existente nos pulmões.

2 Qual dos radioisótopos presentes no músculo apresenta um número de nêutrons ímpar?

3 O radioisótopo tecnécio $\left(^{99}_{43}Tc\right)$ pode originar íons com carga 2+. Classifique esse íon em cátion ou ânion e calcule o seu número de elétrons.

4 Escreva a representação do isótopo do carbono que tem 6 nêutrons.

5 Escreva a representação do átomo de urânio que é isóbaro do átomo de plutônio.

PRÁTICA

Uma caixa-surpresa

Objetivo

Realizar uma atividade prática simples que apresenta certa analogia com o trabalho feito pelos cientistas para determinar a estrutura do átomo. Experimentos como os realizados por Thomson e Rutherford mostram como evidências indiretas podem ser fundamentais para a descoberta de propriedades e características do que não conseguimos ver ou pegar.

O objetivo não é adivinhar o que está dentro da caixa, mas sim identificar as características do objeto.

Material

- 1 caixa de sapatos
- 1 objeto
- Fita adesiva ou pincel atômico

Procedimento

1. Esta atividade deverá ser desenvolvida em grupos.
2. Seu grupo deve colocar em uma caixa o objeto escolhido, que não deve ser conhecido pelos outros estudantes. Depois, vocês deverão fechar a caixa com fita adesiva.
3. Troquem de caixa com outro grupo.
4. Vocês devem manipular a caixa recebida como quiserem (mas sem abri-la), com a finalidade de determinar o maior número possível de características do objeto. Atenção! Vocês não podem vê-lo.

Discussão final

1 Façam um registro de suas observações, tentando descrever características do objeto.

2 Comparem as suas observações e hipóteses com as dos demais estudantes da turma.

3 Por fim, criem uma representação do objeto, ou seja, criem um modelo, e expliquem por que essa atividade é análoga ao trabalho dos cientistas no estudo da constituição da matéria.

Capítulo 10 Luz e cores

Marcos Amend/Pulsar Imagens

Arco-íris em Uiramutã (RR), 2017.

Você já deve ter observado no céu um arco-íris. Você tem ideia de como ele é formado? Como são formadas as cores que vemos?

Sabe-se que esse fenômeno está relacionado à luz. Mas de que é formada a luz? Quais fenômenos estão relacionados a ela? As respostas a essas perguntas estão relacionadas à natureza e ao comportamento da luz.

Neste capítulo vamos estudar a luz e entender alguns fenômenos e suas aplicações.

A dualidade da luz

O ser humano sempre teve interesse em entender de que a luz é constituída. Há relatos de que no século VI a.C., Pitágoras, um filósofo grego, defendia a ideia de que a luz era composta por partículas minúsculas. Nascia o conceito da "natureza corpuscular" da luz. Cerca de um século depois, Aristóteles, outro filósofo grego, propôs que a luz era constituída por ondas, como as produzidas por uma pedra atirada na superfície de um lago calmo. Surgiam, assim, as primeiras explicações da "natureza ondulatória" da luz.

Steven Hogg/Shutterstock

Uma pedra que cai na superfície do lago perturba-o formando ondas.

Durante muito tempo essa divergência sobre a característica da luz foi discutida e analisada por vários cientistas. **Christian Huygens** (1629-1695), matemático, físico e astrônomo holandês, defendia a teoria ondulatória da luz. Já **Isaac Newton** (1643-1727), matemático e físico inglês, defendia a teoria corpuscular.

A divergência de opiniões entre os cientistas gerou, por muito tempo, intensas discussões sobre a natureza da luz. Em 1865, **James Clerk Maxwell** (1831-1879), físico e matemático escocês, apresentou uma teoria detalhada da luz como um efeito eletromagnético, dando consistência para o modelo ondulatório.

Os trabalhos de **Albert Einstein** (1879-1955), um físico alemão, trouxeram novas ideias sobre a natureza e o comportamento da luz. Baseado em estudos de outro físico alemão, **Max Planck** (1858-1947), Einstein propôs que a luz tem natureza ondulatória e corpuscular, ou seja, apresenta características de matéria (partícula) e de energia (onda), a chamada **dualidade onda-partícula**.

Dualidade onda-partícula: significa que a luz se propaga como onda e interage como partícula.

Einstein afirmou que as partículas de luz têm muita energia e que a luz podia ser descrita como um conjunto de "pacotinhos" de energia. Tais "pacotinhos" de energia são conhecidos como **fótons** ou **quantum**.

Luz visível

A luz visível é um conjunto de ondas eletromagnéticas capazes de sensibilizar o olho humano. Cada onda eletromagnética desse conjunto tem uma determinada quantidade de energia e, por isso, cada uma é identificada de maneira diferente. É por isso que conseguimos distinguir as cores: cada cor está associada a uma quantidade de energia.

Faixa de luz visível vai do vermelho ao violeta.

Paulo Cesar Pereira/Arquivo da editora

A faixa de luz visível é uma pequena parte do chamado **espectro eletromagnético** e é percebida pelo olho humano como uma faixa contínua de sete cores: vermelho, laranja, amarelo, verde, azul, anil e violeta.

No espectro eletromagnético, anterior ao vermelho, encontra-se a radiação infravermelha e, posterior ao violeta, encontra-se a radiação ultravioleta. No capítulo 12 você terá oportunidade de estudar um pouco mais sobre o espectro eletromagnético.

Espectro eletromagnético: faixa que compreende todas as ondas eletromagnéticas.

A Óptica geométrica

A palavra óptica, do grego *optike*, significa 'relativo à visão'.

A Óptica geométrica estuda o comportamento da luz nos diversos meios materiais, sem considerar sua natureza.

Fontes de luz

Chamamos de fonte de luz qualquer corpo que emite luz. Quando o corpo emite luz própria, como o Sol (e as demais estrelas), uma vela ou uma lâmpada acesa, é chamado de fonte primária de luz ou corpo luminoso. Quando o corpo reflete a luz que recebeu de outro corpo, ele é uma fonte secundária de luz ou corpo iluminado: é o caso dos planetas, dos satélites naturais (como a Lua) e da maioria dos objetos que vemos ao nosso redor: uma cadeira, uma árvore, uma nuvem, uma parede, uma lâmpada apagada.

Só conseguimos enxergar um corpo iluminado porque ele reflete parte da luz que recebe de um corpo luminoso.

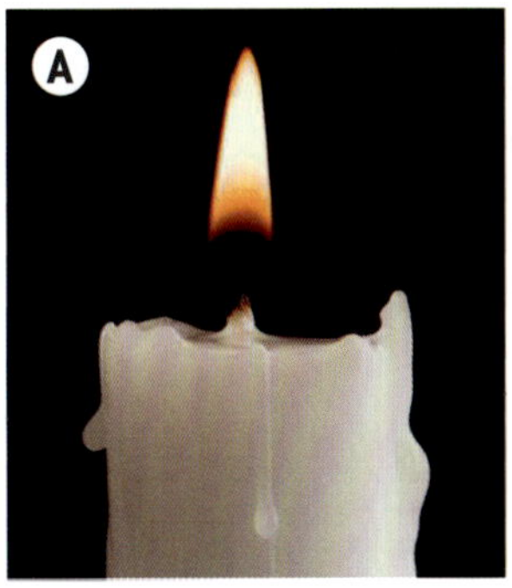

Tetra Images/Getty Images

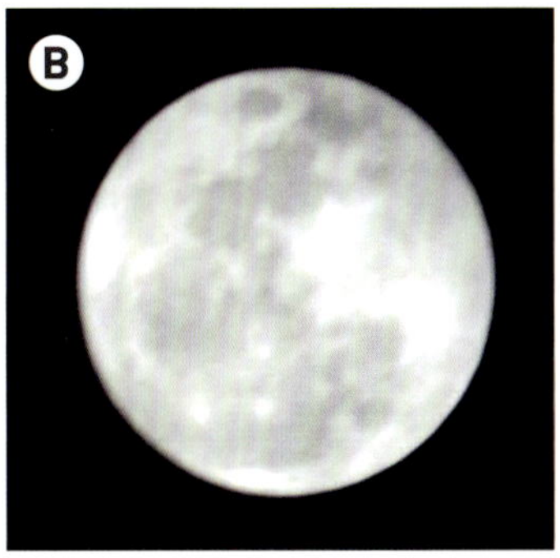

Arindam Dey/Demotix/Corbis/Getty Images

(A) A vela acesa é uma fonte de luz primária ou corpo luminoso. Na queima do pavio e da parafina, ocorre a liberação de calor e de luz. As diferentes cores observadas na chama correspondem a ondas com diferentes quantidades de energia. (B) A Lua reflete a luz do Sol; ela é uma fonte secundária, ou seja, um corpo iluminado.

Para representar graficamente a propagação da luz emitida por uma fonte de luz são utilizados segmentos de reta, que indicam direção e sentido, denominados raios de luz. O conjunto de raios de luz é chamado feixe de luz e pode ser cônico convergente, cônico divergente e cilíndrico (ou paralelo).

Representação de um raio de luz.

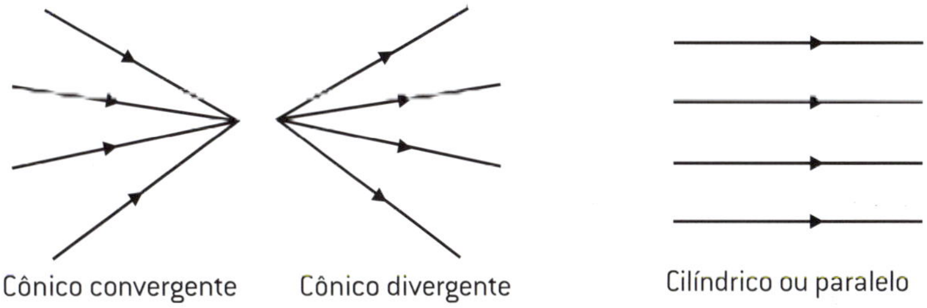

Representações dos feixes de luz.

Paulo Cesar Pereira/Arquivo da editora

Matéria e Energia

Fenômenos ópticos: neste capítulo trataremos como fenômenos ópticos aqueles associados à propagação da luz.

Meios ópticos

Para entender os **fenômenos ópticos**, é necessário conhecer o percurso da luz e verificar como ela se propaga e como se desvia ao passar por determinados meios. Para isso, é fundamental estudar os meios onde a luz se propaga.

Os meios que permitem a propagação de luz em trajetórias regulares e bem definidas, fornecendo uma visão nítida dos objetos ou da fonte de luz, são chamados **meios transparentes**. O único meio absolutamente transparente à luz é o **vácuo**, mas podemos considerar transparentes alguns materiais, como alguns tipos de vidro, a água e o ar, em pequenas quantidades.

Viacheslav Lopatin/Shutterstock

O vidro e a água, em pequenas quantidades, podem ser considerados meios transparentes. Na fotografia, aquário em Moscou, 2018.

ableimages/Masterfile/Latinstock

O vidro fosco é um meio translúcido. Através dele pode-se perceber a cor, mas a forma é irregular.

Já os meios em que a luz se propaga em trajetórias irregulares e indefinidas, não permitindo uma visão nítida da fonte de luz ou de objetos através deles, são chamados **meios translúcidos**. O vidro fosco, a água turva, o papel de seda e o nevoeiro são alguns exemplos.

Os meios que impedem a propagação da luz em seu interior, não permitindo a visão dos objetos ou da fonte de luz através deles, são denominados **meios opacos**. São exemplos: paredes de tijolos e cimento, portas de madeira, chapas de metal e caixas de papelão.

Timmary/Shutterstock

Não sabemos o que há dentro das caixas, pois o papelão é opaco e não permite a passagem da luz.

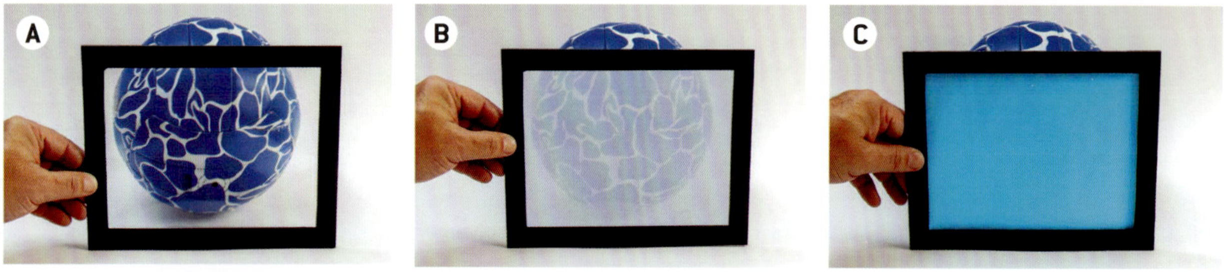

Fotos: Sergio Dotta Jr./Arquivo da editora

(A) Meio transparente. (B) Meio translúcido. (C) Meio opaco.

Os princípios da Óptica geométrica

Quando a luz se propaga em meios homogêneos e transparentes, podem ser observados três comportamentos fundamentais para a compreensão de muitos fenômenos. São os princípios da **Óptica geométrica**: a propagação retilínea, a independência dos raios de luz e a reversibilidade da luz.

Homogêneo: que apresenta composição e aspecto uniformes em toda a sua extensão.

Princípio da propagação retilínea

A luz propaga-se em linha reta. Essa propriedade pode ser verificada na imagem a seguir.

Alexander Natruskin/Reuters/Fotoarena

No ar, a luz se propaga em linha reta.

UM POUCO MAIS

Laser

Essa palavra é um acrônimo para a expressão inglesa *light amplification by stimulated emission of radiation* (em português, amplificação de luz estimulada por emissão de radiação).

O *laser* é um tipo especial de radiação constituída por um conjunto de ondas luminosas monocromáticas concentradas e de grande energia. O primeiro tipo de *laser*, construído em 1960, usava um cristal de rubi que, ao ser estimulado por fonte luminosa, emitia radiação. Hoje, o *laser* pode ser obtido de outros cristais, como o ítrio; de gases, como o hélio, o neônio ou uma combinação dos dois, ou de outros materiais, como o gálio e o gás carbônico.

Além de terem aplicações tecnológicas populares no cotidiano, como nos CDs, DVDs e *Blu-rays*, os *lasers* são utilizados em larga escala, na Medicina, na metalurgia e em várias outras áreas.

Acrônimo: palavra formada com as letras ou sílabas iniciais de uma sequência de palavras, pronunciada sem soletração das letras que a compõem.

O princípio da propagação retilínea da luz explica o funcionamento do aparelho precursor das câmeras fotográficas – a câmara escura de orifício. Essa câmara é constituída de uma caixa fechada com um pequeno orifício na parte anterior, que permite a passagem de estreitos feixes de luz, e de um anteparo translúcido, na parede oposta à do furo, onde são formadas as imagens.

A luz proveniente da parte superior do objeto, ao atravessar o orifício da câmara escura, chega à parte inferior do anteparo translúcido. Já a luz proveniente da parte inferior do objeto atinge a parte superior, como mostrado na imagem a seguir.

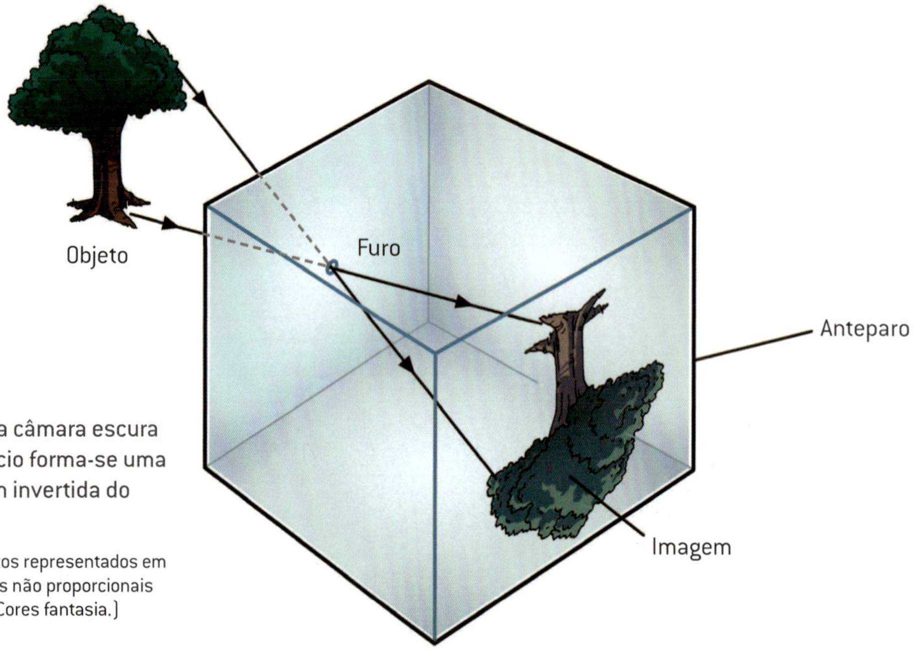

Tiago Donizete Leme/Arquivo da editora

Em uma câmara escura de orifício forma-se uma imagem invertida do objeto.

(Elementos representados em tamanhos não proporcionais entre si. Cores fantasia.)

Princípio da independência dos raios de luz

É possível enxergar vários objetos ao mesmo tempo porque os raios de luz emitidos por eles se cruzam sem que ocorram mudanças na direção da propagação. Após se cruzarem, os raios de luz seguem suas trajetórias de maneira independente, como se não houvessem se cruzado.

Regina Mart/Shutterstock

Os raios de luz se cruzam e continuam sua trajetória sem desvios e sem alteração de cor.

Princípio da reversibilidade da luz

A luz é reversível, isto é, a trajetória dos raios de luz em um sentido será a mesma se os raios estiverem se propagando no sentido contrário. Usaremos dois exemplos para evidenciar o princípio da reversibilidade da luz:

- Quando um motorista está dirigindo, ele pode enxergar um passageiro sentado no banco de trás, pelo espelho retrovisor. Da mesma maneira, o passageiro pode enxergar o motorista pelo mesmo espelho.

Betsie Van Der Meer/Getty Images

Passageira e motorista se enxergam pelo espelho retrovisor.

- O porteiro de um prédio enxerga um motorista chegando de carro pelo espelho fixado na lateral do portão, e o motorista também pode enxergar o porteiro pelo mesmo espelho.

Sergio Dotta Jr./Arquivo da editora

Sergio Dotta Jr./Arquivo da editora

Porteiro e motorista se enxergam pelo espelho.

Esquematicamente, as situações descritas podem ser representadas pelo modelo:

A

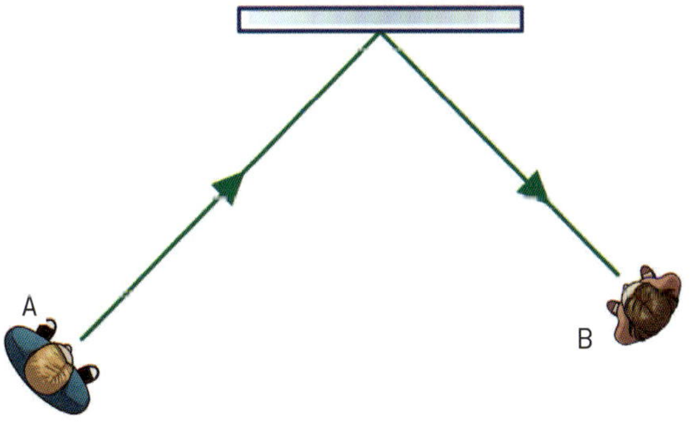

O observador em B enxerga o outro observador em A.

B

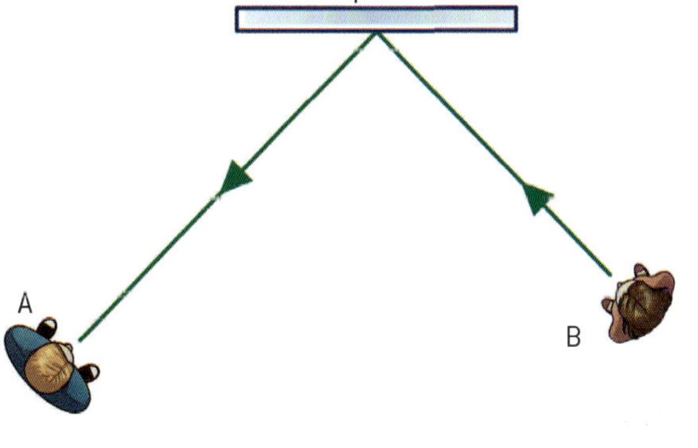

O observador em A enxerga o outro observador em B.

Ilustrações: Tiago Donizete Leme/Arquivo da editora

(Elementos representados em tamanhos não proporcionais entre si. Cores fantasia.)

Sombra e penumbra

Os efeitos de sombra e penumbra são estudados pela Óptica geométrica, explicam alguns fenômenos naturais, como os eclipses, e são uma evidência da propagação retilínea da luz. A sombra e a penumbra são determinadas pelas características das fontes de luz, pelas dimensões do objeto opaco (obstáculo) e pela distância entre eles.

A sombra é formada quando se utiliza uma fonte de luz puntiforme (significa que há um único ponto emissor de luz) e a distância entre o objeto e o anteparo é pequena, comparada à distância entre a fonte e o objeto. Nesse caso, há a formação de um cone de sombra.

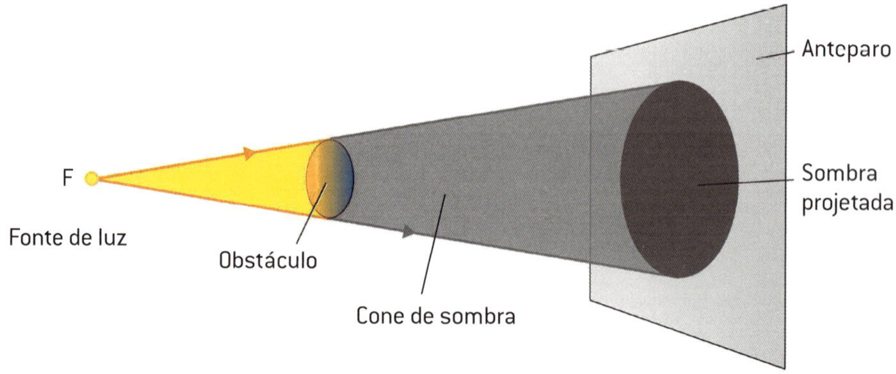

Tiago Donizete Leme/Arquivo da editora

Quando se utiliza uma fonte de luz puntiforme e a distância entre o objeto e o anteparo é pequena, há formação de um cone de sombra.

(Elementos representados em tamanhos não proporcionais entre si. Cores fantasia.)

EvgeniiAnd/Shutterstock

A distância entre o menino e a parede é muito pequena se comparada à distância entre o Sol e o menino. Assim, há formação de sombra.

A penumbra se forma quando a fonte de luz é extensa (vários pontos emissores de luz). Nesse caso, além do cone de sombra, há também a criação de um cone de penumbra.

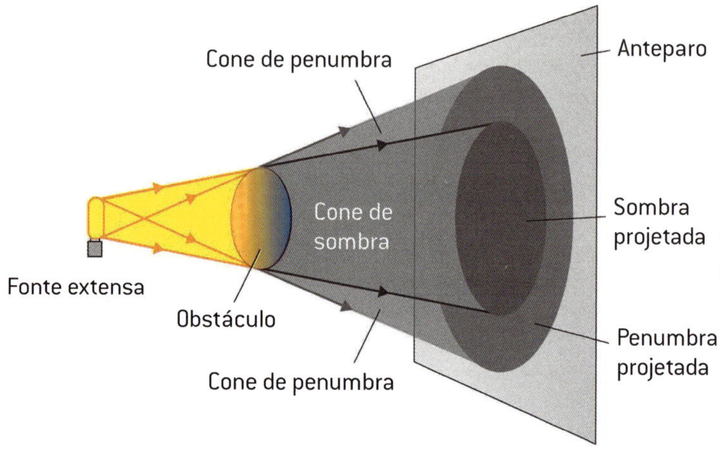

Tiago Donizete Leme/Arquivo da editora

Sombra e penumbra formadas em um anteparo.

(Elementos representados em tamanhos não proporcionais entre si. Cores fantasia.)

Eclipses

No 8º ano você estudou os eclipses e os corpos celestes neles envolvidos. Vamos aprender um pouco mais sobre eles.

A representação de cone de sombra e cone de penumbra permite entender a formação dos eclipses. Nos eclipses, a fonte de luz é o Sol, que é tratado como fonte extensa.

Nos eclipses solares, a Lua faz o papel de objeto opaco (obstáculo) e a Terra, de anteparo.

Paulo Cesar Pereira/Arquivo da editora

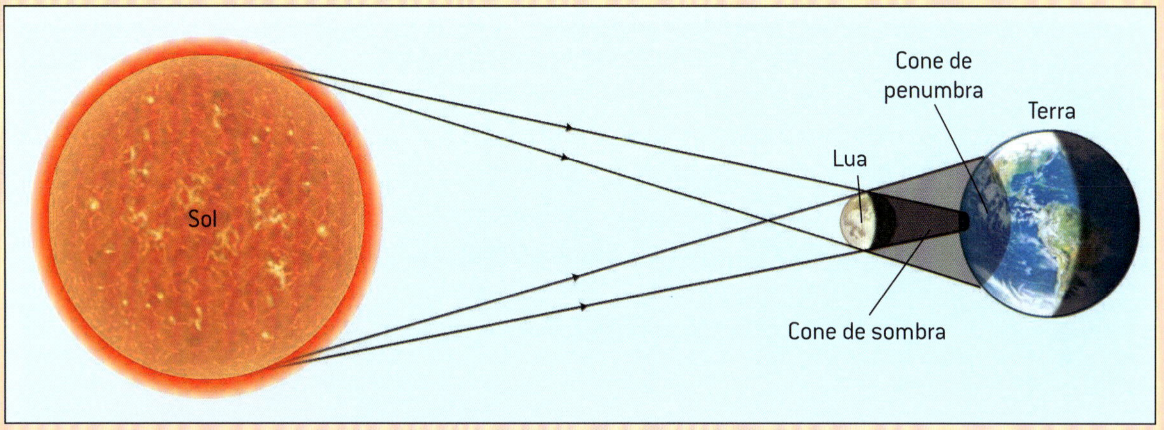

Representação esquemática de um eclipse solar.

(Elementos representados em tamanhos não proporcionais entre si. Cores fantasia.)

Nos eclipses solares, um observador que se encontra na região de sombra da Terra vê um eclipse total. Quem está na região de penumbra vê um eclipse parcial. Já na região totalmente iluminada não se pode observar o eclipse.

Nos eclipses lunares, a Terra faz o papel de objeto opaco (obstáculo) e a Lua, de anteparo.

Paulo Cesar Pereira/Arquivo da editora

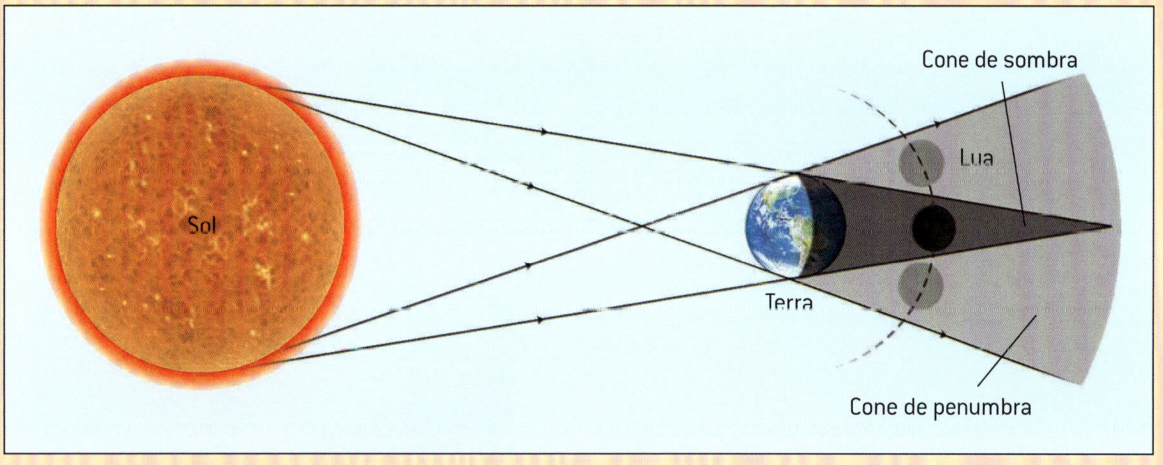

Representação esquemática de um eclipse lunar total.

(Elementos representados em tamanhos não proporcionais entre si. Cores fantasia.)

Acesse também!

Encontre o seu eclipse. Disponível em: <http://www.zenite.nu/encontre-o-seu-eclipse/> (acesso em: 12 nov. 2018). No *link*, é possível encontrar as previsões de eclipses solares e lunares no século XXI.

Fenômenos ópticos

A luz se propaga em alta velocidade, em linha reta e em todas as direções. Quando um feixe de luz incide em uma superfície qualquer, podem acontecer os chamados fenômenos ópticos. Entre uma série de fenômenos ópticos importantes, o feixe de luz pode sofrer reflexão, refração e absorção. Os três podem ocorrer simultaneamente, com maior ou menor intensidade, dependendo do material e da superfície.

Reflexão da luz

Quando um feixe de luz se propaga em um meio, atinge uma superfície qualquer, como uma parede, um espelho ou a superfície da água de uma piscina, e retorna ao meio em que estava se propagando, diz-se que ocorreu reflexão da luz, ou seja, o feixe de luz foi refletido.

A reflexão pode ser classificada em dois tipos: **regular** (ou especular) e **difusa**.

A reflexão é regular quando um feixe de luz incide em uma superfície perfeitamente lisa, como a de um espelho ou de um metal perfeitamente polido. Esse tipo de reflexão nos permite ver imagens nítidas. Na reflexão regular, o feixe refletido mantém as características do feixe incidente. Por exemplo, se o feixe incidente é cilíndrico, o feixe refletido também será cilíndrico.

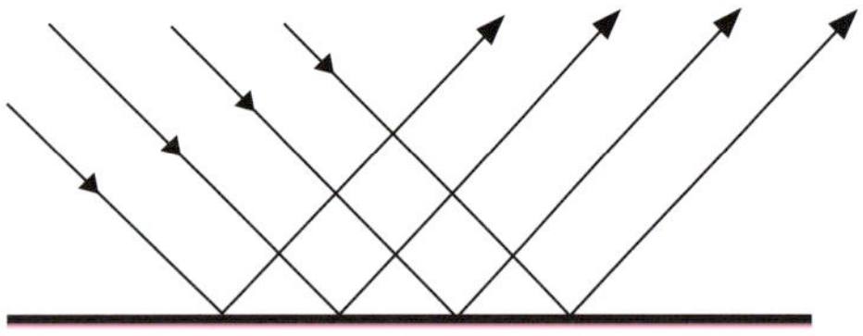

Reflexão regular.

Vadim Zakharishchev/Shutterstock

A imagem vista no espelho é uma consequência da reflexão regular.

A reflexão difusa, ou difusão, caracteriza-se quando um feixe de luz atinge uma superfície irregular, rugosa ou não polida. Nesse tipo de reflexão, a luz se propaga em várias direções.

Na reflexão difusa, o feixe de luz refletido não tem as mesmas características do feixe incidente. Se os raios de luz incidentes forem paralelos entre si, por exemplo, os raios refletidos perdem o paralelismo após a difusão, propagando-se em diferentes direções.

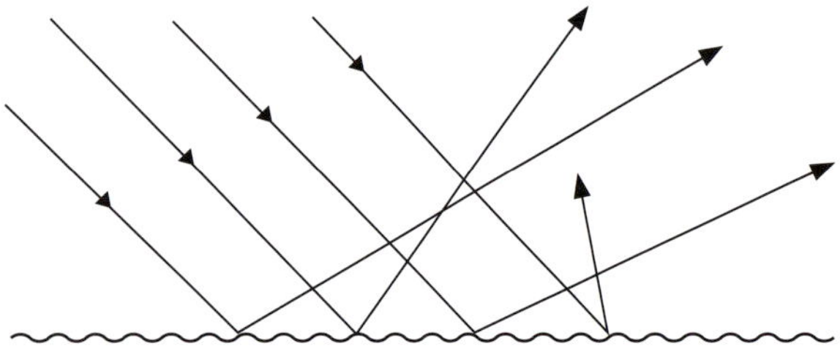

Reflexão difusa.

3000ad/Shutterstock

A imagem da árvore e dos arbustos que se vê no lago não é nítida e é uma consequência da reflexão difusa. Na fotografia, um lago na Suíça, em 2018.

Refração da luz

Ocorre refração quando a luz passa de um meio de propagação para outro, causando uma alteração em sua velocidade. Em geral, a refração é acompanhada por um desvio na trajetória da luz. É possível observar a refração da luz, por exemplo, quando se coloca um lápis mergulhado parcialmente em um copo com água. O lápis parece quebrado, evidenciando o desvio da luz ao se refratar.

A luz branca é constituída por um conjunto de "luzes-cores" que vão desde o vermelho até o violeta, e, por esse motivo, é considerada uma **luz policromática**. O espectro da luz visível apresentado no início deste capítulo representa as sete cores que compõem a luz branca.

As cores (ondas) que compõem a luz branca, ao atravessarem um meio transparente, sofrem diferentes refrações; para cada cor, um desvio. Assim, quando a luz branca atravessa um prisma óptico, é possível identificar as diferentes cores que a compõem. Esse fenômeno é conhecido como **dispersão da luz**.

Southern Illinois University/Photoresearchers/Latinstock

O lápis parece quebrado devido à refração da luz. A luz se propaga na água a uma velocidade menor do que no ar.

David Parker/SPL/Fotoarena

O prisma óptico é um objeto de forma triangular, geralmente de vidro. Um feixe de luz branca, ao atravessá-lo, é separado em sete cores (vermelho, laranja, amarelo, verde, azul, anil e violeta), promovendo a dispersão. Observe que a luz de cor vermelha é a que menos se desvia, e a violeta a que mais se desvia.

As minúsculas gotas de água da chuva presentes na atmosfera, ao serem atravessadas pela luz do Sol, podem proporcionar o mesmo efeito que um prisma, criando o arco-íris. Quando a luz solar penetra em uma gota de água, os raios luminosos são refratados, sofrendo dispersão. Esse feixe de luz colorido é refletido na superfície interna da gota, atravessa-a e retorna para o ar.

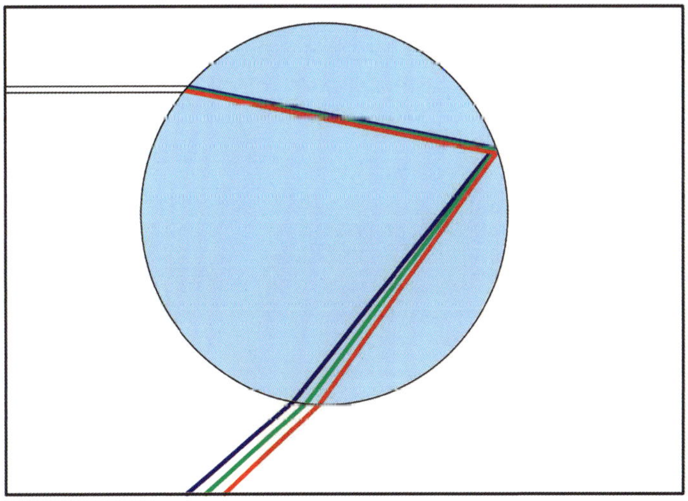

Tiago Donizete Leme/Arquivo da editora

A luz branca do Sol, ao atravessar uma minúscula gota de água, forma o arco-íris.

(Elementos representados em tamanhos não proporcionais entre si. Cores fantasia.)

Matéria e Energia

Fotos 593/Shutterstock

Todas as gotas de água refratam e refletem a luz da mesma forma. No entanto, apenas algumas cores resultantes desse processo são captadas pelos olhos do observador.

A luz branca do Sol atravessa as minúsculas gotas de água presentes na atmosfera, se dispersa e forma o arco-íris. Arco-íris sobre o Parque Nacional do Iguaçu (PR), 2016.

Absorção da luz

Quando um feixe de luz incide em uma superfície ou corpo, parte da luz pode sofrer reflexão, outra parte pode sofrer refração e outra parte, ainda, pode ser absorvida. A absorção do feixe de luz pode ocasionar um aumento da temperatura da superfície ou do corpo onde houve incidência da luz.

Uma explicação para isso é que, em todos os corpos, as partículas estão em constante movimento de vibração. Ao receber certa quantidade de energia da luz, elas passam a movimentar-se com maior rapidez, isto é, adquirem mais energia cinética. Quanto maior for a agitação das moléculas, maior será a temperatura.

Esse fenômeno ocorre com maior intensidade em corpos e objetos escuros expostos à luz. Isso acontece porque eles absorvem grande parte da energia luminosa, ocasionando o aumento da temperatura. Já os corpos e os objetos claros refletem difusamente grande parte da luz, havendo pouca absorção e, consequentemente, menor variação de temperatura. Por esse motivo, as roupas claras são mais indicadas no verão.

O único meio totalmente transparente à luz é o vácuo. Em outros meios, a reflexão, a refração e a absorção ocorrem simultaneamente, com maior ou menor intensidade.

Na superfície tranquila de um lago é possível observar que ocorrem simultaneamente a reflexão, a refração e a absorção da radiação luminosa. Lago Mirror, Califórnia, Estados Unidos, 2015.

Robert Harding/Masterfile/Latinstock

Tiago Donizete Leme/Arquivo da editora

Quando expostas ao sol, as roupas escuras absorvem mais energia luminosa do que as roupas claras, aumentando a sensação de calor.

EM PRATOS LIMPOS

Como distinguimos as cores e as formas?

Se tivermos um feixe de luz cilíndrico incidindo em uma superfície irregular, os raios refletidos serão espalhados em todas as direções, ou seja, ocorre reflexão difusa. A maioria dos objetos absorve parte da luz incidente e reflete o restante de maneira difusa. É isso que nos permite vê-los da mesma maneira em qualquer posição e determinar suas cores a partir da luz refletida.

A reflexão regular e a difusa, a refração, a dispersão e a absorção são responsáveis pelos diferentes fenômenos que ocorrem e que observamos, desde os diferentes tons de cores, o céu azul, as nuvens, as palavras em uma lousa, as imagens no cinema, até este texto.

Bettmann/Getty Images

O cientista Albert Einstein escrevendo em um quadro de giz. O que nos faz enxergar as palavras e as imagens são os fenômenos de absorção e reflexão da luz.

As cores

Três fatores definem a percepção das cores: a fonte de luz, a maneira como a luz sensibiliza nossos olhos e a coloração dos corpos.

Todas as cores que podemos enxergar são compostas a partir de três cores chamadas **cores primárias**.

Tiago Donizete Leme/Arquivo da editora

Cores subtrativas
- amarelo
- ciano
- magenta

A partir do amarelo, do ciano e do magenta é possível compor todas as pigmentações.

As cores primárias

Quando se fala em cores primárias, deve-se fazer uma diferenciação entre cor de objetos (pigmentação) e cor de luz.

Para os objetos, as cores primárias são o ciano, o magenta e o amarelo, formando a chamada **tríade subtrativa**. É também chamada de sistema **CMYK**, do inglês ***C**yan*, ***M**agenta*, ***Y**ellow*, *blac**K*** (que significam ciano, magenta, amarelo e preto, respectivamente). A partir dessas três cores é possível obter todas as demais. Quando misturamos tintas, usamos a tríade subtrativa. As impressoras de jato de tinta coloridas utilizam esse sistema na impressão de fotos e imagens coloridas.

Já as cores primárias da luz correspondem a três regiões básicas do espectro visível: o vermelho, o verde e o azul. Essas cores formam a **tríade aditiva**, também chamada de sistema **RGB**, do inglês ***R**ed*, ***G**reen* e ***B**lue* (que significam vermelho, verde e azul, respectivamente). Misturando-se essas três luzes em diferentes proporções é possível compor qualquer cor de luz, inclusive o branco.

Os monitores de computador e os aparelhos de televisão utilizam esse sistema na geração de imagens coloridas. Como a luz branca é formada por todas as cores-luz, é possível, a partir dela, obter qualquer outra cor de luz.

As luzes secundárias são obtidas a partir da adição de duas luzes primárias.

Luz **vermelha** + Luz **verde** = Luz **amarela**

Luz **vermelha** + Luz **azul** = Luz **magenta**

Luz **verde** + Luz **azul** = Luz **ciano**

Tiago Donizete Leme/Arquivo da editora

Cores aditivas
- vermelho
- verde
- azul
- branco

A partir das luzes vermelha, verde e azul é possível obter todas as cores de luz.

Matéria e Energia

UM POUCO MAIS

Ilusão de óptica

Observe a ilustração da bandeira do Brasil a seguir:

Banco de imagens/Arquivo da editora

Você deve estar imaginando que esta não é a bandeira do Brasil, é uma bandeira "falsa", não é mesmo?

Fixe seus olhos novamente na bandeira (bem no centro dela) por cerca de 15 segundos e depois olhe para uma folha em branco. Desta vez você viu a bandeira com as cores corretas?

Esse efeito, chamado de ilusão de óptica, ocorre porque os elementos sensíveis à luz presentes na retina do olho humano ficam **saturados** pelas cores das luzes refletidas pela bandeira "falsa"; quando olhamos para a superfície branca, essas cores não são mais observadas, e a percepção de cores que teremos será, justamente, das luzes inversas às da bandeira "falsa", ou seja, o verde (inverso do magenta), o amarelo (inverso do azul), o azul (inverso do amarelo) e o branco (inverso do preto).

Saturado: impregnado de algo no seu mais alto grau.

UM POUCO MAIS

O negativo de uma fotografia

Na época em que as máquinas fotográficas não eram digitais, as imagens eram gravadas em um filme com uma solução sensível à luz.

A imagem no filme tinha o aspecto de cor invertida como a que você viu na bandeira do Brasil, daí o nome negativo dado ao filme. Após a revelação, processo que transformava a imagem do filme em fotografia, era possível obter a imagem com as cores reais do que fora fotografado.

Sofia Zhuravetc/Shutterstock

Sofia Zhuravetc/Shutterstock

Do lado esquerdo temos a fotografia. Do lado direito, temos o negativo da fotografia. Se você fixar seus olhos por cerca de 15 segundos no negativo da foto e, em seguida, olhar para uma superfície branca, verá a fotografia como ela é, devido à ilusão de óptica causada.

As cores que vemos

A cor de um objeto iluminado é definida pela cor da luz que ele reflete de forma difusa.

Ao incidir luz branca (constituída por todas as cores) sobre um corpo, ele será visto como branco se todas as cores forem refletidas, e como preto se nenhuma luz for refletida.

Se um corpo é visto como verde, significa que ele reflete difusamente a luz verde e absorve todas as outras quando iluminado por luz branca. Se esse mesmo corpo estivesse em um local iluminado apenas por luz vermelha, ele seria visto como preto, porque a luz vermelha seria absorvida pelo "corpo verde", não sendo refletida por ele.

Tiago Donizete Leme/Arquivo da editora

Camiseta com **pigmentação pura** verde e vermelha iluminada com luz branca.

Camiseta com pigmentação pura verde e vermelha iluminada com **luz monocromática** azul.

Camiseta com pigmentação pura verde e vermelha iluminada com luz monocromática verde.

Pigmentação pura: coloração que proporciona a reflexão da luz de apenas uma cor.

Luz monocromática: luz de uma única cor.

É comum vermos objetos com uma cor diferente das que compõem o espectro visível, como a cor marrom. Esses objetos têm a propriedade de refletir mais de uma cor, fazendo com que nossos olhos percebam uma mistura das cores refletidas.

NESTE CAPÍTULO VOCÊ ESTUDOU

Marcos Amend/Pulsar Imagens

- A natureza da luz.
- A faixa de luz visível no espectro eletromagnético.
- Fontes de luz primária e secundária.
- Feixes de luz em cônicos convergentes, cônicos divergentes e cilíndricos.
- Os meios: transparente, translúcido e opaco.
- Os três princípios básicos da Óptica geométrica.
- Sombra e penumbra.
- Reflexão regular da luz, difusão da luz e refração da luz.
- Absorção da luz.
- As cores.

ATIVIDADES

PENSE E RESOLVA

1 Qual dos objetos pode ser visto em um ambiente perfeitamente escurecido?

a) Um espelho.

b) O resistor de uma torradeira elétrica ligada.

c) Uma camiseta branca.

d) O olho de um gato.

e) Um prisma de vidro.

2 Considere as situações descritas a seguir.

I. Se Priscila enxerga Rafael por meio de um espelho plano, Rafael, olhando para o mesmo espelho, também consegue ver Priscila.

II. Em uma sala inicialmente escura, se uma pessoa aproximar uma das mãos de uma vela acesa, pode-se observar a formação da sombra da mão em uma parede.

III. Durante a apresentação de alguns *shows*, os holofotes produzem feixes de luz que, mesmo após o cruzamento entre eles, não mudam as respectivas colorações.

Associe cada situação acima com os princípios da Óptica geométrica:

( ) Propagação retilínea da luz.

( ) Independência dos raios de luz.

( ) Reversibilidade da luz.

3 Com base nos conceitos da Óptica geométrica, responda:

a) Durante um eclipse, o Sol se comporta como fonte luminosa puntiforme ou extensa?

b) O que significa eclipse total do Sol e em qual região ele pode ser observado?

c) O que significa eclipse parcial do Sol e em qual região ele pode ser observado?

4 A luz proveniente do Sol atinge o fundo de uma piscina com água cristalina permitindo a visão perfeita de uma moeda no seu interior. Nessa situação:

a) A água é um meio transparente, translucido ou opaco? Justifique.

b) Os feixes luminosos que passam do ar para a água e da água para o ar sofrem reflexão especular, reflexão difusa ou refração? Justifique.

5 Identifique nos casos abaixo os fenômenos ópticos predominantes:

a) Uma pessoa observando uma parede branca.

b) Pessoa se vendo no espelho.

c) Um gato observando um peixe no interior de um aquário.

d) A luz que incide no asfalto em um dia ensolarado.

6 Um rapaz usa uma camisa listrada com faixas intercaladas pelas cores azul, branca e verde. Ele entra em um recinto fotográfico onde a iluminação é feita unicamente por luz monocromática vermelha. Considerando que as faixas azuis e verdes fossem constituídas por pigmentos puros, como seria vista a camisa nesse recinto?

SÍNTESE

Considere a bandeira do estado da Paraíba pintada com pigmentos puros e iluminada com luz branca:

Tiago Donizete Leme/Arquivo da editora

a) As cores que vemos estão relacionadas a qual(is) fenômeno(s) óptico(s)?

b) Se a bandeira é iluminada com luz branca, por que vemos parte da bandeira em vermelho, parte em preto e a inscrição "NEGO" em branco?

c) Se a bandeira fosse iluminada com luz monocromática verde, como seriam vistas a parte preta, a parte vermelha e a inscrição "NEGO"?

DESAFIO

A luz solar é constituída pelo espectro visível da luz, ou seja, é composta das sete cores do arco-íris: vermelho, laranja, amarelo, verde, azul, anil e violeta.

Estando normalmente expostas à luz solar, as plantas recebem todos os tipos de cores de luz. No entanto, a clorofila somente consegue absorver energia de algumas cores de luz.

Considere uma situação em que um feixe de luz solar atravessa um prisma de vidro, dispersando-se em diversas cores conforme a situação a seguir:

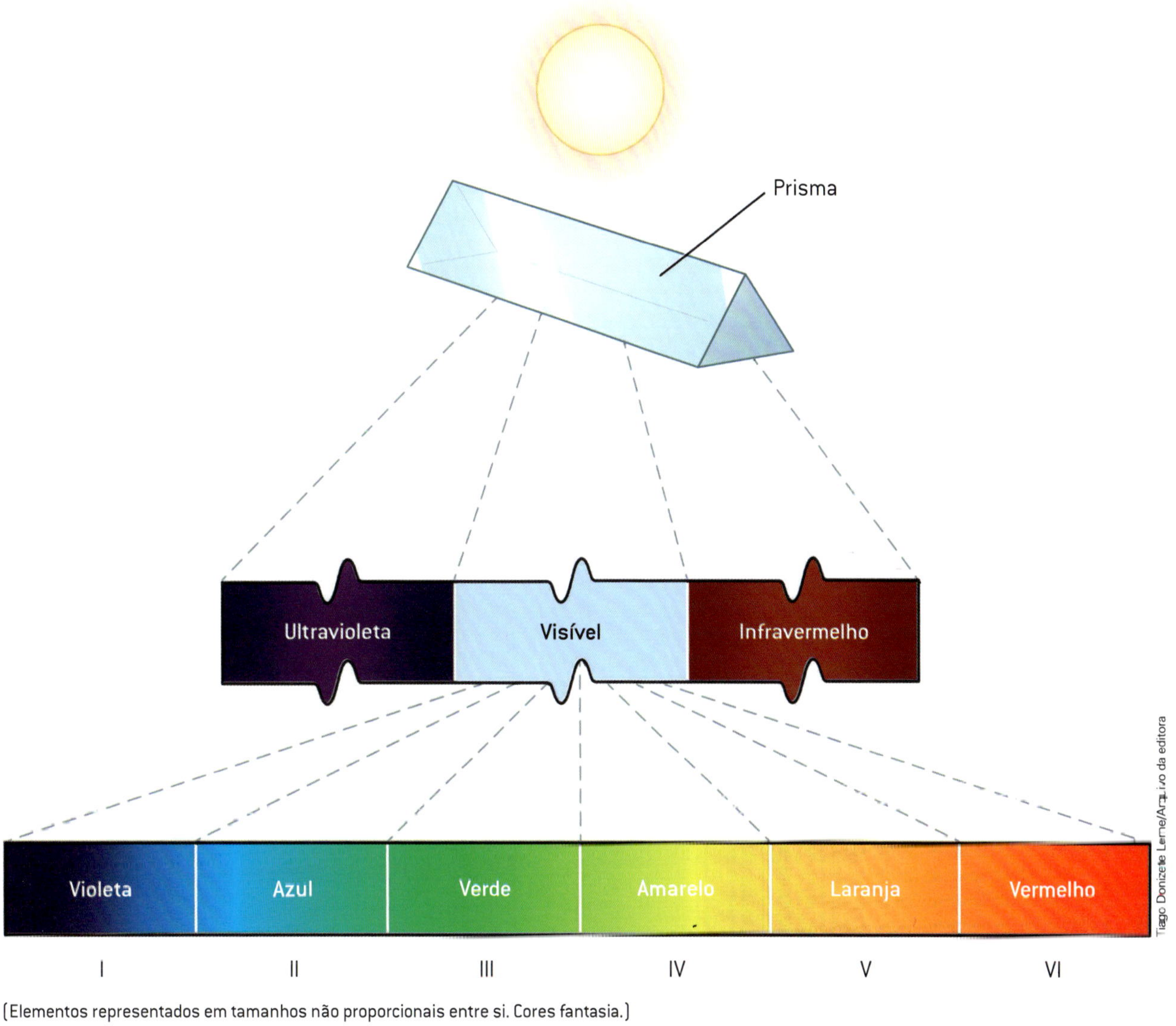

(Elementos representados em tamanhos não proporcionais entre si. Cores fantasia.)

Em cada uma das regiões de I a VI foram colocadas plantas iguais, que eram iluminadas apenas com a luz proveniente da dispersão da luz solar que ocorria no prisma.

Responda:

a) As cores de luz não serão igualmente aproveitadas pelas plantas. Com base nos conceitos que você estudou neste capítulo, justifique por que isso ocorre.

b) É possível afirmar que em uma das regiões a planta praticamente não se desenvolverá? Que região é essa? Justifique.

PRÁTICA

Investigando as cores

Objetivos

Investigar a composição de cores de luz a partir das cores primárias e verificar as cores dos corpos expostos a diferentes cores de luz.

Material

- 1 lâmpada branca de 3 W a 5 W
- 1 lâmpada vermelha de 3 W a 5 W
- 1 lâmpada verde de 3 W a 5 W
- 1 lâmpada azul de 3 W a 5 W
- 4 bocais (soquetes) para as lâmpadas
- 4 interruptores de luz de abajur (externo)
- 4 plugues de tomada
- 4 m de fio paralelo (2 x 1 mm^2) para ligar as lâmpadas
- Fita isolante
- Fita-crepe ou fita adesiva
- Papel-cartão nas cores branca, vermelha, verde, amarela e preta
- Papel *kraft*
- Ferramentas para confeccionar os canhões de luz (alicate universal, chave de fenda ou Phillips)

Procedimento

Montagem dos canhões de luz

1. Corte o fio em 4 pedaços de 1 m, um para cada canhão de luz.
2. Descasque uma das extremidades dos fios do bocal e uma das extremidades do fio paralelo para ligá-los ao interruptor.

Fotos: Sergio Dotta Jr./Arquivo da editora

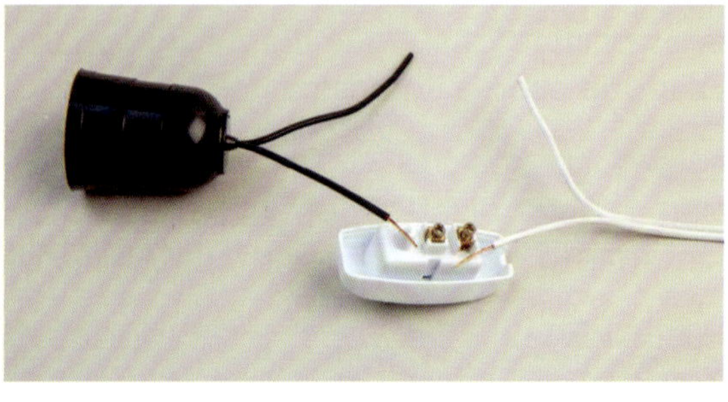

3. Descasque a outra extremidade dos fios do bocal e do fio paralelo e emende-os. Utilize a fita isolante como isolador.

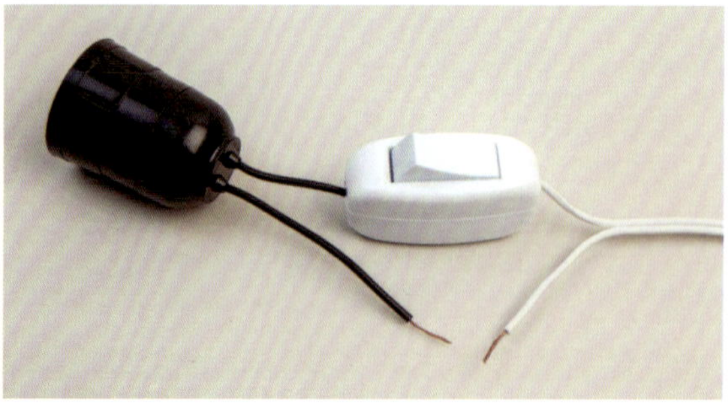

4. Descasque as outras extremidades do fio paralelo e ligue-as ao plugue de tomada.

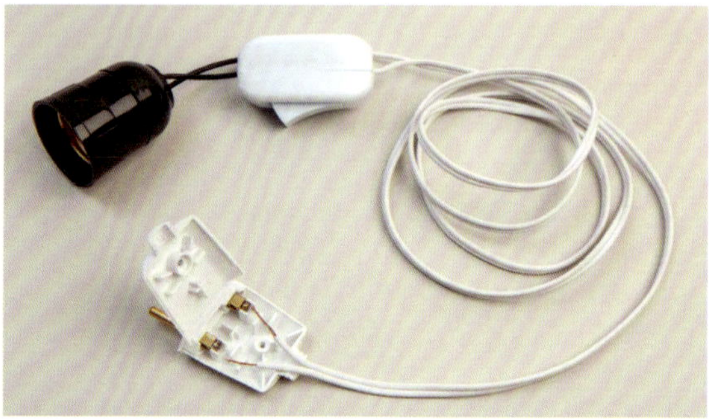

5. Encaixe a lâmpada no bocal.

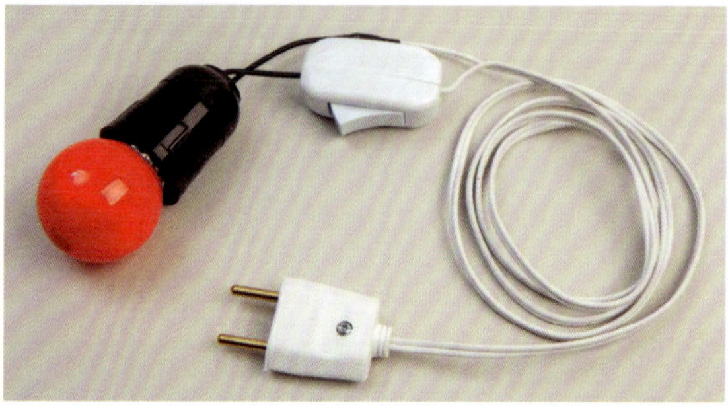

6. Corte um pedaço de papel *kraft* e enrole-o de forma a criar um canudo para ser encaixado na lâmpada. Repita o procedimento com as demais lâmpadas.

Discussão final

Investigando a cor da luz

1. Fixe uma folha de papel branco na parede.
2. Em um ambiente totalmente escurecido, acenda simultaneamente o canhão vermelho e o canhão verde, projetando sua luz sobre a folha de papel branco, de modo que uma luz intersecciona a outra na parte central. Qual a cor observada na intersecção das duas cores?

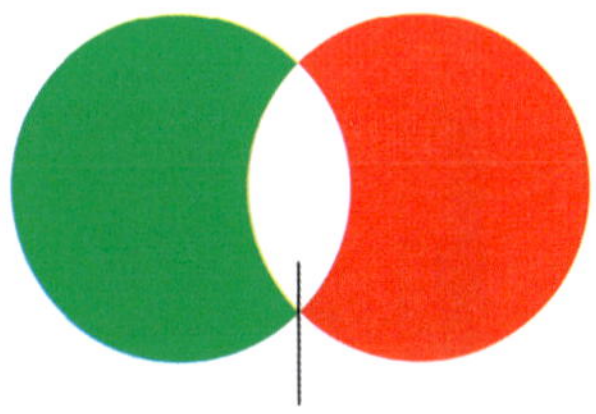

Tiago Donizete Leme/Arquivo da editora

____

3. Repita o procedimento, acendendo simultaneamente o canhão verde e o canhão azul. Qual a cor observada na intersecção das duas cores?

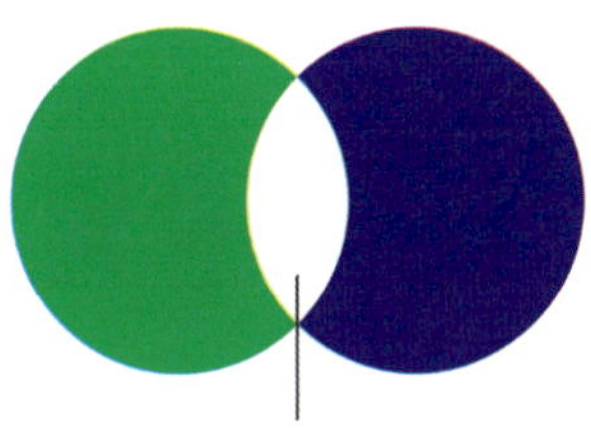

Tiago Donizete Leme/Arquivo da editora

____

4. Acenda simultaneamente o canhão vermelho e o canhão azul. Qual a cor observada na intersecção das duas cores?

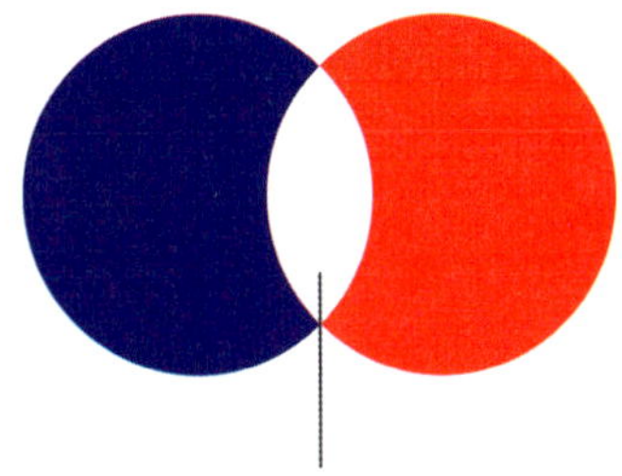

Tiago Donizete Leme/Arquivo da editora

____

5. Acenda simultaneamente os três canhões de luz. Qual a cor observada na intersecção das três cores?

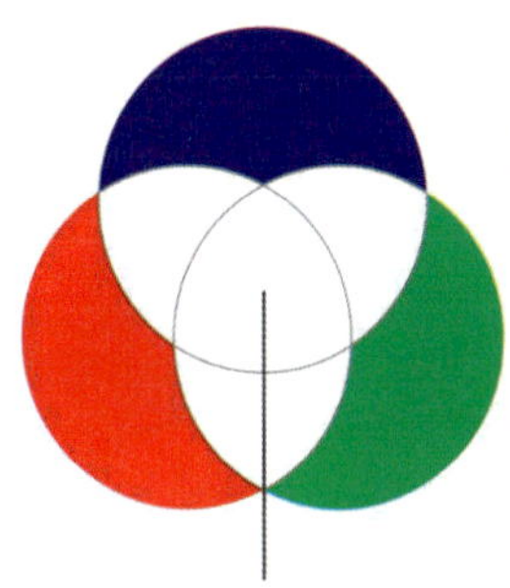

Tiago Donizete Leme/Arquivo da editora

____

Investigando a cor dos objetos

6. Fixe na parede um pedaço de papel-cartão de cada uma das cores (branco, vermelho, verde, amarelo e preto).
7. Em um ambiente totalmente escurecido, acenda um canhão de luz de cada vez e observe as cores dos papéis-cartão. Preencha o quadro com as cores observadas nos cartões.

	Cartão branco	Cartão vermelho	Cartão verde	Cartão amarelo	Cartão preto
Luz branca					
Luz vermelha					
Luz verde					
Luz azul					

Capítulo 11

Ondulatória

Veetmano/FotoArena

Pessoas assistindo ao jogo de futebol entre a seleção brasileira e a seleção da Croácia na Copa do Mundo de 2014. Telão montado no Recife (PE).

A Copa do Mundo de Futebol é um dos maiores eventos esportivos. Ela ocorre a cada quatro anos e mobiliza várias pessoas ao redor do mundo. O futebol faz parte da cultura brasileira e, durante os jogos do Brasil, a maioria das pessoas fica atenta à partida e torcendo pelo bom desempenho da nossa seleção.

No entanto, nem todos os torcedores podem comparecer aos estádios de futebol, mas há como acompanhar o jogo por meio de transmissões ao vivo. Como é possível acontecer essa transmissão? Como o som da torcida que está no estádio de futebol chega quase que instantaneamente até nossa casa? Como essas imagens são transmitidas?

Neste capítulo estudaremos alguns aspectos dos mecanismos que envolvem a transmissão e a recepção de imagens e de sons, e assim poderemos responder a essas e a outras perguntas.

› Ondas

Aparelhos de TV e de rádio, radares, antenas, satélites, celulares, instrumentos musicais e aparelhos de som têm uma característica em comum: todos eles se utilizam de ondas para o seu funcionamento. Porém, as ondas associadas a um elemento de comunicação podem não ter as mesmas características das ondas associadas a outro elemento de comunicação. Por exemplo, as ondas de um sonar diferem das ondas transmitidas via satélite.

Para entender melhor essas diferenças, vamos estudar o que são as ondas e suas propriedades.

Se alguém segurar uma corda esticada, presa em uma extremidade, e depois movimentar a mão, provocando um pequeno abalo na extremidade solta da corda, o abalo se propagará ao longo dela. Esse abalo é denominado **pulso de onda**.

Se agora essa pessoa provocar diversos abalos repetidos, em tempos iguais, acabará produzindo uma **onda periódica**. O som e a luz são exemplos de ondas periódicas.

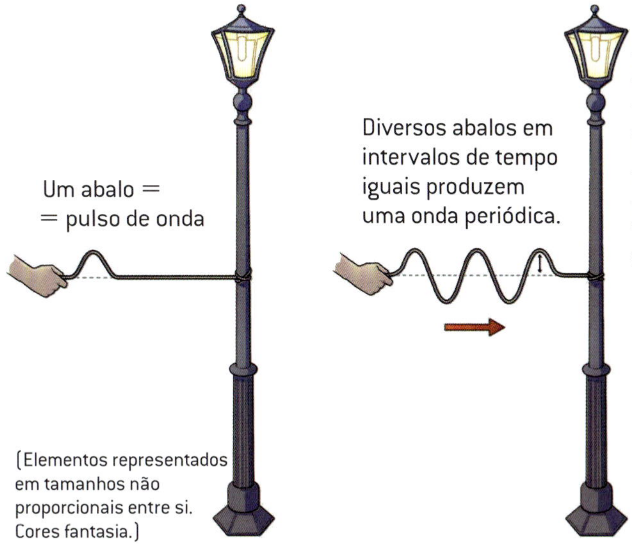

Imagine uma piscina com a superfície da água tranquila na qual cai uma pequena bola de gude. A queda da bolinha provoca na água uma perturbação, ou seja, ela transmite energia para as partículas da água (acompanhe na fotografia abaixo). Essa energia é transportada pelas ondas que se formam, fazendo com que uma flor que flutua na superfície da água oscile para cima e para baixo. A flor não se desloca na horizontal; somente na vertical. Esse fato é explicado pela propriedade fundamental das ondas; que é o transporte de energia sem transporte de matéria.

Yukimasa Hirota/amanaimages/Corbis/Getty Images

A perturbação na água não desloca a flor na horizontal.

Matéria e Energia

Fazendo uma analogia, podemos comparar esse movimento a uma *ola* no campo de futebol: cada torcedor se levanta com seus braços erguidos e abaixa por um instante, enquanto o seguinte repete o mesmo gesto, e assim sucessivamente, dando a impressão do movimento de uma grande onda que se forma. Nenhum dos torcedores, porém, sai de seu lugar.

A onda é uma **perturbação** que se propaga e que envolve transporte de energia **sem transporte de matéria**.

Marco Iacobucci EPP/Shutterstock

Torcida fazendo a *ola* na partida entre Dinamarca e França na Copa do Mundo da Rússia, em 2018.

Elementos de uma onda periódica

Observe a figura que representa uma onda periódica:

Ilustrações: Dawidson França/Arquivo da editora

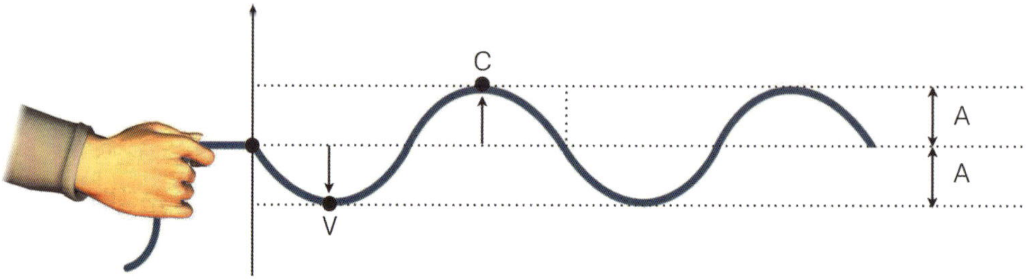

(Elementos representados em tamanhos não proporcionais entre si. Cores fantasia.)

A intensidade da perturbação é medida por sua **amplitude**, representada por **A** na figura.

Na figura também é possível identificar dois pontos, **C** e **V**, que representam a **crista** e o **vale** da onda, respectivamente.

Como os pulsos (oscilações) se repetem, é possível definir a medida do comprimento de uma oscilação, que é uma informação importante para o estudo da onda. Essa medida é chamada **comprimento de onda** e é representada pela letra grega lambda (λ).

Amplitude: altura da onda contada a partir do seu ponto médio.

Crista: é o ponto mais alto de uma onda.

Vale: é o ponto mais baixo de uma onda.

No SI, a unidade usada para medir comprimento de onda é o metro.

O comprimento de uma onda é a distância percorrida por ela durante uma oscilação. Em outras palavras, é a distância entre dois pontos **consecutivos** e correspondentes, como a distância entre duas cristas consecutivas, ou ainda entre dois vales consecutivos.

Consecutivo: que se segue, um após o outro.

Período (T): corresponde ao intervalo de tempo gasto na propagação de um comprimento de onda.

Banco de imagens/Aqruivo da editora

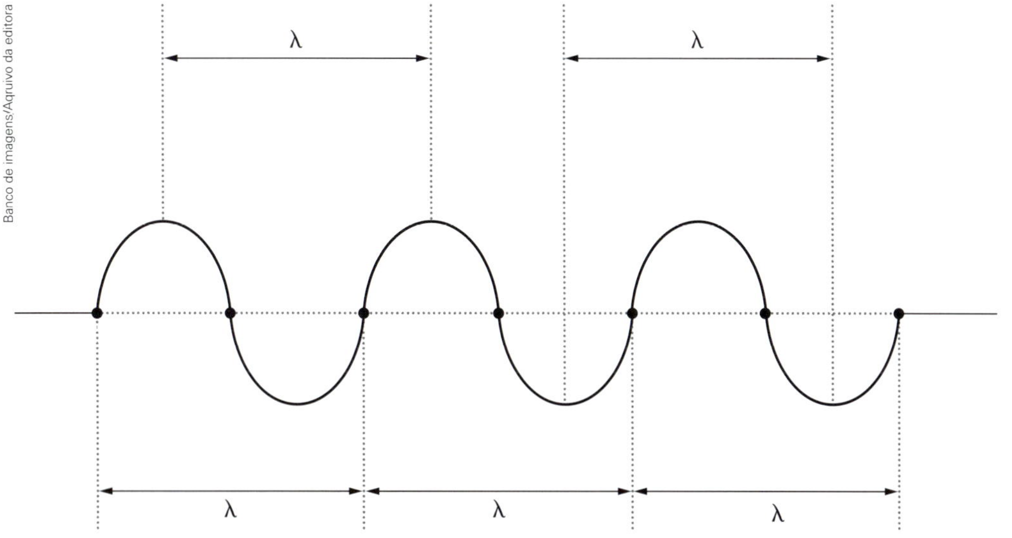

Um elemento que pode ser associado ao comprimento de onda é o **período (T)**.

Banco de imagens/Aqruivo da editora

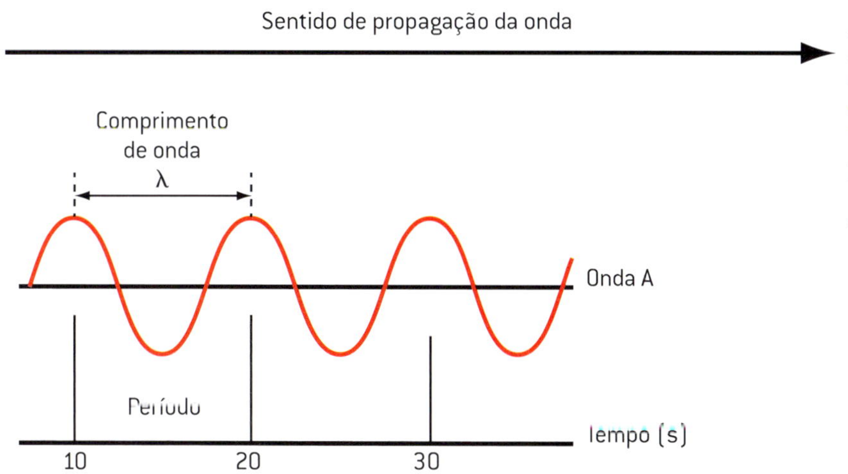

Na onda representada nessa ilustração, o período (T), intervalo de tempo de apenas uma oscilação, é 10 s e pode ser determinado pelo intervalo de tempo entre duas cristas ou dois vales consecutivos.

Com base na ilustração anterior, podemos determinar outro elemento das ondas. Imagine que ela represente uma onda se propagando na água e que, em determinado ponto, tivéssemos colocado uma boia sobre a água.

A cada 10 segundos (1 período), essa boia desceria e subiria até atingir determinado ponto, o que corresponde a uma onda completa; a cada 10 segundos passa uma crista por esse ponto. Como o período dessa onda é de 10 segundos, conclui-se que o número de ondas completas ou o número de cristas que passam nesse ponto no intervalo de tempo de 1 minuto (60 segundos) é igual a 6.

Frequência (f): número de oscilações completas que passam por um ponto em um intervalo de tempo.

O número de ondas completas (ou cristas, ou ainda vales) que passam por um ponto em um determinado intervalo de tempo é chamado **frequência (f)**.

$$f = \frac{n}{\Delta t}$$

Em que:
f: frequência
n: número de oscilações (pulsos)
Δt: intervalo de tempo
Utilizaremos neste cálculo as unidades do SI:
Intervalo de tempo: s
Unidade de frequência: hertz (Hz)
1 Hz equivale a 1 oscilação por segundo.

O hertz (Hz) é a unidade de frequência do SI, embora, muitas vezes, seus múltiplos sejam mais usados que ele. Veja alguns exemplos e suas relações com o Hz:

- quilohertz: kHz = 1000 Hz ou 10^3 Hz
- megahertz: MHz = 1000 000 Hz ou 10^6 Hz
- gigahertz: GHz = 1000 000 000 Hz ou 10^9 Hz

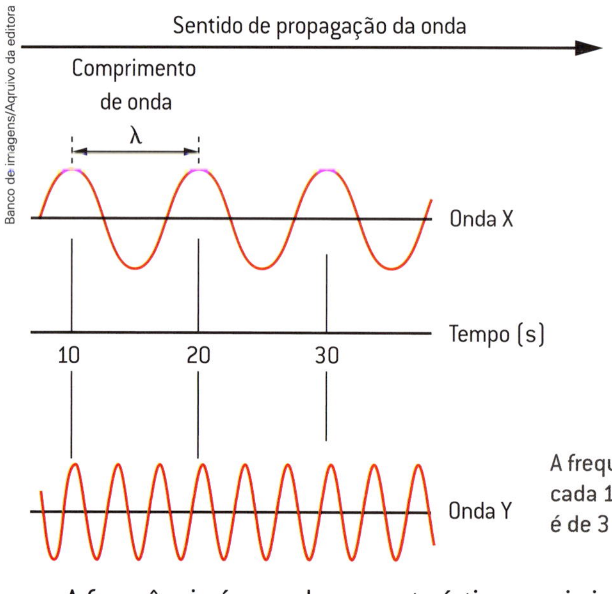

A frequência da onda X é de 1 oscilação a cada 10 segundos e a frequência da onda Y é de 3 oscilações a cada 10 segundos.

A frequência é uma das características mais importantes das ondas. É a partir da frequência que se determina o espectro de ondas sonoras e eletromagnéticas.

A relação entre o período (T) e a frequência (f) pode ser determinada a partir da definição do próprio período, ou seja, em uma oscilação ($n = 1$), o intervalo de tempo é de 1 período ($\Delta t = T$). Assim:

$$f = \frac{n}{\Delta t} = \frac{1}{T}$$

As grandezas período e frequência são chamadas de **grandezas periódicas**.

Velocidade de propagação de uma onda

A velocidade de um objeto é a relação entre o deslocamento e o intervalo de tempo gasto para realizá-lo. Para determinarmos a velocidade de uma onda, iremos utilizar uma relação semelhante.

Considerando que o comprimento de onda (λ) corresponde ao deslocamento e que o período (T) corresponde ao intervalo de tempo gasto para realizá-lo, temos:

$$v = \frac{\lambda}{T}$$

Como o período (T) é o inverso da frequência (f), a equação para se determinar a velocidade de uma onda pode ser expressa por:

$$v = \lambda \cdot f$$

Utilizaremos neste cálculo as unidades do SI:
Período (T): s
Frequência (f): Hz
Comprimento de onda (λ): m
Velocidade: m/s

Agora vamos colocar em prática o uso dessas equações.

Vamos calcular a frequência de uma onda sonora emitida pela sirene de uma ambulância, com comprimento de onda de 0,34 metro (m), considerando que a velocidade do som no ar é igual a 340 m/s.

$v = 340$ m/s; $\lambda = 0{,}34$ m; $f = ?$

$$v = \lambda \cdot f \Rightarrow 340\,\frac{m}{s} = 0{,}34\,m \cdot f$$

$$f = \frac{340\,\frac{m}{s}}{0{,}034\,m} \Rightarrow f = \frac{1\,000}{s}$$

Esse valor de frequência significa que essa onda oscila 1 000 vezes por segundo, ou seja, 1 000 Hz.

Natureza das ondas periódicas

De acordo com sua natureza, as ondas podem ser mecânicas ou eletromagnéticas.

- **Mecânicas:** necessitam de um meio material (sólido, líquido ou gasoso) para a sua propagação. Como a energia da onda que se propaga é do tipo mecânica (potencial e cinética), evidentemente essas ondas não podem ser geradas no vácuo. Por isso, não ouvimos o som provocado pelo toque de um despertador colocado dentro de uma campânula de vidro de onde foi retirado o ar (vácuo). Exemplos de ondas mecânicas são as ondas sonoras, as ondas na água, as ondas em uma mola ou em uma corda.

mimagephotography/Shutterstock

O som precisa de um meio material para se propagar.

- **Eletromagnéticas:** derivam das variações em campos elétricos e magnéticos e não necessitam, obrigatoriamente, da presença de um meio material para se propagar. Essas ondas podem se propagar no vácuo (ausência de matéria) com velocidade de 300 000 km/s ($3 \cdot 10^8$ m/s), e nos meios materiais transparentes a elas, porém com velocidade menor. Alguns exemplos de ondas eletromagnéticas são as ondas luminosas (luz), radiações solares, raios X, ondas de rádios e televisão, raios ultravioleta e infravermelho, micro-ondas, *laser*, ondas de radares, ondas de celulares, etc.

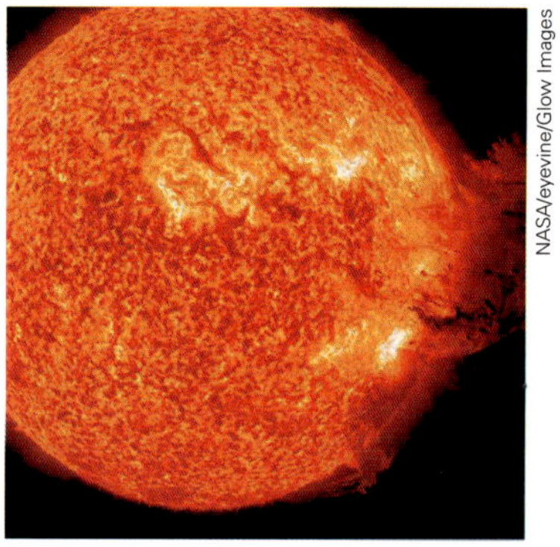

NASA/eyevine/Glow Images

A luz e as radiações solares atravessam um grande espaço vazio (vácuo) até chegar à Terra e aos demais planetas do Sistema Solar.

Ondas sonoras

Quando, por exemplo, um violonista dedilha as cordas de seu violão, estas oscilam para cima e para baixo, “empurrando” e “puxando” o ar alternadamente. Esse movimento provoca compressões e expansões no ar em contato com as cordas, gerando ondas mecânicas que se propagam em todas as direções. Essas ondas são chamadas **ondas sonoras**.

Ao atingir nossas orelhas, as ondas sonoras que estão na faixa de frequência de 20 Hz a 20 000 Hz fazem a membrana timpânica (tímpano) da orelha interna vibrar. A essa sensação auditiva se dá o nome de **som**. Assim, o ser humano é capaz de ouvir ondas sonoras que estão nesse intervalo de frequência.

	Animal	Intervalo de frequência audível
	Ser humano	20 Hz – 20 000 Hz
	Gato doméstico	100 Hz – 32 000 Hz
	Cachorro	40 Hz – 46 000 Hz
	Elefante africano	16 Hz – 12 000 Hz
	Morcego	1 000 Hz – 150 000 Hz
	Roedor	70 Hz – 150 000 Hz

Ilustrações: Tiago Donizete Leme/Arquivo da editora

Além do ser humano, vários outros animais conseguem captar os sons. Alguns deles têm sensibilidade auditiva muito melhor que a do ser humano. Veja ao lado uma comparação entre as frequências captadas por diferentes animais.

Ondas sonoras com frequências abaixo de 20 Hz são chamadas **infrassom** e seu estudo é importante, por exemplo, na avaliação de terremotos e abalos sísmicos em geral. Ondas sonoras com frequências superiores a 20 000 Hz são chamadas **ultrassom** e apresentam várias aplicações na área de medicina e saúde.

A tabela representa o espectro das ondas sonoras, ou seja, o conjunto de frequências de ondas do ser humano e de alguns animais.

Fonte dos dados: Universidade de Calgary. Disponível em: <https://www.ucalgary.ca/pip369/mod6/perceiving/mapping> (acesso em: 12 nov. 2018).

(Elementos representados em tamanhos não proporcionais entre si. Cores fantasia.)

UM POUCO MAIS

Ultrassonografia

A ultrassonografia ou ecografia é um exame de imagem utilizado com um aparelho que emite e capta ondas sonoras de alta frequência (ultrassom).

A partir da reflexão (eco) da onda emitida aos órgãos da pessoa, um computador transforma os sinais sonoros em imagens em tons de cinza em 2D e em 3D. Nessas imagens é possível verificar com precisão a composição de órgãos e tecidos moles, seus aspectos e as eventuais alterações em sua estrutura, lesões e presença de líquidos.

Amplamente utilizada no acompanhamento pré-natal por não ser invasiva e não provocar efeitos colaterais, a ultrassonografia também é utilizada na investigação e como primeira avaliação de órgãos internos como fígado, pâncreas, vesícula, rins e outros.

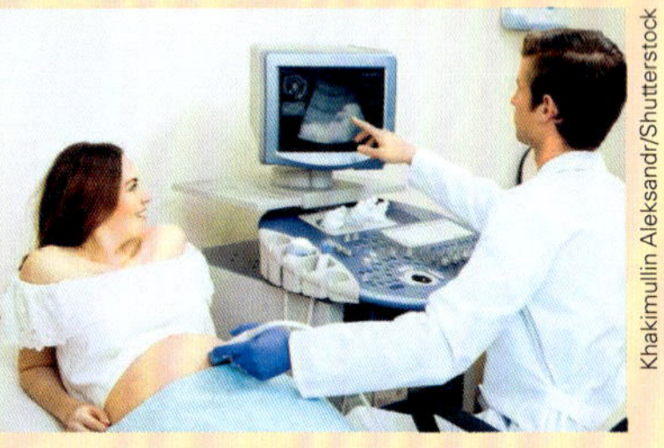

Khakimullin Aleksandr/Shutterstock

A ultrassonografia é muito utilizada em gestantes para acompanhar o desenvolvimento do bebê.

As fontes sonoras, ou instrumentos que produzem som, podem ser de cordas (violão, violino, baixo, harpa, etc.), de membranas vibrantes (tambor, bumbo, surdo, prato, entre outros) e de colunas de ar (clarinete, órgão, saxofone, etc.).

A principal fonte sonora do ser humano são as **pregas vocais** (popularmente conhecidas como cordas vocais), estruturas músculo-membranosas localizadas na laringe, que vibram com a passagem do ar que sai dos pulmões.

A velocidade do som

Por ser uma onda mecânica, o som necessita de um meio material para a sua propagação. Geralmente ouvimos os sons que se propagam no ar, mas eles também podem se propagar em sólidos e líquidos. Comparativamente, sua propagação é melhor nos sólidos, porque as partículas estão mais próximas umas das outras.

Comparada à velocidade de propagação de uma onda eletromagnética, a velocidade do som é muito pequena. Ela depende das características do meio no qual a onda se propaga; dentre elas, a densidade e a temperatura. Observe a tabela abaixo.

Meio	Temperatura	Velocidade do som
Ar	0 °C	331 m/s
Ar	20 °C	343 m/s
Água	25 °C	1 493 m/s
Alumínio	25 °C	5 100 m/s
Vidro	25 °C	5 640 m/s
Ferro	25 °C	5 130 m/s

Fonte: Departamento de Física e Astronomia da Universidade Georgia State, Estados Unidos. Disponível em: <http://hyperphysics.phy-astr.gsu.edu/hbase/tables/soundv.html#c1> (acesso em: 30 jul. 2018).

Matéria e Energia

Qualidades fisiológicas do som

Os seres humanos, em geral, têm a capacidade de distinguir o som por meio de três qualidades fisiológicas: altura, intensidade e timbre.

Vamos estudar a seguir essas qualidades.

Altura

Essa qualidade nos permite distinguir os sons graves e os sons agudos. A altura do som sempre dependerá da frequência da onda sonora.

O som grave apresenta menor frequência e, consequentemente, menor altura do que o som agudo.

Som grave $\Rightarrow$ menor frequência $\Rightarrow$ menor altura

Banco de imagens/Arquivo da editora

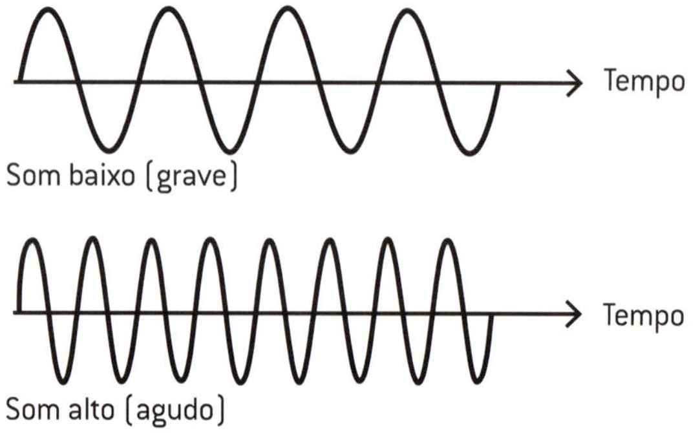

anchan/Shutterstock

As notas mais agudas de um violino têm frequência próxima a 2 000 Hz, e as notas mais graves de um piano têm frequência baixa, próxima a 100 Hz.

Intensidade

Essa propriedade nos permite distinguir um som forte (grande intensidade) de um som fraco (pequena intensidade). A intensidade está relacionada com a energia de vibração da fonte sonora e com a amplitude das ondas. Quanto maior é a energia que a onda transporta, maior é a intensidade do som que a nossa orelha percebe. Assim, quanto mais intenso é o som, maior será a amplitude de suas ondas e mais forte ele será. Um som fraco, portanto, é um som menos intenso e com ondas de menor amplitude.

O nível de intensidade sonora é medido em uma unidade chamada bel, em referência ao cientista escocês **Graham Bell** (1847-1922), considerado o inventor do telefone. Mas na prática são mais usados os submúltiplos do bel, como o decibel (1 decibel = 1dB = 0,1 bel).

Em rádios, aparelhos de som, televisores e celulares existe um controle de intensidade chamado **volume**. Mexendo com o volume, estamos alterando a intensidade do som.

Uma pessoa usando um megafone cria um som de muita intensidade. Já pessoas cochichando criam sons de baixa intensidade.

É preciso cuidado para não confundir som forte com som alto: um som **forte** é um som **intenso** (de grande amplitude), e um som **alto** é um som **agudo** (de alta frequência).

EM PRATOS LIMPOS

O som pode causar poluição?

Atualmente a poluição sonora é considerada um dos grandes problemas da vida moderna, principalmente para os habitantes das grandes cidades. São considerados poluição sonora ruídos capazes de produzir incômodo ou causar danos à saúde auditiva.

A diminuição e a perda da audição são as consequências mais comuns da exposição ao excesso de ruído. Segundo a Organização Mundial da Saúde (OMS), o limite tolerável da audição humana é de 65 dB. Ruídos acima de 85 dB podem causar comprometimento auditivo.

A tabela ao lado apresenta valores aproximados da intensidade do som emitido por algumas fontes sonoras.

Fonte: DERÍSIO, J. C. **Introdução ao Controle de Poluição Ambiental**. São Paulo: Cetesb, 1992. In: Veículos leves sobre trilhos.

Níveis sonoros de algumas fontes

Decibel (dB)	Fontes de ruído
140	limite da dor
130	
120	jato
110	concerto de *rock*
100	britadeira
90	pequenos caminhões
80	acelerando
70	via movimentada
60	barulho de escritório
50	escritório
40	privado
30	residencial
20	estúdio de rádio operando
10	cochichar
0	limite da audição

Banco de imagens/Arquivo da editora

Timbre

O ser humano é capaz de distinguir vários tipos de sons. Podemos diferenciar notas musicais específicas sendo tocadas por alguns tipos de instrumentos musicais, como o som do violão e do violino, do piano e do saxofone, ao tocarem a mesma nota musical. Um outro exemplo prático é quando conversamos com pessoas ao telefone e conseguimos identificá-las pela voz.

O timbre permite distinguir sons de mesma altura e mesma intensidade, ou seja, identificar as fontes sonoras. Isso é possível pois o timbre está associado à forma da onda emitida por uma fonte sonora. Cada fonte pode emitir um conjunto diferente de ondas, caracterizando os **timbres**.

Observe na imagem ao lado as formas das ondas associadas às suas fontes sonoras.

Cada fonte sonora apresenta um timbre.

(Elementos representados em tamanhos não proporcionais entre si. Cores fantasia.)

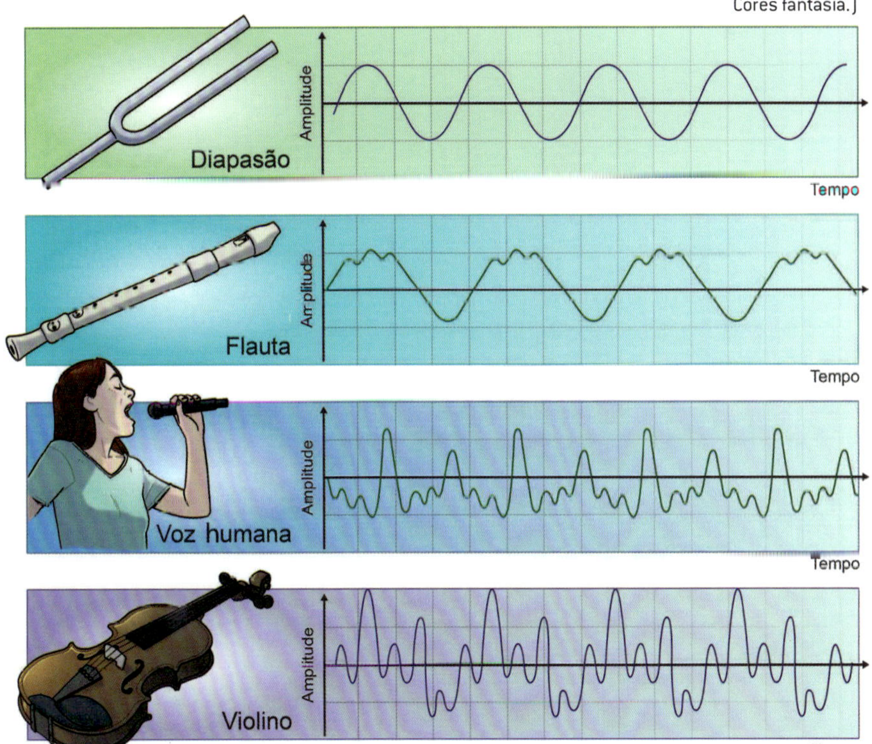

Tiago Donizete Leme/Arquivo da editora

Eco

O eco é um fenômeno físico caracterizado pela reflexão da onda sonora. Ao encontrar um obstáculo, a onda sonora é refletida, isto é, bate no obstáculo e volta.

Para que o eco seja percebido, dependendo da velocidade do som no ambiente, é necessária uma distância mínima entre a fonte sonora e o obstáculo para que a onda refletida seja ouvida com um atraso de, pelo menos, 0,1 s (um décimo de segundo). Caso contrário, a orelha não conseguirá distinguir os dois sons (onda original e onda refletida). Nessa situação, os dois sons consecutivos são identificados como um som contínuo, isto é, ouve-se apenas um som.

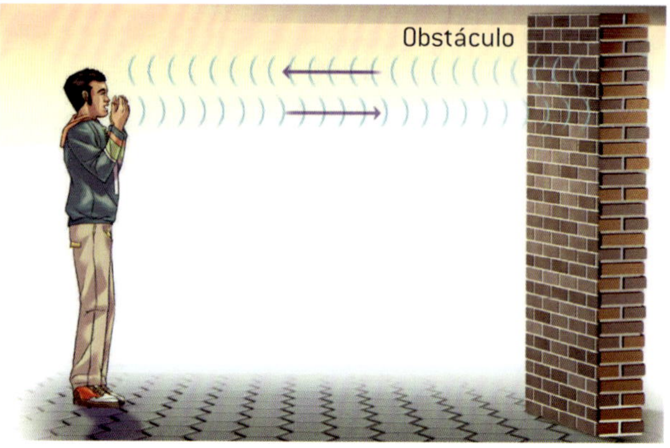

Estúdio Ampla Arena/Arquivo da editora

Vamos utilizar um exemplo prático a seguir para a demonstração de como podemos realizar o cálculo da distância da fonte sonora do obstáculo.

Ao ser emitido, o som bate em obstáculo (na figura, uma parede) e retorna em um intervalo de tempo de no mínimo 0,1 s, nesse caso, pode-se então distinguir os dois sons. Para isso, qual deve ser a distância mínima entre a fonte e o obstáculo?

Considerando a velocidade do som no ar de, aproximadamente, 340 m/s, tem-se:

$$1\ \text{s} - 340\ \text{m}$$
$$0{,}1\ \text{s} - x\ \text{m}$$
$$x = \frac{340\ \text{m} \cdot 0{,}1\ \text{s}}{1\ \text{s}} = 34\ \text{m}$$

Com essa velocidade, o som terá de se deslocar, no mínimo, 34 m, ou seja, 17 m para ir da fonte sonora até o obstáculo e mais 17 m para voltar.

Transmissão e recepção de som e imagem (áudio e vídeo)

No 8º ano você estudou em Eletromagnetismo que a energia mecânica pode ser transformada em energia elétrica. Esse mesmo processo é utilizado para transformar a energia associada ao som (energia sonora) em energia elétrica que estará associada a uma onda eletromagnética.

Podemos utilizar como exemplo as transmissões de rádio e TV ou quando utilizamos um telefone: para que a energia sonora seja transformada em energia elétrica é necessário a utilização de um microfone.

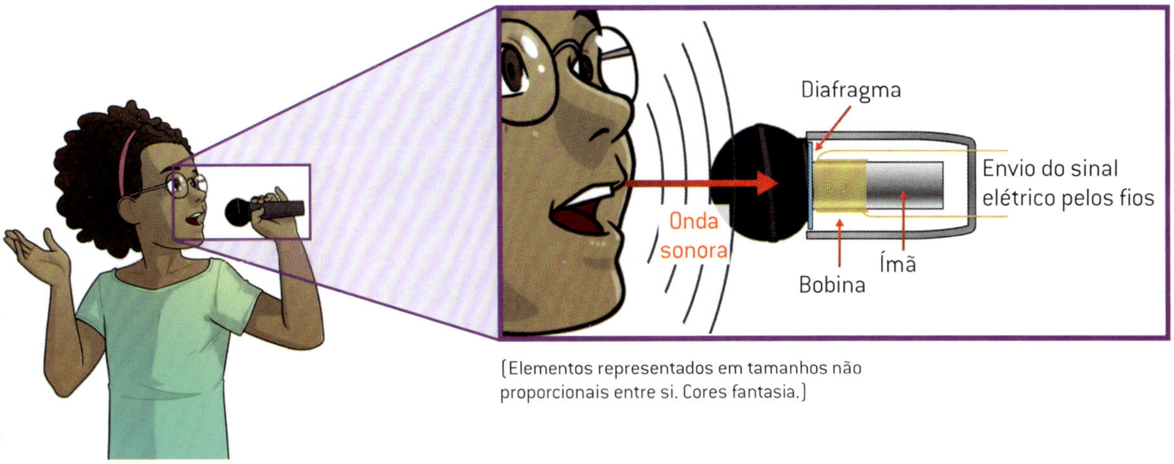

(Elementos representados em tamanhos não proporcionais entre si. Cores fantasia.)

Tiago Donizete Leme/Arquivo da editora

A energia sonora faz com que uma bobina presa a um diafragma (membrana elástica usada para provocar ou detectar e transmitir vibrações) se movimente no interior do campo magnético criado por um ímã, promovendo uma indução eletromagnética e, consequentemente, transformando a energia mecânica do movimento do diafragma em energia elétrica.

Devido à indução eletromagnética, a onda sonora que atinge o microfone é transformada em onda eletromagnética (sinais elétricos) de baixa frequência.

O rádio

Nas transmissões de rádio, as ondas de baixa frequência que saem do microfone interagem com ondas de alta frequência criadas por um oscilador que se encontra no transmissor (de rádio) da estação. Essas ondas são "combinadas", num processo chamado de **modulação**, de tal maneira que as ondas criadas pelo transmissor funcionem como um "transportador" da onda de baixa frequência. A essa onda damos o nome de **portadora**.

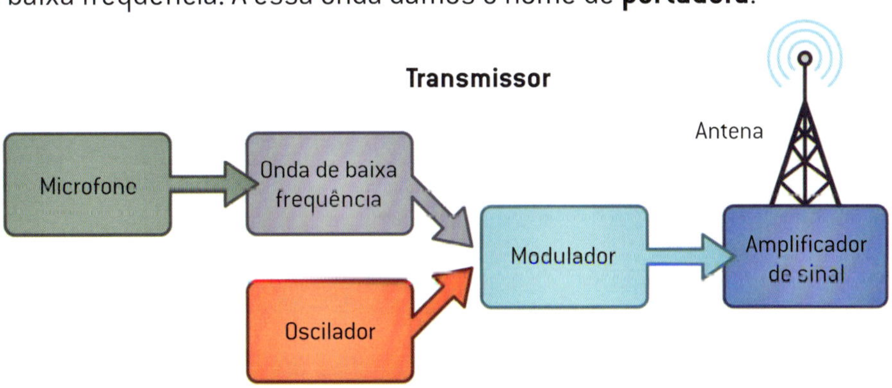

Tiago Donizete Leme/Arquivo da editora

Esquema de um transmissor de ondas de rádio.

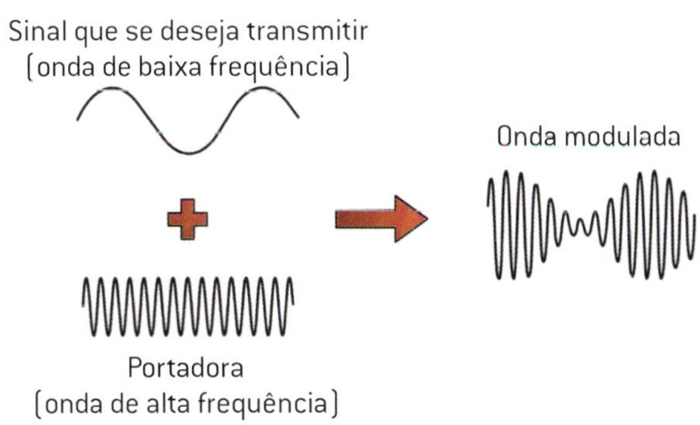

Tiago Donizete Leme/Arquivo da editora

Esquema de modulação de onda.

Matéria e Energia

A partir daí a antena do transmissor transmite essa onda combinada, propagando-a em todas as direções.

A antena do rádio (receptor) captará e amplificará essa onda, mas para isso é necessário sintonizá-lo com o transmissor, ou seja, é preciso selecionar a estação do rádio, selecionando a frequência da onda de alta frequência através do sintonizador (*dial*).

No receptor, a separação das ondas combinadas e da onda de baixa frequência é feita por um demodulador e enviada ao amplificador de áudio que aumentará a amplitude da onda e a enviará para o alto-falante.

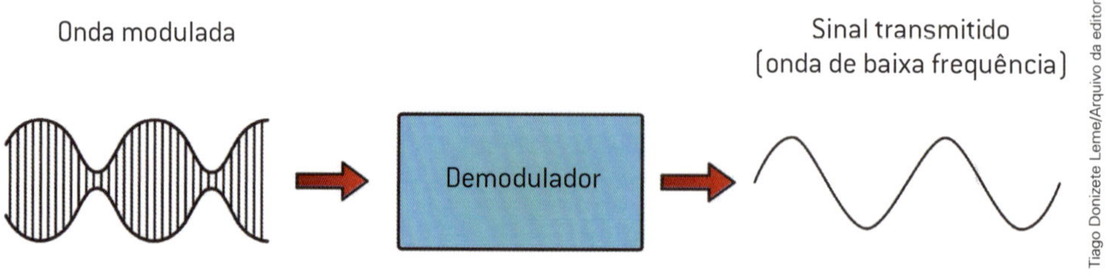

Esquema de um demodulador de onda.

No alto-falante há uma bobina que funciona como um eletroímã com uma membrana presa a ela. A vibração da membrana gera a onda sonora.

Nesse caso, podemos dizer que a indução eletromagnética permite a transformação da energia elétrica que está associada a uma onda eletromagnética em energia sonora que está associada a um som.

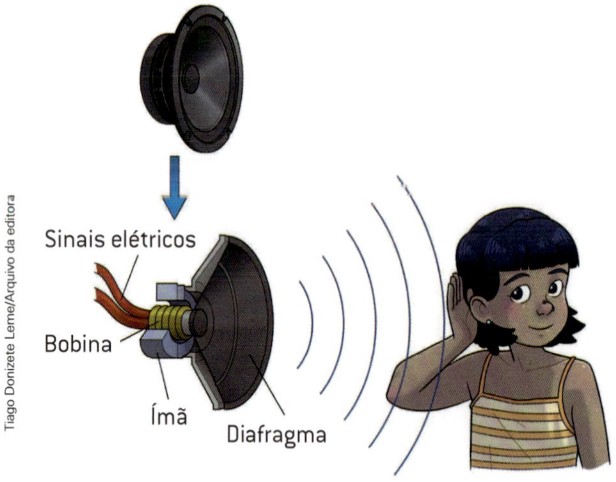

No alto-falante, os sinais elétricos da onda eletromagnética de baixa frequência fazem com que a bobina se movimente no interior do campo magnético de um ímã. A membrana em forma de cone é presa à bobina e se movimenta com ela, dando origem a uma onda sonora.

(Elementos representados em tamanhos não proporcionais entre si. Cores fantasia.)

Receptor

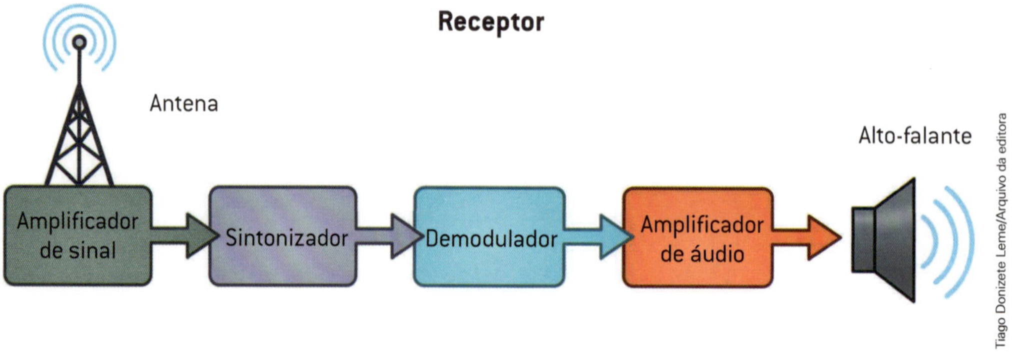

Esquema de um receptor de ondas de rádio.

A televisão

Diferentemente do rádio, mas com um processo semelhante, a televisão transmite, além de som, a imagem.

É de fácil compreensão que a captação do som na televisão é realizada da mesma maneira que no rádio, mas como é captada a imagem? Vamos estudar agora um pouco de como ocorre esse processo.

Da mesma maneira como lemos um livro, o aparelho de televisão também realiza uma "leitura" da imagem de um objeto por meio de uma câmera, linha por linha, da esquerda para a direita, de cima pra baixo, recebendo a luz emitida pelo objeto e transformando as variações de luminosidade e cor em uma onda eletromagnética.

Essa leitura é feita dezenas de vezes por segundo e é chamada **varredura**.

Assim como acontece no rádio, a onda eletromagnética gerada é "combinada" (modulação) com uma onda de alta frequência que é gerada pela transmissora, juntamente com uma onda eletromagnética originada da imagem e, através de uma antena, é lançada ao espaço, propagando-se em todas as direções.

O sinal (ondas eletromagnéticas) é captado pela antena de televisão, que as envia para o aparelho onde serão demoduladas e reproduzidas da mesma maneira que foram geradas, como uma "projeção da leitura" na tela.

As operadoras de TV a cabo também realizam o mesmo processo, com a diferença que, em vez de cada aparelho de televisão utilizar uma antena na recepção da imagem, há um grande receptor de todas as ondas eletromagnéticas que as distribui via cabo para cada aparelho.

Quando sintonizamos um canal na televisão, estamos selecionando a frequência que corresponde à frequência das ondas eletromagnéticas da emissora. Assim como no rádio, cada emissora tem uma faixa de frequência.

UM POUCO MAIS

Transmissão via satélite

As transmissões via satélite são feitas de maneira semelhante às transmissões convencionais, por meio da modulação e onda portadora, mas mudando alguns parâmetros de frequência e utilizando as chamadas antenas parabólicas, o que garante maior precisão na comunicação com o satélite.

Nesse processo, a antena da transmissora envia o sinal (ondas de rádio) para o satélite e este, ao recebê-lo, amplifica-o e transmite de volta para a Terra.

Em alguns casos, as ondas transmitidas são refletidas na própria atmosfera, realizando a comunicação entre transmissores a pequenas distâncias mas que apresentam vários obstáculos entre eles.

Em longas distâncias, como é o caso da transmissão de um evento como a Copa do Mundo de Futebol, devido à curvatura da Terra, a comunicação via satélite é a mais eficaz.

(Elementos representados em tamanhos não proporcionais entre si. Cores fantasia.)

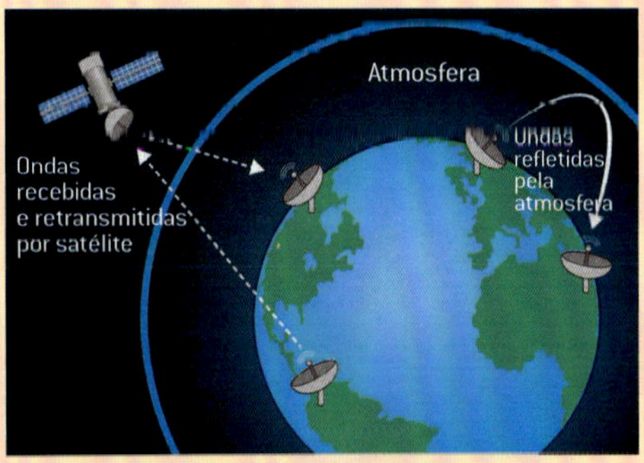

Tiago Donizete Leme/Arquivo da editora

As transmissões de TV e rádio podem ser realizadas diretamente entre transmissores e/ou por meio de satélites.

UM POUCO MAIS

Satélites

Há vários tipos de satélite com as mais variadas finalidades. Os satélites de transmissão e recepção de sinais de televisão apresentam órbitas geoestacionárias a uma altura de cerca de 36 km acima da linha do equador.

As órbitas são chamadas geoestacionárias porque os satélites giram ao redor do eixo de rotação da Terra com o mesmo período de rotação da Terra, ou seja, estão sincronizados com o movimento de rotação da Terra. Para um observador na superfície da Terra, é como se os satélites estivessem sempre no mesmo local. Isso é de grande importância, pois os transmissores e receptores que se encontram na superfície da Terra não precisam se reposicionar com o movimento do satélite.

Para que não saiam de sua órbita geoestacionária, os satélites são regularmente estabilizados com o controle de altitude, mantendo as posições de câmeras, receptores e retransmissores sempre adequadamente posicionados. Outros parâmetros como temperatura e exposição à radiação solar também são controlados.

Erik Simonsen/Getty Images

Devido à dificuldade para a manutenção no local e ao fato de terem que funcionar continuamente durante as 24 horas de todos os 365 dias do ano, os satélites apresentam tecnologia avançada de geração de energia que permite a utilização da energia solar e baterias de alto desempenho, garantindo seu bom funcionamento e economia de energia.

Satélite de comunicação na órbita da Terra.

NESTE CAPÍTULO VOCÊ ESTUDOU

Veetmano/FotoArena

- Características das ondas.
- Período e frequência de ondas periódicas.
- Cálculos simples relacionados com velocidade de propagação, frequência e período das ondas periódicas.
- Classificação das ondas quanto a sua natureza (mecânicas e eletromagnéticas).
- Ondas sonoras e suas características fisiológicas.
- A relação da velocidade do som com as características do meio em que se propaga.
- O eco.
- Transmissão e recepção de som e imagem.

ATIVIDADES

PENSE E RESOLVA

1 Analise a ilustração a seguir, que representa uma onda.

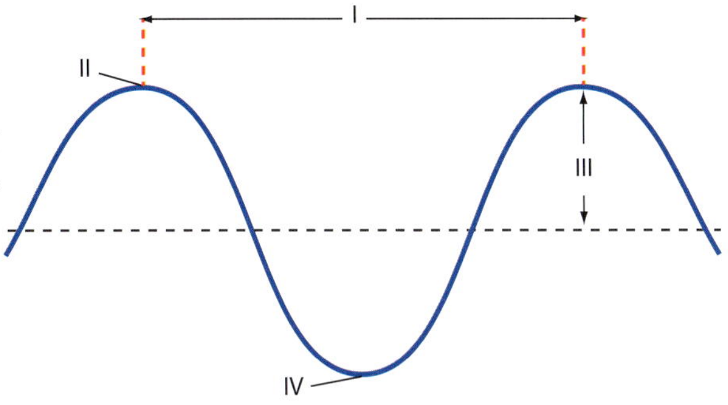

Banco de imagens/Aqruivo da editora

A alternativa que melhor associa os termos crista, vale, amplitude e comprimento de onda aos pontos ou distâncias indicados por I, II, III e IV é

a) I - Amplitude; II - Crista; III - Comprimento de onda; IV - Vale

b) I - Comprimento de onda; II - Crista; III - Amplitude; IV - Vale

c) I - Amplitude; II - Vale; III - Comprimento de onda; IV - Crista

d) I - Comprimento de onda; II - Vale; III - Amplitude; IV - Crista

e) I - Vale; II - Crista; III - Comprimento de onda; IV - Amplitude

Justifique a sua resposta.

2 Desde sua criação, os telefones celulares evoluíram muito. Hoje, os *smartphones* apresentam tecnologia de ponta e permitem, além da telefonia, a utilização de outros recursos a partir dos mais variados aplicativos. É possível, por exemplo, afinar um violão com um *smartphone* com um aplicativo de afinação de instrumento de corda.

O som proporcionado pela corda do violão é captado pelo microfone do celular, é transformado em uma onda eletromagnética e tem sua frequência comparada com a frequência de uma nota musical, conforme a tabela a seguir.

Nota musical	Frequência (Hz)
Dó (C)	130,00
Dó# (C#) ou Ré$_b$ (D$_b$)	139,79
Ré (D)	148,10
Ré# (D#) ou Mi$_b$ (E$_b$)	156,95
Mi (E)	166,32
Fá (F)	176,22
Fá# (F#) ou Sol$_b$ (G$_b$)	186,65
Sol (G)	197,77
Sol# (G#) ou Lá$_b$ (A$_b$)	209,45
Lá (A)	222,02
Lá# (A#) ou Si$_b$ (B$_b$)	235,22
Si	249,27
Dó	264,00

= sustenido $_b$ = bemol

Fonte: Instituto Nacional de Pesquisas Espaciais. Disponível em: <www.das.inpe.br/~alex/FisicadaMusica/fismus_escalas.htm> (acesso em: 13 nov. 2018).

Utilizando um destes aplicativos, um estudante pretende afinar uma das cordas de seu violão, dedilhando-a e gerando um som que apresenta comprimento de onda de 2,60 m. Considerando-se que a velocidade do som no ar seja 343 m/s, determine:

a) a frequência da onda gerada pelo violão;

b) o período da onda gerada pelo violão;

c) a nota musical identificada pelo aplicativo.

3 Luizinho é um adolescente que adora ouvir música, mas não se contenta em ouvi-la da maneira mais adequada: ele prefere aumentar o volume até o máximo! Com isso, seu pai sempre reclama: "Luiz, essa música está muito alta, vai acabar ficando surdo!".

O alerta do pai de Luizinho é correto, pois, além de causar poluição sonora, a maneira como Luizinho ouve música pode ser prejudicial à saúde de sua orelha. No entanto, em sua reclamação, o pai de Luizinho comete um equívoco, confundindo:

a) altura com timbre.

b) intensidade com amplitude.

c) altura com frequência.

d) intensidade com altura.

e) volume com timbre.

4 Classifique os sons abaixo utilizando os critérios: **grave**, **agudo**, **forte** e **fraco**.

a) Som de grande amplitude.

b) Som de alta frequência.

c) Som de pequena amplitude e alta frequência.

d) Som de pequena amplitude e baixa frequência.

e) Som de grande amplitude e alta frequência.

f) Som de grande amplitude e baixa frequência.

5 A orelha humana é capaz de perceber sons dentro do intervalo de frequência que vai de 20 Hz a 20 000 Hz, chamado intervalo audível.

Adotando 340 m/s para a velocidade do som no ar, determine o intervalo de comprimento de onda correspondente ao som audível.

6 Durante uma tempestade, é bastante comum a ocorrência de relâmpagos e trovões. O relâmpago é o efeito luminoso proporcionado pela descarga elétrica enquanto o trovão é o efeito sonoro.

Em alguns casos verifica-se que surge o relâmpago e somente alguns instantes depois é que se ouve o trovão.

Responda:

a) Que tipo de onda é apresentada pelo relâmpago?

b) Que tipo de onda é apresentada pelo trovão?

c) Por que o trovão é percebido um pouco depois do relâmpago?

7 Em 2018, durante uma transmissão ao vivo de TV via satélite da Copa do Mundo da Rússia, um repórter no Brasil conversa com outro repórter na Rússia e pode-se verificar nesse momento que há um "atraso" entre a recepção e transmissão dos sinais de áudio e vídeo.

Por exemplo, quando o repórter no Brasil fazia uma pergunta, apenas alguns instantes depois é que o repórter na Rússia respondia.

a) Monte uma possível sequência da transmissão de TV anterior com as palavras sugeridas abaixo.

- Modulador
- Microfone + câmera
- Antena de recepção
- Antena de transmissão
- TV
- Satélite
- Demodulador
- Sintonizador
- Onda de baixa frequência
- Amplificador de sinal (transmissão)
- Amplificador de sinal (recepção)

b) Apresente uma possível explicação para o "atraso" na transmissão e recepção do sinal de áudio e vídeo.

c) Considere que a emissora utilizava uma onda eletromagnética (portadora) com frequência de 5,0 GHz ($5{,}0 \cdot 10^9$ Hz) para realizar a comunicação entre uma estação na Rússia e uma estação no Brasil. Sabendo-se que a velocidade de propagação da onda é de $3 \cdot 10^8$ m/s, determine o comprimento de onda da onda portadora.

8 Depois de sua aula de Ciências, um estudante comenta com um amigo que o ser humano é capaz de ouvir sons que vão de 20 Hz a 20 kHz.

Seu amigo, um tanto quanto desconfiado, afirma que é possível ouvir frequências superiores a esses valores, argumentando que está acostumado a ouvir uma estação de rádio FM cuja frequência é 90 MHz.

Diante dessa situação, qual a explicação que o estudante deve dar a seu amigo que justifique a frequência da estação de rádio e o fato de ser possível ouvi-la?

SÍNTESE

A figura abaixo representa ondas produzidas por uma fonte durante 8 s em uma corda tensionada.

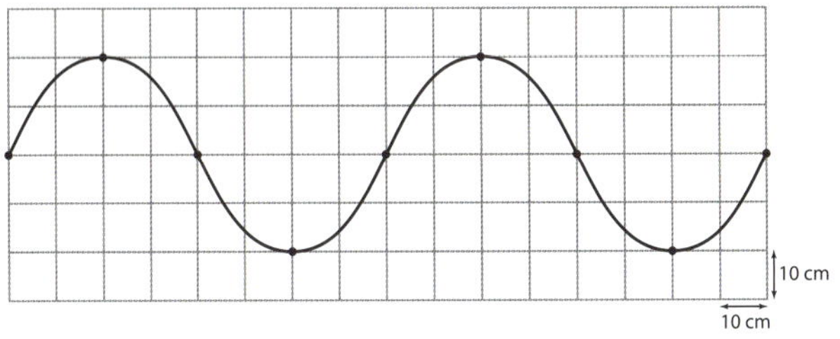

A partir da figura, determine:

a) a amplitude da onda.

b) o comprimento de onda.

c) o período.

d) a frequência.

e) a velocidade de propagação.

DESAFIO

Muitos filmes de ficção científica apresentam cenas de guerra no espaço interplanetário, usando efeitos luminosos e explosões estrondosas. Um dos raros filmes que apresentam essas cenas de guerra no espaço sem som, somente com efeitos luminosos, é *2001: Uma odisseia no espaço*.

M.G.M / Album/Latinstock

Cena do filme estadunidense de ficção científica *2001: Uma odisseia no espaço*, realizado em 1968 pelo cineasta Stanley Kubrick. A história mostra a evolução do ser humano, desde os primeiros hominídeos capazes de usar instrumentos até tempos posteriores à era espacial.

Usando seus conhecimentos e as informações do texto, responda:

a) A luz e o som são ondas mecânicas ou eletromagnéticas?

b) Qual é a diferença entre as ondas mecânicas e as ondas eletromagnéticas quanto ao meio de propagação?

c) Considerando as características das ondas sonoras, em qual situação elas são apresentadas corretamente: na maioria dos filmes de ficção científica ou no filme *2001: Uma odisseia no espaço*? Justifique sua resposta.

d) Considerando as características das ondas luminosas, em qual situação elas são apresentadas corretamente: na maioria dos filmes de ficção científica ou no filme *2001: Uma odisseia no espaço*? Justifique sua resposta.

PRÁTICA

I. Modulando o som

Objetivo

Investigar a modulação do som através da luz.

Material

- 1 lata vazia e limpa
- 1 bexiga (balão de festa)
- 1 pedaço de espelho ou CD
- 1 tubo de papelão de papel toalha
- 1 *laser* vermelho
- Tesoura de pontas arredondadas
- Fita-crepe
- Abridor de latas

ATENÇÃO!

Cuidado ao manusear objetos perfurantes, como tesouras, facas e abridores de latas. Somente o professor deverá fazer uso desses objetos na montagem do modulador de som.

Matéria e Energia

Procedimento

Montagem do modulador de som

1. Com o auxílio do abridor de lata, retire o fundo da lata.

Sergio Dotta Jr./Arquivo da editora

2. Corte a bexiga ao meio.

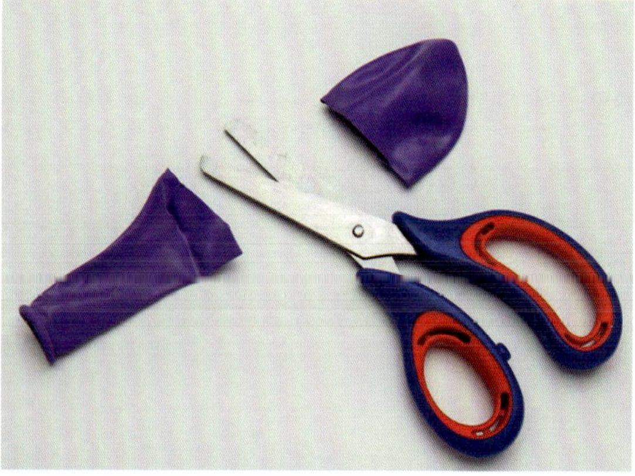

Sergio Dotta Jr./Arquivo da editora

3. Prenda a parte de baixo da bexiga na lata, no local onde foi retirado o fundo dela. Passe uma fita-crepe para prendê-la.

Sergio Dotta Jr./Arquivo da editora

4. Faça um corte em forma de V no tubo de papelão.

Sergio Dotta Jr./Arquivo da editora

5. Coloque a outra parte da bexiga na extremidade do tubo de papelão onde foi feito o corte.

Sergio Dotta Jr./Arquivo da editora

6. Com o auxílio da fita-crepe, prenda o *laser* no tubo de papelão, em cima do corte, de tal forma que ele fique levemente inclinado.

Sergio Dotta Jr./Arquivo da editora

7. Corte um quadradinho do CD que servirá como espelho.

Sergio Dotta Jr./Arquivo da editora

8. Fixe o quadradinho no centro da bexiga e o tubo com o *laser* na lata conforme a ilustração.

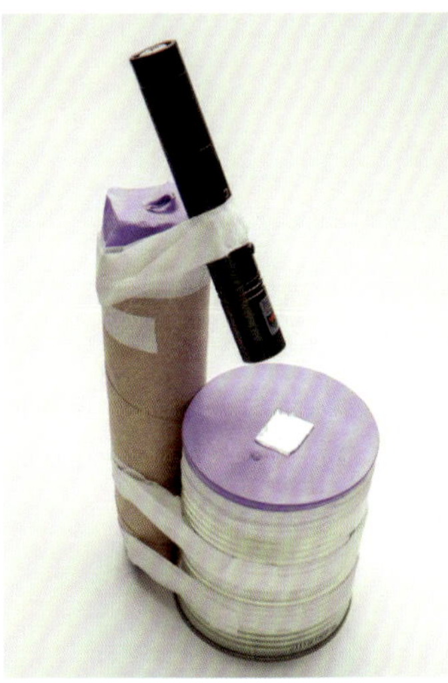
Sergio Dotta Jr./Arquivo da editora

9. Com um pedaço de fita-crepe, trave o interruptor do *laser* na posição "ligado". Ajuste-o de tal forma que a "ponta" do *laser* incida sobre o quadradinho.

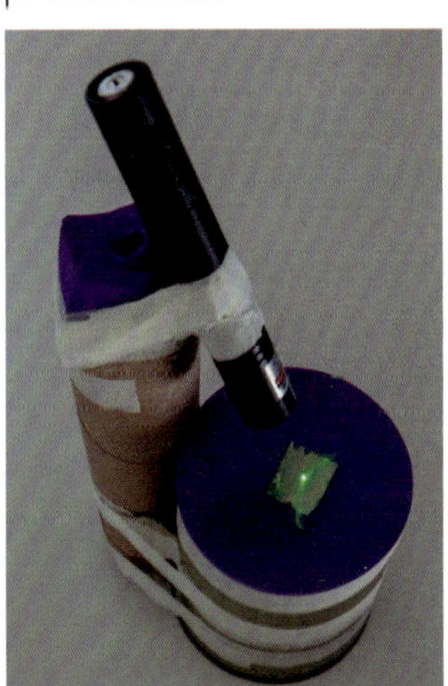
Sergio Dotta Jr./Arquivo da editora

ATENÇÃO!

Cuidado ao manusear o *laser* para que a luz não atinja seus olhos nem os olhos de outra pessoa. A luz pode causar danos aos olhos das pessoas e dos animais.

II. Modulando sua voz

1 Em uma sala escura, posicione-se a mais ou menos 2 metros da parede.

2 Coloque a parte aberta da lata na frente de sua boca (a parte com a bexiga deve ficar voltada para a parede). Fale algumas palavras continuamente.

3 Devem aparecer algumas imagens como essa:

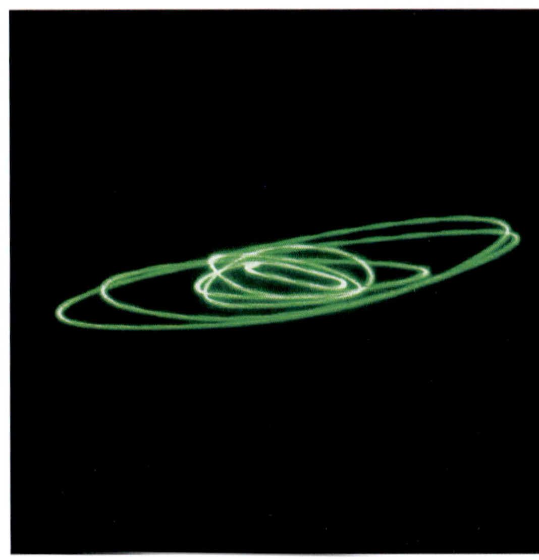
Sergio Dotta Jr./Arquivo da editora

Dica: caso não esteja aparecendo a imagem, fale bem próximo da lata com a boca quase que em seu interior. Tente falar com um som forte e grave as vogais AAAAA, EEEEE, IIIII, OOOOO, UUUUU.

Discussão final

1 A luz do *laser* e o som de sua voz são ondas de mesma natureza? Caracterize-as.

2 No processo da modulação, o que a luz proporciona à sua voz no que diz respeito à transmissão de ondas?

Capítulo 12

Radiações eletromagnéticas

MJTH/Shutterstock

No ambiente, há radiações que enxergamos, como as da TV, e outras que não enxergamos, como as do controle remoto, das pessoas e dos objetos.

Observe os objetos que aparecem nesta imagem. Você sabe dizer o que eles têm em comum?

Apesar de não podermos vê-las, podemos afirmar que todos os objetos e até mesmo as pessoas emitem ondas eletromagnéticas: a televisão, o celular no bolso do rapaz, o controle remoto, os abajures e o forno de micro-ondas onde foi feita a pipoca, além de todos os demais itens que compõem a cena. As ondas eletromagnéticas também podem ser chamadas de radiações eletromagnéticas.

Quais são as características dessas ondas? E quais são as suas aplicações? A radiação emitida, por exemplo, pelo abajur pode interferir na radiação emitida pelo controle remoto?

Neste capítulo vamos estudar um pouco mais sobre as ondas e entender como se classificam as radiações eletromagnéticas, o que as diferenciam e onde estão presentes.

› As ondas eletromagnéticas

A energia que um corpo emite em forma de onda eletromagnética é chamada de **radiação eletromagnética**.

Em alguns casos, as ondas eletromagnéticas possuem pouca intensidade; em outros, muita intensidade.

A luz é um exemplo de onda eletromagnética, e quando acendemos duas lâmpadas brancas de LED, uma de 7 W e outra de 12 W de potência, notamos que elas iluminam o ambiente com a mesma cor, porém, a lâmpada de 12 W ilumina mais, ou seja, a lâmpada de 12 W emite radiação eletromagnética de maior intensidade.

Imagine agora duas lâmpadas, ambas de 7 W de potência, porém uma é vermelha e a outra, verde. Nesse exemplo, a intensidade da radiação eletromagnética emitida pelas duas lâmpadas é a mesma. No entanto, as cores são diferentes. Nesse caso, o que diferencia a radiação eletromagnética emitida por cada uma das lâmpadas? Por que percebemos uma de cor verde e a outra de cor vermelha?

Acervo do autor/Arquivo da editora

As lâmpadas vermelha, verde e azul apresentam a mesma intensidade, mas são percebidas com cores diferentes (vermelha, verde e azul) porque apresentam frequências diferentes.

A resposta para isso é a **frequência**, uma das características mais importantes das ondas eletromagnéticas. É ela que determina a classificação dessas ondas e que permite que se diferencie uma onda eletromagnética de outra.

Como vimos no capítulo anterior, a expressão matemática que relaciona a velocidade de propagação da onda (v) com seu comprimento de onda (λ) e sua frequência (f) é dada por:

$$v = \lambda \cdot f$$

Assim, para radiações que se propagam no mesmo meio, as que apresentam maior frequência têm menor comprimento de onda e as que apresentam menor frequência têm maior comprimento de onda.

No vácuo todas as ondas eletromagnéticas têm a mesma velocidade, que é representada por $c = 3 \cdot 10^8$ m/s (300 000 km/s), que é a velocidade da luz.

As ondas eletromagnéticas podem ter a mesma intensidade no vácuo, mas só terão a mesma frequência e o mesmo comprimento de onda se forem a mesma onda.

Desta forma, costuma-se representar as ondas eletromagnéticas em uma escala de frequências denominada **espectro eletromagnético**.

O espectro eletromagnético está dividido basicamente em ondas de rádio e TV, micro-ondas, infravermelho, visível, ultravioleta, raios X e raios gama.

Espectro eletromagnético.

(Elementos representados em tamanhos não proporcionais entre si. Cores fantasia.)

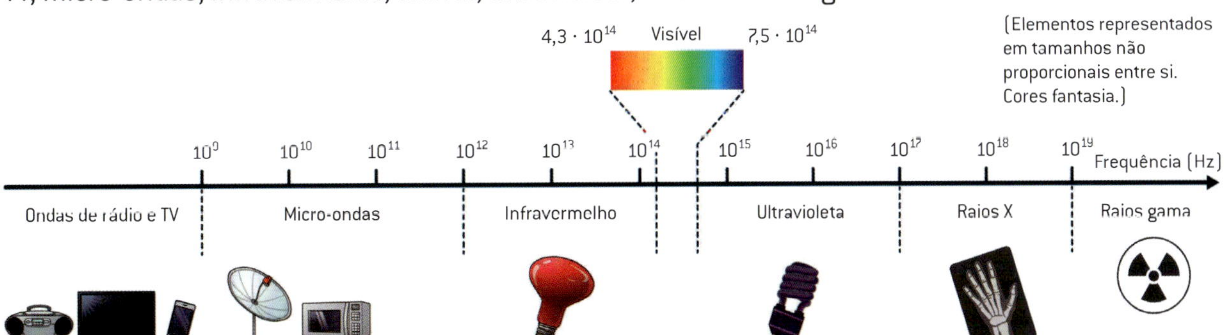

Tiago Donizete Leme/Arquivo da editora

Ondas de rádio e TV

As ondas de rádio abrangem as ondas eletromagnéticas emitidas não somente por aparelhos de rádio, mas também por televisores e telefones celulares. Essas ondas apresentam frequências que vão até alguns giga-hertz ($GHz = 10^9$ Hz).

As ondas de rádio, televisores e telefones celulares apresentam as mesmas características, diferenciando-se apenas na frequência. Geralmente, as ondas de transmissão de rádio apresentam menor frequência, seguidas pelas ondas de transmissão de TV e de telefonia celular, respectivamente.

UM POUCO MAIS

Riscos da radiação do celular

As ondas eletromagnéticas utilizadas na telefonia celular ficam próximas das micro-ondas e, em decorrência do aumento de casos de câncer, cresceram as suspeitas da relação entre o aparecimento dessa doença e a utilização dos celulares.

Apesar de ser uma radiação eletromagnética que, a princípio, não é nociva ao ser humano (não é ionizante) e de os aparelhos serem desenvolvidos respeitando-se os níveis de intensidade das ondas, estudos ainda não conclusivos de pesquisadores alertam para o uso excessivo dos celulares, pois as ondas eletromagnéticas emitidas por esses aparelhos produzem calor e podem afetar regiões do cérebro e causar danos à função de memória cognitiva e, em longo prazo, provocar tumores cerebrais.

Dean Drobot/Shutterstock

Para evitar a exposição excessiva e prevenir os efeitos causados pelas ondas eletromagnéticas do celular, aconselha-se usar o fone de ouvido ou o viva voz.

Micro-ondas

As micro-ondas compreendem a faixa de frequência que vai de, aproximadamente, $3 \cdot 10^9$ Hz a $3 \cdot 10^{12}$ Hz.

Essas ondas eletromagnéticas são amplamente usadas nas telecomunicações via satélite, pois se propagam na atmosfera de maneira praticamente retilínea, diminuindo perdas de sinal por dispersão.

Os radares, a aviação comercial e a aviação militar são as aplicações pioneiras das micro-ondas, e sua aplicação nas telecomunicações têm ganhado espaço nas últimas décadas. Redes sem fio (*wi-fi*) e *Bluetooth* estão na região das micro-ondas.

Além dessas aplicações, vemos a utilização da micro-onda na cozinha. O forno de micro-ondas é assim chamado porque também utiliza radiação nessa faixa de frequência. O primeiro deles surgiu em 1955 sob a forma de um aparelho de grande porte e com um custo de mais de mil dólares! Com o desenvolvimento tecnológico em meados da década de 1960, foi possível diminuir seu tamanho, torná-lo mais compacto e prático, e com preços mais acessíveis.

UM POUCO MAIS

As estrelas – fontes de todos os tipos de radiação

O Sol, assim como todas as estrelas, emite radiações de todas as frequências, desde ondas de rádio até raios gama. Vários fenômenos do Universo foram explicados pela detecção da radiação eletromagnética, proveniente das estrelas e do Sol, que chega à Terra e às sondas em órbita no Sistema Solar.

Foi a partir da detecção dessas radiações eletromagnéticas que se verificou que o Universo se encontra em expansão e que se determinaram os elementos químicos produzidos em cada estrela e sua temperatura.

Infravermelho

Os seres humanos e alguns outros animais também emitem radiação, fruto do calor gerado pelo metabolismo de seus corpos. São ondas na faixa do infravermelho, também chamadas de ondas de calor. Fogueiras, fornos e outros dispositivos que geram calor emitem ondas na região do infravermelho.

A faixa do infravermelho vai de $3 \cdot 10^{12}$ Hz a $4{,}3 \cdot 10^{14}$ Hz, aproximadamente.

UM POUCO MAIS

Aplicações da radiação na faixa do infravermelho

A radiação na faixa do infravermelho é uma radiação com um grande número de utilidades, por exemplo, a comunicação entre o controle remoto e o aparelho de TV.

A radiação infravermelha também tem aplicações na área médica, como a ação analgésica e em casos de rigidez articular, edemas e machucados na pele, pois pode melhorar a circulação sanguínea local.

Na estética, a radiação infravermelha é utilizada como auxiliar no tratamento de flacidez da pele.

Assim como qualquer outro tratamento medicinal, o uso da radiação infravermelha deve ser bem administrado para evitar riscos à saúde.

Dmitri Ma/Shutterstock

Os controles remotos utilizam a radiação infravermelha para estabelecer a comunicação com a TV.

Atualmente, os termômetros de infravermelho vêm ganhando destaque em substituição aos antigos termômetros de mercúrio e os digitais, devido não só à precisão e rapidez na leitura de temperaturas, como também à segurança, uma vez que o mercúrio é altamente tóxico.

O infravermelho também ganhou destaque nos equipamentos de segurança como alarmes, câmeras e portas automáticas. É utilizado, ainda, em instrumentos operacionais como sondas e imageadores que, acoplados a satélites meteorológicos, registram o vapor de água na atmosfera. Usando a mesma tecnologia, também é possível detectar as variações de temperatura entre o topo e a base das nuvens com boa precisão, fornecendo dados para elaborar mapas térmicos.

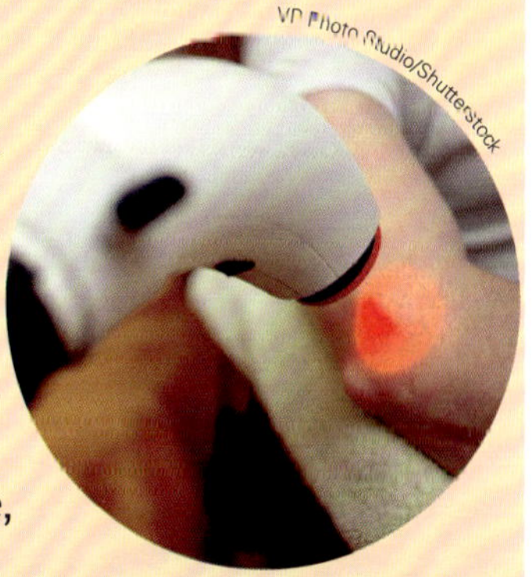

VP Photo Studio/Shutterstock

Nos tratamentos de fisioterapia, o paciente é exposto a radiação na faixa do infravermelho emitida por uma lâmpada.

Matéria e Energia

Espectro visível

A faixa do espectro de luz visível compreende frequências capazes de sensibilizar o olho humano, e vão de $4,3 \cdot 10^{14}$ Hz a $7,5 \cdot 10^{14}$ Hz, aproximadamente.

As lâmpadas, a luz que vemos do Sol e das estrelas, assim como as cores dos objetos, estão associadas a ondas eletromagnéticas na faixa do visível.

Como vimos no capítulo 10, o *laser* é uma radiação luminosa concentrada e intensa, que pode ser emitida a partir da excitação de gases como hélio, neônio e outros elementos químicos.

A radiação do *laser* está na faixa do visível e, por se tratar de uma radiação concentrada e intensa, apresenta aplicações específicas e cuidados especiais.

Na Medicina, o *laser* pode ser utilizado como instrumento cortante, como o bisturi, em vários tipos de cirurgia, principalmente as que exigem maior precisão, como as de catarata e de miopia.

NadyaEugene/Shutterstock

A radiação ultravioleta é importante nos primeiros anos de vida do ser humano.

Ultravioleta

O ultravioleta, faixa compreendida entre $7,5 \cdot 10^{14}$ Hz e $3 \cdot 10^{17}$ Hz, é uma radiação que não pode ser vista pelo olho humano.

É uma radiação importante para a fixação do cálcio nos ossos e para a fotossíntese dos vegetais clorofilados. No entanto, a exposição demasiada à radiação ultravioleta pode causar câncer de pele.

A lâmpada de luz negra emite radiação ultravioleta. É utilizada na detecção de cédulas e documentos falsos. É comum encontrá-las também em iluminações de festas, quando se deseja manter o ambiente escuro, mas com realce de vestimentas brancas.

UM POUCO MAIS

Sensores fotoelétricos

Os sensores fotoelétricos podem proporcionar, basicamente, dois efeitos: variar propriedades de componentes elétricos a partir da incidência de energia luminosa ou converter a energia luminosa em energia elétrica. Tem aplicação em sistemas de segurança, controle, geração de energia elétrica, medicina, entre outros. Para cada finalidade se utiliza um sensor específico.

Os tipos de sensores mais comuns são o LDR, os fotodiodos e as fotocélulas.

Cesar Borges/Fotoarena

Os LDR são dispositivos cuja resistência elétrica varia de acordo com a incidência de luz. São utilizados nos circuitos de controle da iluminação pública (circulados em vermelho na imagem). Ao diminuir a luminosidade natural, a resistência elétrica do LDR varia, e a lâmpada acende.

TK_Photographer-Vector/Shutterstock

As fotocélulas, também chamadas de células fotovoltaicas ou células solares, compõem as placas fotovoltaicas utilizadas na conversão de energia solar em energia elétrica, como você estudou no 7º ano.

Raios X

Os raios X estão compreendidos na faixa de frequência que vai de $3 \cdot 10^{17}$ Hz a $3 \cdot 10^{19}$ Hz. Trata-se de uma radiação ionizante (leia o boxe *Um pouco mais*, logo a seguir) produzida quando os elétrons são desacelerados bruscamente ao colidir com um alvo metálico.

Essa radiação foi descoberta em 1895 pelo físico alemão **Wilhelm Conrad Röentgen** (1845-1923), que você conheceu no capítulo 9, e recebeu esse nome porque Röentgen desconhecia a sua natureza. Ainda assim, a descoberta lhe rendeu o prêmio Nobel de Física em 1901.

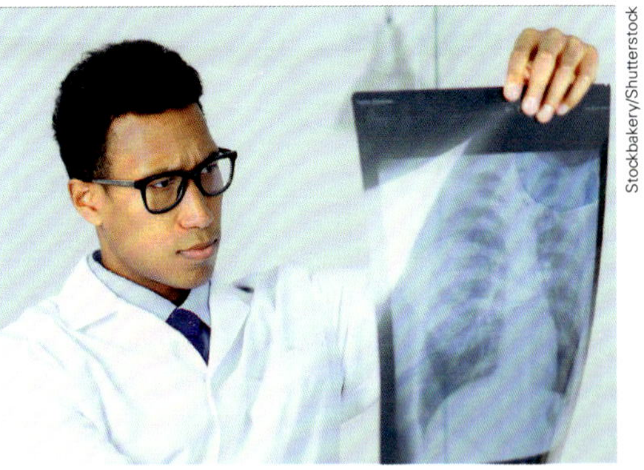

Stockbakery/Shutterstock

A radiografia é uma técnica utilizada em exames de imagem a partir da exposição do corpo a raios X. As partes mais claras indicam tecidos mais densos, como o ósseo, e as partes mais escuras indicam tecidos menos densos, como o muscular.

Röntgen verificou que os raios X apresentam a propriedade de atravessar materiais de baixa densidade, como pele e músculos, e de serem facilmente absorvidos por materiais densos, como os ossos.

Em decorrência disso, os raios X foram amplamente utilizados na Medicina. Com o avanço tecnológico, os raios X também ganharam outras aplicações, como no tratamento de câncer, em outros exames de imagem como tomografia e mamografia, em segurança nos aeroportos, para investigação de conteúdo de bagagens, e em pesquisas científicas.

UM POUCO MAIS

Radiações ionizantes × Radiações não ionizantes

A energia associada a uma onda eletromagnética é diretamente proporcional à sua frequência. Assim, quanto maior a frequência da onda, mais energia ela transporta.

Radiações de alta frequência podem interagir com a matéria provocando a saída de elétrons dos átomos, tornando-os ionizados. As radiações que tornam os átomos ionizados são chamadas de **radiações ionizantes**.

Já as que não apresentam energia suficiente para isso, de menores frequências, são chamadas de **radiações não ionizantes**. As radiações não ionizantes vão desde as ondas de rádio até o limiar entre o ultravioleta e os raios X. Desse ponto em diante, as ondas eletromagnéticas são chamadas de radiações ionizantes.

Considerando os limites de exposição, as radiações não ionizantes não causam efeitos danosos ao ser humano. Por outro lado, as radiações ionizantes são muito perigosas e, de acordo com o tempo de exposição e a energia da radiação, podem causar mutações genéticas, tumores malignos e até mesmo levar à morte.

Raios gama

Os raios gama são caracterizados por ondas eletromagnéticas com frequências superiores a $3 \cdot 10^{19}$ Hz. Altamente ionizantes, os raios gama são emitidos pelos núcleos atômicos de elementos químicos instáveis, em um fenômeno chamado de **radioatividade**. Esses elementos químicos são ditos elementos radioativos.

EM PRATOS LIMPOS

Qual a diferença entre radiação e radioatividade?

photopixel/Shutterstock

Radiação pode ser entendida como a energia que se propaga através de ondas eletromagnéticas e/ou partículas.

Radioatividade pode ser interpretada como a emissão associada de partículas (alfa e beta) e de radiação eletromagnética (raios X e raios gama) pelo núcleo de átomos instáveis com o objetivo de atingir estabilidade.

Símbolo internacionalmente utilizado para indicar a presença de elementos radioativos e radiações ionizantes.

Como já visto no capítulo 9, o fenômeno da radioatividade foi descoberto em 1896 pelo físico francês **Antoine Henri Becquerel** (1852-1908) através de trabalho realizado com sais de urânio. O desenvolvimento de seus trabalhos nessa área teve a participação do casal de cientistas **Pierre Curie** (1859-1906) e **Marie S. Curie** (1867-1934), ele francês e ela polonesa, e proporcionou a eles o prêmio Nobel de Física em 1903. Apesar da importante descoberta, ainda não se conheciam as características daquelas radiações.

Somente em 1900, o cientista francês **Paul Ulrich Villard** (1860-1934) conseguiu evidências de que os raios gama eram ondas eletromagnéticas.

Apesar de o Sol e as estrelas emitirem raios gama, a descoberta da radioatividade só se deu pela pesquisa com elementos químicos radioativos, pois os raios gama não chegam à superfície da Terra. Essa radiação é totalmente absorvida na parte mais alta da atmosfera.

Impressionados com a perspectiva de novas possibilidades que a radioatividade poderia proporcionar, o casal Curie começou a trabalhar com a energia nuclear, energia associada aos elementos radioativos. Na época, o foco das pesquisas se dava em torno de como controlar a radioatividade, já que ela ocorria de forma espontânea.

O crescimento do conhecimento sobre a radioatividade levou ao surgimento da **radioatividade artificial** e, com ela, surgiram novos horizontes para o uso da radiação gama e da energia nuclear.

Radioatividade artificial: radiação emitida por elementos químicos artificiais, que não ocorrem naturalmente na natureza, ou por equipamentos, como aceleradores de partículas.

Infelizmente, a corrida armamentista fez uso da energia nuclear de forma desastrosa, nas bombas atômicas utilizadas na Segunda Guerra Mundial. Ainda impulsionados com o armamento bélico, foram realizados outros testes atômicos em menor escala. Estes, no entanto, fizeram com que o ser humano percebesse o quão desastrosa essa tecnologia poderia ser em todos os sentidos, pois, além da destruição de estruturas causada pela energia nuclear gerada com a explosão, também ocorrem os efeitos da radiação ionizante nos seres vivos expostos a ela.

Atualmente, a utilização dos fenômenos radioativos está predominantemente voltada para fins pacíficos, como na geração de energia elétrica e na Medicina, no tratamento e no diagnóstico de enfermidades.

UM POUCO MAIS

As radiações ionizantes e a Medicina

O desenvolvimento tecnológico fez com que, nas últimas décadas, a radiação ionizante fizesse parte do cotidiano da Medicina.

Além da radiografia, da tomografia e da mamografia, que fazem uso dos raios X, outros exames que utilizam as radiações ionizantes permitem um diagnóstico mais detalhado de certas enfermidades. A cintilografia é um exemplo disso: o paciente ingere um **radiofármaco** que é absorvido pela corrente sanguínea e passa a emitir radiação que é detectada por um equipamento que mapeia o corpo, identificando possíveis enfermidades.

Radiofármaco: preparado farmacêutico radioativo, usado como agente diagnóstico ou terapêutico.

Além do uso diagnóstico, as radiações ionizantes podem ser também utilizadas no tratamento de enfermidades. Tanto os raios X quanto os raios gama são utilizados na radioterapia com o intuito de eliminar células cancerígenas causando o menor dano possível aos tecidos sadios ao redor.

À medida que a ciência se aprimora, surgem novas possibilidades, como a utilização da radiação ionizante em cirurgias intracranianas para a eliminação de tumores, a esterilização de artefatos médicos, o tratamento de efluentes e resíduos industriais, além da modificação de materiais poliméricos (plásticos), etc.

KaliAntye/Shutterstock

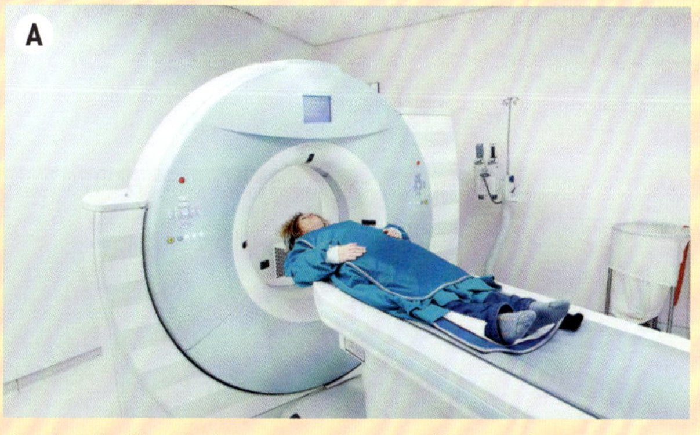

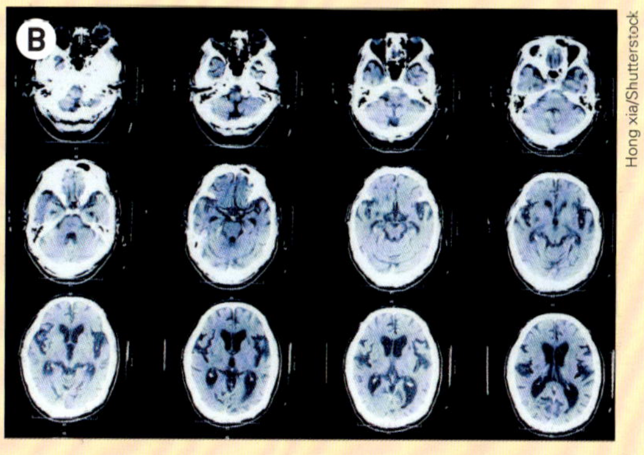

Hong xia/Shutterstock

A tomografia consiste em um exame diagnóstico no qual o paciente recebe a injeção de um radiofármaco e é colocado em um equipamento chamado tomógrafo (A). Nesse equipamento, encontram-se detectores da radiação ao redor do paciente, que mapeiam a região do corpo que deve ser analisada (B).

Todavia, é importante ressaltar que o uso tanto dos raios X quanto da radiação gama deve ser minuciosamente avaliado e controlado.

NESTE CAPÍTULO VOCÊ ESTUDOU

M.TH/Shutterstock

- As características das ondas eletromagnéticas.
- O espectro eletromagnético.
- As ondas eletromagnéticas que compõem o espectro eletromagnético (ondas de rádio, micro-ondas, infravermelho, visível, ultravioleta, raios X e raios gama).
- Aplicações das ondas eletromagnéticas.
- Radioatividade: aplicações e riscos.

ATIVIDADES

PENSE E RESOLVA

1 As radiações que chegam à Terra provenientes do Sol sofrem alterações em algumas grandezas físicas associadas a elas. Indique e justifique a alternativa que apresenta uma grandeza que, com certeza, não é alterada:

a) velocidade;

b) comprimento de onda;

c) frequência;

d) amplitude;

e) intensidade.

2 Organize as radiações eletromagnéticas apresentadas abaixo, enumerando-as conforme ordem crescente de frequência.

	Micro-ondas
	Ondas de rádio
	Infravermelho
	Luz azul

	Raios gama
	Raios X
	Luz amarela
	Ultravioleta

3 A energia associada a uma onda eletromagnética é diretamente proporcional à sua frequência, ou seja, quanto mais alta é a frequência da onda, maior a energia a ela associada e maior a sua capacidade de penetração. No espectro de ondas eletromagnéticas abaixo são apresentados os tipos de ondas e a faixa de frequência a que correspondem.

Tiago Donizete Leme/Arquivo da editora

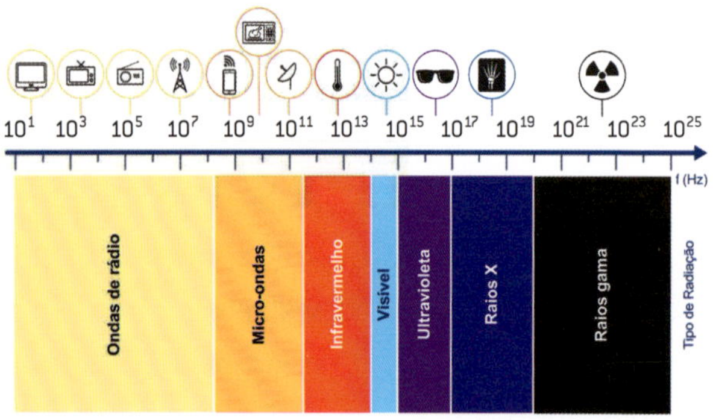

(Os elementos não estão em proporção de tamanho entre si. Cores fantasia.)

Com base nessas informações, a radiação ultravioleta, no vácuo,

a) tem frequência menor que a radiação infravermelha;

b) tem comprimento de onda maior que os raios X;

c) tem comprimento de onda maior que as micro-ondas;

d) é mais penetrante que os raios X;

e) apresenta mais energia que os raios gama.

Justifique sua resposta.

4 Em sua pesquisa, um cientista trabalha com 2 tipos de ondas eletromagnéticas, a onda 1 de frequência $f_1 = 1\,200$ MHz (MHz $= 10^6$ Hz) e a onda 2 de frequência $f_2 = 4{,}3$ THz (THz $= 10^{12}$ Hz). Qual a classificação dessas ondas no espectro eletromagnético?

5 Observe a radiografia a seguir:

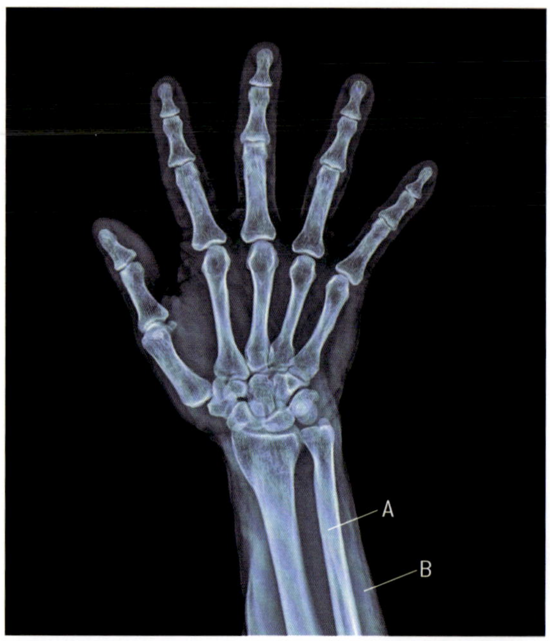

kaling210C/Shutterstock

Radiografia de mão.

Nela são apresentadas duas regiões, A (mais clara) e B (mais escura), que recebem quantidades de raios X da mesma fonte. Em qual região da radiografia houve maior penetração de raios X, na região A ou na região B? Justifique.

SÍNTESE

Com base nas radiações do espectro eletromagnético, responda:

a) Quais são as radiações consideradas ionizantes?

b) Quais são as radiações consideradas não ionizantes?

c) Quais as possibilidades de uso de cada uma delas? (Cite, pelo menos, uma utilidade de cada uma.)

DESAFIO

Parte de um artigo de jornal é apresentada abaixo:

"...Esses equipamentos emitem um tipo de radiação com comprimento de onda em torno 360 mm. Quando começaram a ser comercializados, os cientistas diziam que a radiação era inofensiva. Atualmente, entre os pesquisadores, o tema começa a dividir opiniões, sinalizando que alguns cuidados dever ser levados em consideração..."

Considerando que a expressão matemática que relaciona a velocidade de propagação da onda (v) com seu comprimento de onda (λ) e sua frequência (f) é dada por $v = \lambda \cdot f$ (que você estudou no capítulo 11) e que o valor da velocidade das ondas eletromagnéticas pode ser considerado $v = 3 \cdot 10^8$ m/s, responda:

a) Qual é a frequência da onda tratada no artigo?

b) Qual é a classificação da onda tratada no artigo?

c) Possivelmente, o artigo deve estar tratando de que equipamento?

d) Quais cuidados devem ser levados em consideração na utilização desses equipamentos?

PRÁTICA

Gerando ondas eletromagnéticas

Objetivos

Gerar ondas eletromagnéticas e investigar seus efeitos.

Material

- 1 bateria de 9 V
- 1 rádio que sintonize estações AM e FM
- 1 ralador de metal
- 2 fios com as extremidades desencapadas para ligação
- Fita adesiva

Procedimento

1. Fixe uma das extremidades de um dos fios a um dos polos da bateria e a outra extremidade do fio a uma parte metálica do ralador.
2. Fixe uma das extremidades do outro fio ao outro polo da bateria.
3. Ligue o rádio na faixa de AM e sintonize-o em uma estação.
4. Percorra o ralador com a extremidade livre do segundo fio e observe a interferência que ocorre na recepção do sinal do rádio.

Discussão final

1. Explique de maneira simplificada como foi gerada a onda eletromagnética com o ralador.
2. O que você pode dizer a respeito da frequência da onda eletromagnética gerada com o ralador em relação à frequência da estação de rádio?

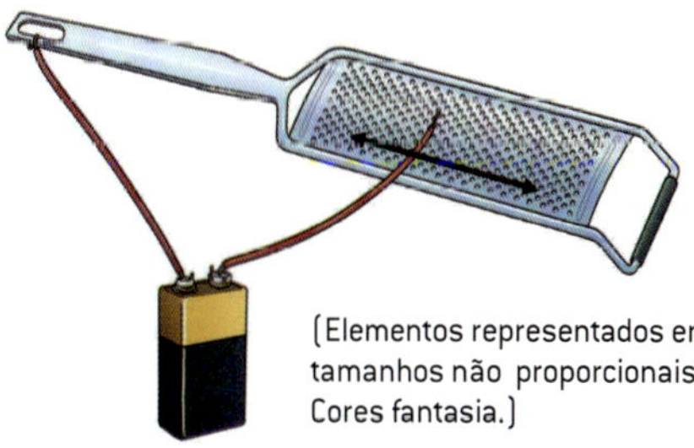

Tiago Donizete Leme/Arquivo da editora

(Elementos representados em tamanhos não proporcionais entre si. Cores fantasia.)

Unidade 3

Terra e Universo

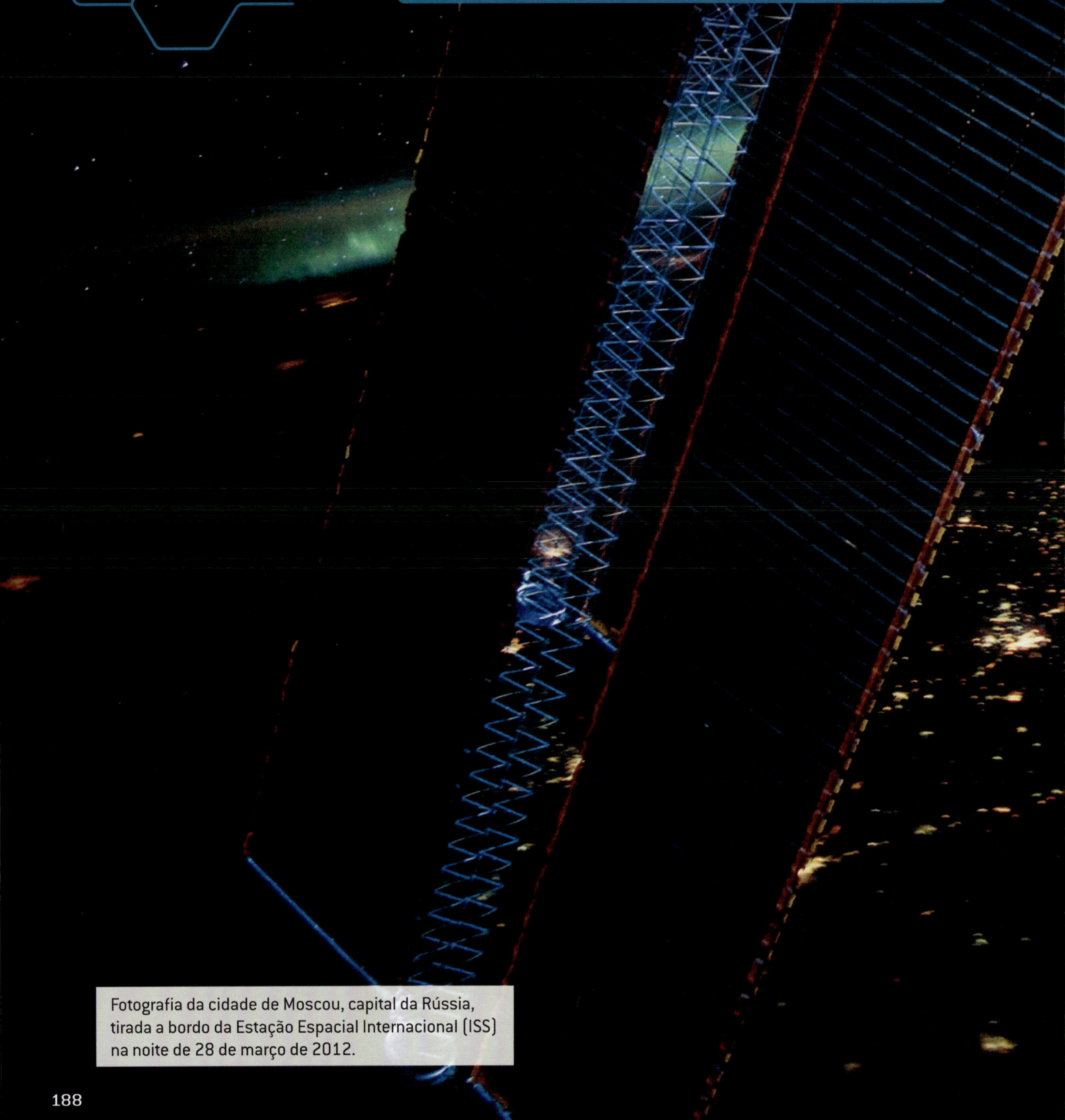

Fotografia da cidade de Moscou, capital da Rússia, tirada a bordo da Estação Espacial Internacional (ISS) na noite de 28 de março de 2012.

A fotografia foi tirada a bordo da Estação Espacial Internacional (ISS). Nela é possível ver as estrelas, o clarão da reflexão da luz pela atmosfera e pela superfície terrestre, as luzes das cidades e o colorido esverdeado da aurora boreal.

É provável que as primeiras civilizações achassem impossível, um dia, ver a Terra do espaço. O que pensariam, então, se vissem um astronauta?

Foi um caminho longo até o ser humano conseguir orbitar a Terra em uma estação espacial. Várias concepções foram se formando com o desenvolvimento científico e novas descobertas a respeito do Universo surgiram a partir da observação no espaço.

Nesta unidade estudaremos a evolução das estrelas, o Sistema Solar, as várias interpretações dos primeiros grupos de seres humanos a respeito do Universo e como seria a vida fora da Terra.

GRIN/NASA

Capítulo 13

Ciclo das estrelas

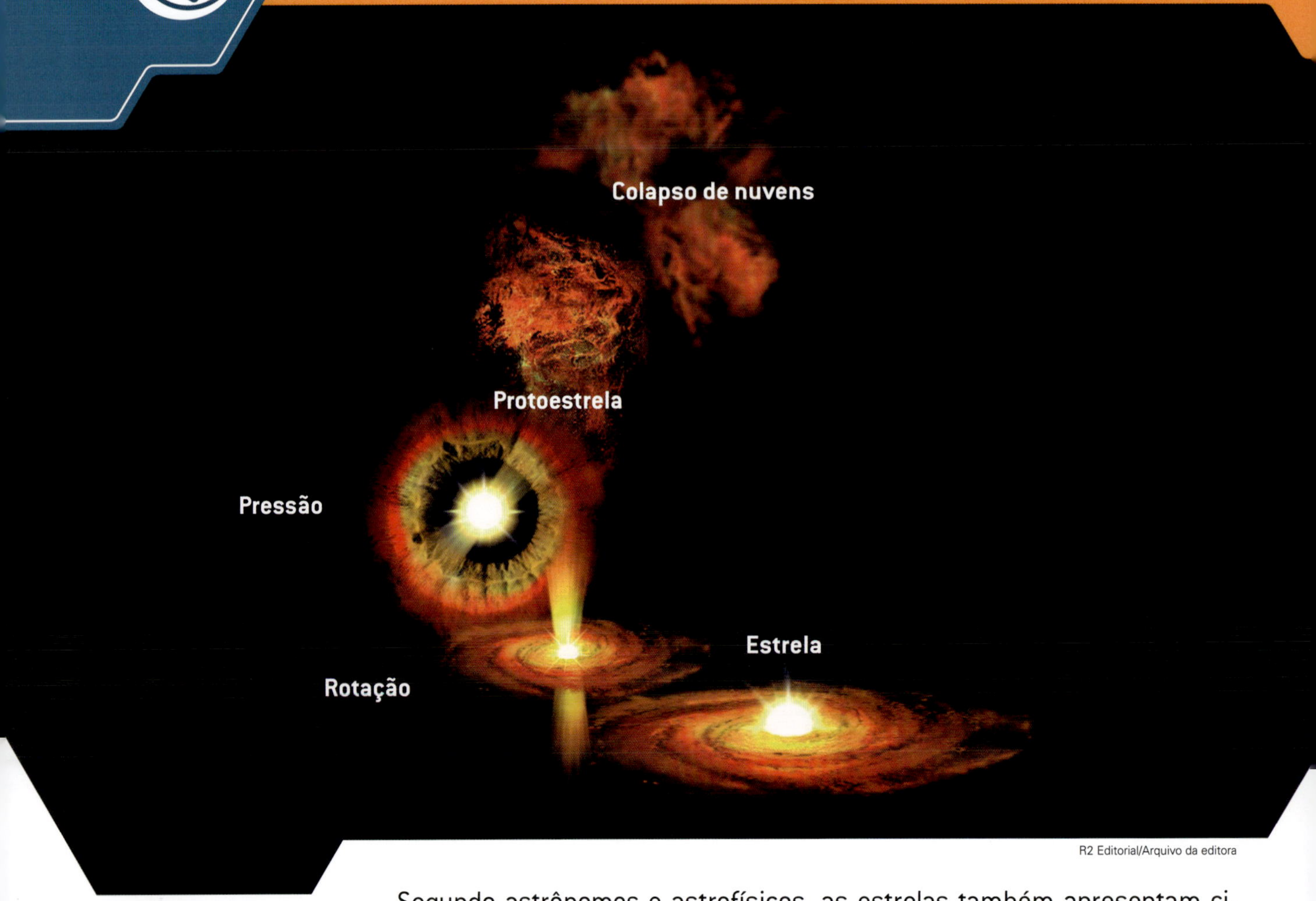

R2 Editorial/Arquivo da editora

Representação artística do nascimento de uma estrela.

(Elementos representados em tamanhos e distâncias não proporcionais entre si. Cores fantasia.)

Segundo astrônomos e astrofísicos, as estrelas também apresentam ciclos, isto é, "nascem, crescem e morrem".

Os elementos químicos naturais que conhecemos hoje resultam da evolução de bilhões de pequenas e grandes estrelas presentes nas milhões de galáxias existentes no Universo em expansão.

Mas como se iniciou o Universo? Como ocorre o "nascimento" de uma estrela? Quanto tempo de vida tem uma estrela? Por que as estrelas "morrem"? O Sol e as demais estrelas têm a mesma idade e as mesmas características? Por quanto tempo a humanidade poderá contar com a presença do Sol? Ele também apresenta um ciclo de nascimento, desenvolvimento e morte? Essas e outras perguntas sempre instigaram os seres humanos, cientistas ou não.

Neste capítulo vamos estudar um pouco mais sobre a origem do Universo e a "vida" das estrelas, incluindo o Sol, a estrela principal do Sistema Solar.

› Teoria cosmológica

A teoria cosmológica mais aceita atualmente para explicar o desenvolvimento inicial do Universo é a teoria do *big-bang*. Originada com base na *hipótese do átomo primordial,* também conhecida como "ovo cósmico", foi proposta pelo físico e padre jesuíta belga Georges Lemaître (1894-1966), sendo posteriormente desenvolvida pelo físico russo George Gamow (1904-1968) no final da década de 1930.

O termo *big-bang* teria surgido de um hipotético comentário do astrônomo britânico Fred Hoyle (1915-2001), defensor de outro modelo para o Universo. Hoyle, na década de 1940, em uma entrevista de rádio, teria usado uma expressão jocosa referindo-se à teoria como "teoria do estrondão", que acabou se popularizando como teoria do *big-bang*.

Segundo a teoria do *big-bang*, estima-se que o Universo teve seu início em uma grande e repentina **expansão**, ocorrida há cerca de 13,8 bilhões de anos. Não se sabe exatamente como ocorreu o *big-bang*. De acordo com a teoria, o Universo teria se expandido rapidamente a partir de um ponto de tamanho muito pequeno, de densidade infinita e com temperatura extremamente alta. Em um tempo menor que um segundo, teriam surgido os primeiros prótons e nêutrons. Tamanha era a quantidade de energia armazenada que, em apenas dois minutos após a expansão primordial, o Universo já contava com alguns anos-luz de diâmetro e começavam a surgir os primeiros núcleos atômicos – 90% deles de hidrogênio e 10% de hélio – e alguns traços de lítio.

À medida que o Universo expandia e a temperatura diminuía drasticamente em relação à temperatura inicial, a ligação entre elétrons e núcleos foi se estabilizando, permitindo o surgimento dos primeiros átomos e moléculas. Em 1 bilhão de anos após a expansão primordial, originaram-se as primeiras estrelas no interior das primeiras galáxias e, aproximadamente 9 bilhões de anos após o início da expansão do *big-bang*, formava-se o Sol com seu sistema planetário.

Album/Fotoarena

Georges Lemaître e Albert Einstein durante conferência sobre a origem do Universo na Califórnia, nos Estados Unidos, em 1933.

EM PRATOS LIMPOS

O *big-bang* não foi uma explosão

O *big-bang* não foi uma explosão, em que a matéria se espalha de um ponto central para regiões circundantes. Em vez disso, o espaço em si se expandiu com o tempo em todos os sentidos e aumentou a distância física entre os materiais que foram se formando.

Em outras palavras, o *big-bang* não foi uma explosão no espaço, mas sim uma expansão do próprio espaço. Poderíamos compará-la com o inflar de um balão, em que a superfície do balão é o próprio espaço. Ao inflá-lo, estaríamos expandindo a superfície já existente.

Os cientistas admitem que o próprio tempo-espaço se originou a partir do *big-bang*.

R2 Editorial/Arquivo da editora

A teoria do *big-bang* comparada ao inflar de um balão.
(Elementos representados em tamanhos e distâncias não proporcionais entre si. Cores fantasia.)

Supõe-se que o espaço não existia e que o Universo teria se expandido, surgindo a partir daí, em vez de ter sido meramente preenchido. Imediatamente após o *big-bang*, em alguns milionésimos de segundos, surgiram as partículas elementares que formariam a matéria e, com ela, os primeiros elementos químicos.

A concentração desses elementos químicos em alguns pontos do Universo iniciou a formação das primeiras estrelas. No interior delas, começava a produção de novos elementos, como o carbono, o oxigênio e o ferro.

Em seguida, iniciou-se a formação das galáxias, com elementos mais densos se espalhando por gases e gerando novos astros e estrelas. Ao girar ao redor das estrelas, esses elementos mais densos começaram a se concentrar, dando origem a sistemas planetários como os que conhecemos hoje.

Com o desenvolvimento e a utilização de telescópios e radiotelescópios, e em função do grande avanço tecnológico na área da computação, a comunidade científica está conseguindo fazer uma verdadeira "volta ao passado", isto é, investigando as primeiras radiações (ondas eletromagnéticas) que ocorreram nos tempos iniciais do *big-bang* e que ainda se propagam pelo Universo em expansão. Segundo alguns cientistas: "Quanto mais longe vamos em direção ao passado, mais informações obtemos no presente para entender a origem do Universo".

A importante descoberta da "radiação cósmica de fundo", um tipo especial de onda eletromagnética, é um exemplo dessa investigação ao passado. Ela representa uma espécie de "fóssil" de uma época em que o Universo era muito novo, sendo uma das evidências do *big-bang*. A radiação cósmica de fundo surgiu quando ocorria transformação de matéria em energia ou de energia em matéria.

Nsf/steffen Richter/harvard University/ SPL/Fotoarena

A primeira evidência direta da expansão do Universo foi observada no polo sul com um telescópio chamado Bicep (Imagem de Fundo de Polarização Cósmica Extragalática, na sigla em inglês) e anunciada por especialistas do Centro de Astrofísica (CfA) de Harvard-Smithsonian nos Estados Unidos. Fotografia tirada em 2014.

No início de 2016, cientistas estadunidenses revelaram a primeira detecção de ecos do *big-bang*, uma das mais importantes descobertas para entender as origens do Universo: as **ondas gravitacionais**.

As ondas gravitacionais, previstas por Albert Einstein (1879-1955) quase um século atrás, são ondulações minúsculas e primitivas que se propagam pelo cosmo. A descoberta dessas ondas é uma peça importante para a compreensão da formação do Universo, além da constituição dos elementos nele existentes, como galáxias, estrelas, nebulosas e vastas extensões de espaço vazio.

Philippe Halsman/Magnum /Latinstock

A teoria das ondas gravitacionais previstas por Albert Einstein foi confirmada. Fotografia tirada em 1947.

A teoria do *big-bang*

Uma sequência hipotética que apresentasse a grande expansão do espaço poderia ser representada da seguinte forma.

Shooarts/Shutterstock

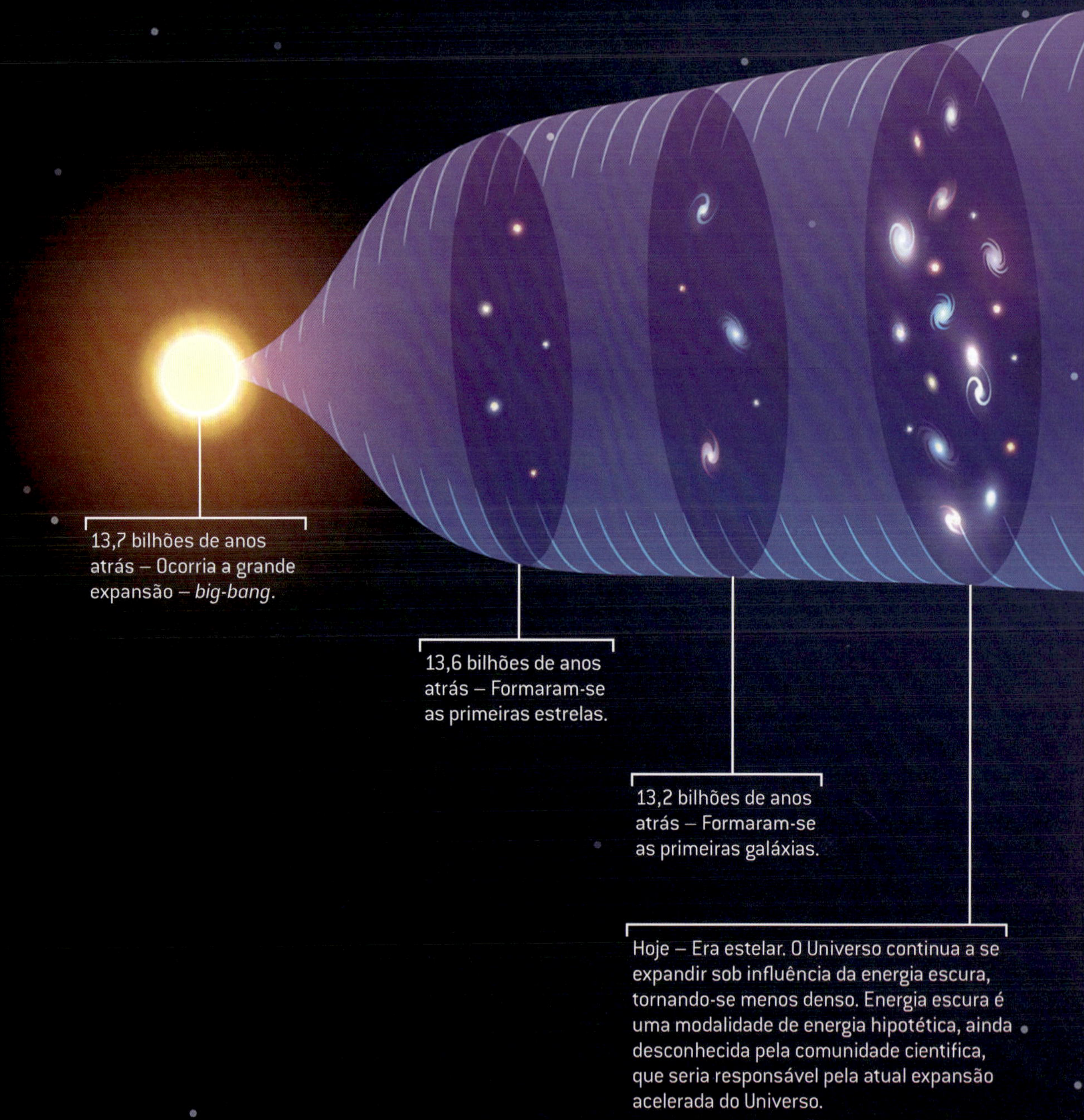

Há 13,8 bilhões de anos ocorreu o *big-bang*, a expansão do Universo que estaria concentrado em um ponto, criando e distribuindo matéria ao longo de sua extensão.

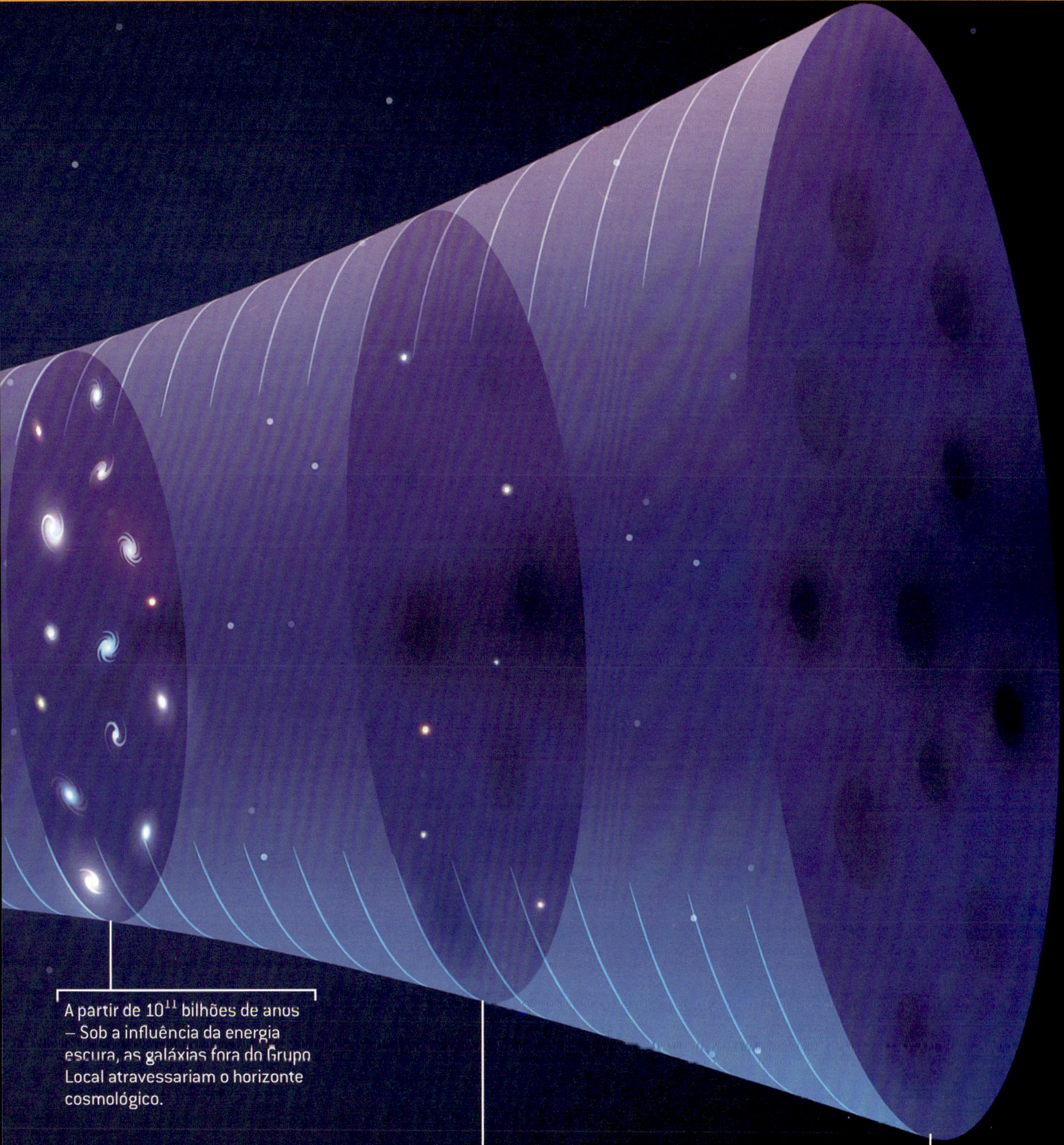

A partir de 10^{11} bilhões de anos – Sob a influência da energia escura, as galáxias fora do Grupo Local atravessariam o horizonte cosmológico.

A partir de 10^{14} bilhões de anos – Começo do fim das estrelas. Os buracos negros começariam a dominar o Universo. Buraco negro é uma região no espaço-tempo com campo gravitacional tão intenso que nem mesmo a luz consegue escapar dele. Tipicamente são formados em processos estelares, no término da evolução de estrelas massivas, ou por acréscimo de massa em estrelas menores.

A partir de 10^{40} bilhões de anos – Restarão apenas buracos negros, mas estarão instáveis, podendo

Nebulosas – Onde nascem e morrem as estrelas

APOD/NASA

A nebulosa Cabeça de Cavalo está a 1 500 anos-luz de distância da Terra, localizada dentro de uma nuvem muito maior denominada Nuvem de Órion.

O nascimento de uma estrela ocorre em uma nebulosa. As nebulosas são nuvens de gás no espaço compostas de hélio e hidrogênio ou, ainda, misturadas com poeira e gelo de estrelas que explodiram.

Há diferentes tipos de nebulosa: as de reflexão, as de emissão, as escuras e as planetárias.

A grande maioria das nebulosas conhecidas é de **reflexão** e não possui limites bem definidos. São compostas de gás e poeiras que refletem luz de uma ou mais estrelas vizinhas.

As nebulosas de **emissão** são compostas de gases ionizados que, ao serem atravessados por radiação ultravioleta emitida por uma estrela próxima, passam a emitir luz. A luz emitida é avermelhada devido ao hidrogênio, gás mais comum no Universo.

Geralmente as nebulosas de emissão e de reflexão são vistas juntas e, neste caso, são chamadas de nebulosas **difusas**.

APOD/NASA

Nebulosa de reflexão chamada M78, localizada na constelação de Órion, distante cerca de 1 500 anos-luz da Terra.

ESO/NASA

Nebulosa de emissão chamada N44, localizada na galáxia Grande Nuvem de Magalhães, distante cerca de 170 000 anos-luz da Terra.

Tony & Daphne Hallas/SPL/Fotoarena

Nebulosa de Órion, uma nebulosa difusa, localizada na constelação de Órion, distante cerca de 1 500 anos-luz da Terra.

Nebulosa escura chamada LDN1768, localizada na constelação de Ofiúco, distante cerca de 25 800 anos-luz da Terra.

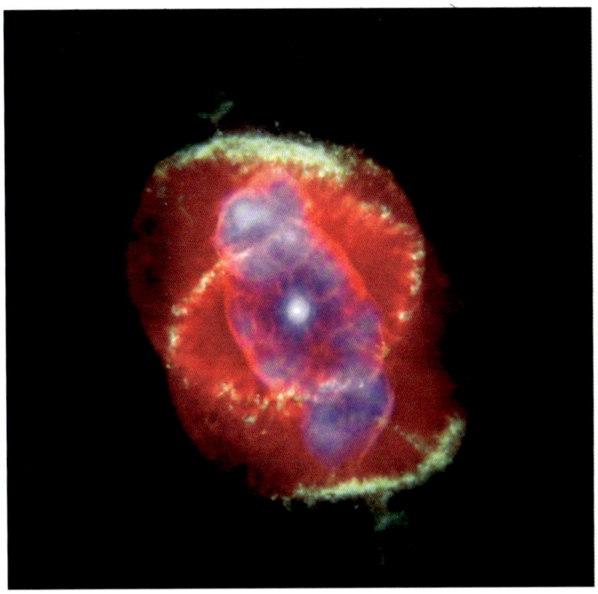

Nebulosa planetária chamada Olho de Gato, localizada na constelação do Dragão, distante cerca de 3 300 anos-luz da Terra.

As nebulosas escuras são compostas de gás e poeira e são assim chamadas porque são vistas como nuvens de partículas de poeira em silhuetas contra uma região mais clara no espaço. Estão associadas a regiões de formação estelar.

Quando uma estrela morre (implode e explode), a maior parte da sua estrutura é lançada ao espaço, formando uma nebulosa. As nebulosas planetárias são formadas por gases expelidos por uma estrela pequena que está morrendo.

Quando uma estrela muito grande morre, e gera uma supernova, há também a formação de nuvem de gases, mas estes são chamados de resíduos de supernova e podem gerar novas estrelas.

› Como nasce uma estrela?

Os gases nas nebulosas, em grande parte hidrogênio e hélio, formam gigantescas nuvens moleculares. Ao sofrerem turbulências causadas pela explosão de uma supernova ou pela aproximação de uma outra nuvem de gases, ocorrerá uma contração dos gases provocando adensamentos em algumas regiões. Tais adensamentos passam a formar pequenas concentrações de gases mais frios, que se contraem e acabam por se **colapsar** no centro, dando origem a um disco em rotação com uma **protoestrela** em seu núcleo.

Durante o colapso dos gases, a pressão e a temperatura no centro da protoestrela aumentam até se estabilizar, minimizando a ação da implosão.

Com o aumento da pressão e da temperatura (entre 8 a 10 milhões de graus Celsius), iniciam-se as reações **termonucleares** no centro da protoestrela. Os átomos de hidrogênio se juntam num processo de fusão nuclear, dando origem a átomos de hélio, liberando muita energia por meio de radiações (luz e ondas eletromagnéticas). Esse seria, segundo os cientistas, o “nascimento” de mais uma estrela.

Colapsar: contrair; implodir; concentrar a sua massa em um volume cada vez menor.

Protoestrela: protótipo de estrela que poderá dar origem a uma nova estrela.

Termonuclear: é o processo de elevação da temperatura a ponto de provocar a união de núcleos leves de átomos.

UM POUCO MAIS

Fusão nuclear

Toda a energia que a Terra recebe diariamente é proveniente de reações termonucleares que ocorrem no Sol.

As temperaturas altíssimas no centro do Sol fornecem a energia de ativação necessária para que átomos de hidrogênio (H) se unam, em um processo denominado fusão nuclear, produzindo átomos de hélio (He) e energia.

Neste processo, uma pequena parte de matéria transformada libera enorme quantidade de energia. Só por curiosidade, saiba que 1 grama de hidrogênio, através da fusão, libera uma quantidade de energia igual à liberada na queima de 20 toneladas de carvão.

A sequência principal

A protoestrela, ao se tornar uma estrela verdadeira, dá início ao ciclo de vida estelar, chamado de **sequência principal**.

A estrela se mantém na sequência principal enquanto promove a fusão nuclear, transformando quatro núcleos de hidrogênio em um núcleo de hélio e mantendo estável o seu brilho. Essa fase representa a etapa mais longa da vida de uma estrela, e é pela análise de sua massa que se pode estimar seu tempo de vida na sequência principal. Uma estrela com muita massa é muito mais quente e, por isso, mais luminosa. Além disso, sua coloração estará mais próxima do azul do que do vermelho e seu tempo de vida será menor.

Como são classificadas as estrelas?

A classificação estelar é definida pela radiação (cor) que a estrela emite, também definindo a temperatura de sua atmosfera. Assim, as estrelas serão classificadas da mais quente para a mais fria, sendo cada classe associada a uma cor característica.

As classes das estrelas são identificadas por O, B, A, F, G, K e M. Além disso, suas massas são relacionadas à massa do Sol. Vejamos o quadro a seguir:

Classe	Temperatura em Kelvin	Cor convencional	Massa
O	Acima de 33 000 K	Azul	Acima de $16 \cdot M_{Sol}$
B	De 10 000 K a 33 000 K	Azul-branco	De $2{,}1$ a $16 \cdot M_{Sol}$
A	De 7 500 K a 10 000 K	Branco	De $1{,}4$ a $2{,}1 \cdot M_{Sol}$
F	De 6 000 K a 7 500 K	Amarelo-branco	De $1{,}04$ a $1{,}4 \cdot M_{Sol}$
G	De 5 200 K a 6 000 K	Amarelo	De $0{,}8$ a $1{,}04 \cdot M_{Sol}$
K	De 3 700 K a 5 200 K	Laranja	De $0{,}45$ a $0{,}8 \cdot M_{Sol}$
M	De 2 000 K a 3 700 K	Vermelho	Abaixo de $0{,}45 \cdot M_{Sol}$

O Sol é uma estrela de cor **convencional amarela** da classe G, com temperatura de 5 780 K e massa $M_{Sol} = 2 \cdot 10^{30}$ kg. Apesar de estar classificado como estrela amarela, a cor que recebemos da luz do Sol aqui na Terra é branca.

EM PRATOS LIMPOS

Afinal, qual é a cor do Sol?

A classificação das estrelas, incluindo o Sol, baseia-se na temperatura efetiva caracterizada nos espectros luminosos que apresentam, ou seja, na distribuição da energia em função do comprimento de onda (nos capítulos de eletromagnetismo e de luz e cores, você estudou o espectro de energia baseado no comprimento de onda e na frequência das ondas eletromagnéticas). A cor convencional é apenas um artifício usado para explicar essa classificação e coloca o Sol como uma das estrelas de tipo espectral G2, chamadas de "estrelas amarelas".

No entanto, como a emissão de luz na **fotosfera** solar ocorre com temperatura média de 5 775 K (ou 5 500 °C), em todas as bandas do espectro luminoso (do vermelho ao violeta), isso dá ao Sol a característica de cor branca.

Fotosfera: é a região em que um corpo celeste deixa de ser opaco à luz, ou seja, quando ele começa a aparecer visivelmente.

Em seus estudos anteriores, você viu que a cor branca é a junção de todas as cores do espectro de cores. É definida como "a cor da luz" em cores-pigmento. É a cor que reflete todos os raios luminosos, não absorvendo nenhum e, por isso, aparecendo com clareza máxima.

E por que observamos o Sol "amarelo" ou "avermelhado" ao entardecer ou ao nascer do Sol?

O Sol parece amarelo devido a fenômenos luminosos ocasionados pela atmosfera da Terra.

Na realidade, a visão que temos do céu a, aproximadamente, 30 km de altura, onde o ar é muito rarefeito, é do espalhamento e da difusão da luz solar pela nossa atmosfera. Como esse espalhamento da luz solar é seletivo, a luz-cor com menor comprimento de onda ou maior frequência, no caso o azul e o violeta, é espalhada inicialmente e com mais intensidade, e a luz-cor vermelha e amarela, de maior comprimento de onda e menor frequência, é espalhada posteriormente, sendo mais difícil de ser distribuída pelo céu.

O céu "amarelo e avermelhado", que observamos no alvorecer ou no pôr do sol, também é resultado do espalhamento seletivo da radiação solar pela atmosfera. Nesse período do dia, em que o Sol está bem próximo ao horizonte, seus raios atingem a superfície terrestre em um ângulo muito agudo, percorrendo um trajeto muito maior para chegar até nós, tendo de atravessar grande parte da baixa atmosfera, que contém maior concentração de vapor de água e muitas partículas em suspensão.

Nessa situação, a parcela azul do feixe de luz solar é totalmente espalhada bem antes de se aproximar da nossa visão.

DiegoMariottini/Shutterstock

A coloração do céu durante o nascer ou o pôr do sol está relacionada à dispersão e ao espalhamento da radiação solar pela atmosfera. Pôr do sol na ilha de Aruba, nas Antilhas Holandesas, 2018.

Cuidado! Não olhe para o Sol para tentar verificar sua coloração. Nunca olhe direta e fixamente para o Sol com os olhos desprotegidos! Isso pode ocasionar danos aos olhos.

› Como morre uma estrela?

Apesar de parecer estranho, uma estrela com grande massa terá menos tempo de vida do que uma de menor massa. Isso ocorre devido à rapidez de consumo dessa massa pelo processo de fusão nuclear, já que ela é seu próprio combustível nesse processo.

Quando praticamente todo o hidrogênio contido no núcleo da estrela é consumido, restando somente hélio, a estrela termina sua fase de sequência principal. A geração de energia passa a ocorrer em camadas mais externas e, após algumas alterações, a estrela mudará a coloração de sua luminosidade, ficando cada vez mais avermelhada e com volume aumentado, tornando-se uma **gigante vermelha**.

Durante essa nova fase, o hélio presente em grande quantidade na estrela também sofrerá fusão nuclear, produzindo um novo elemento – o carbono – e também liberando muita energia.

O hélio, assim como o hidrogênio, também se esgotará com o tempo, e a gigante vermelha passará para uma nova etapa. Se a estrela tiver uma massa de até dez vezes a massa do Sol, não será mais possível a realização da fusão nuclear e a estrela terminará sua vida com um núcleo de carbono. Ao final dessa etapa, as camadas mais externas da estrela provocarão uma gigantesca contração, semelhante a uma implosão, caindo para o núcleo e aumentando enormemente a pressão e a temperatura e, em determinado momento, gerando um *flash* similar a uma grande explosão, expulsando essas camadas para o espaço.

O material expulso nesse *flash* formará uma **nebulosa planetária** e o núcleo da estrela dará origem a uma **anã branca**, cujo brilho irá diminuindo gradativamente de acordo com a diminuição de sua temperatura até se tornar uma enorme esfera de carbono frio no espaço. E, assim, o ciclo de vida desse tipo de estrela terá se encerrado.

Esse será também o destino de nossa estrela central. O Sol está bem no meio de sua sequência principal, tendo cerca de 5 bilhões de anos. Estima-se que ainda demore mais 5 bilhões de anos até se tornar uma gigante vermelha. Quando isso ocorrer, seu volume se tornará tão grande que ele "engolirá" Mercúrio, Vênus e a Terra, além de sua superfície externa encostar em Marte.

Quando o Sol parar a fusão do hélio em seu núcleo e ejetar suas camadas em uma nebulosa planetária, ele se tornará uma anã branca e, depois de bilhões de anos, não emitirá mais nenhuma luz.

(Elementos representados em tamanhos e distâncias não proporcionais entre si. Cores fantasia.)

R2 Editorial/Arquivo da editora

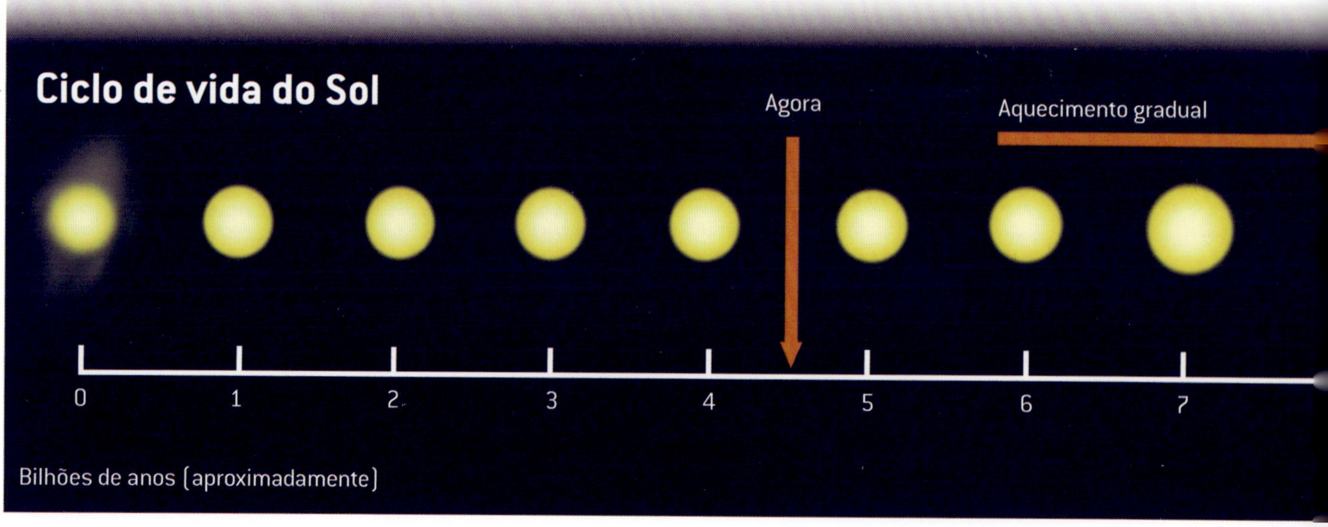

Supergigante vermelha

As estrelas tornam-se gigantes vermelhas ao chegar na fase final. No entanto, se a gigante vermelha tiver uma massa entre 10 e 25 vezes a massa do Sol, será considerada uma **supergigante vermelha** e ainda terá energia para continuar a fusão nuclear do carbono e, em seguida, de outros elementos químicos, como oxigênio, neônio, magnésio, silício e, por fim, o ferro. Ao chegar à etapa deste último elemento, a reação torna-se descontrolada e a estrela passa a ser uma **nova** ou **supernova**.

Supernova é um evento astronômico que ocorre durante os estágios finais da evolução de algumas estrelas muito massivas, caracterizado por uma explosão muito brilhante. Em apenas alguns dias o seu brilho pode intensificar-se em 1 bilhão de vezes de seu estado original, tornando-se tão brilhante quanto uma galáxia, mas, com o passar do tempo, sua temperatura e seu brilho diminuem lentamente.

Alguns tipos de supernova, ao explodir, podem expulsar para o espaço até 90% da matéria da estrela original. Se a massa do núcleo restante for superior a 1,5 massa solar, o núcleo se tornará instável e os elétrons serão capturados pelos prótons, originando nêutrons: o resultado é uma estrela de nêutrons, com aproximadamente 15 km de diâmetro e extremamente densa.

Quando a massa do núcleo restante ultrapassa três massas solares, o núcleo se mantém estável e a estrela continua a colapsar, dando origem a um buraco negro.

ESA, J. Hester, A. Loll (ASU)/NASA

A Nebulosa do Caranguejo (também catalogada como Messier 1, NGC 1952, Taurus A) é uma remanescente de supernova na constelação de Touro. É a mais intensa fonte de raios X e raios gama. Está a cerca de 6 500 anos-luz da Terra e tem um diâmetro de 10 anos-luz.

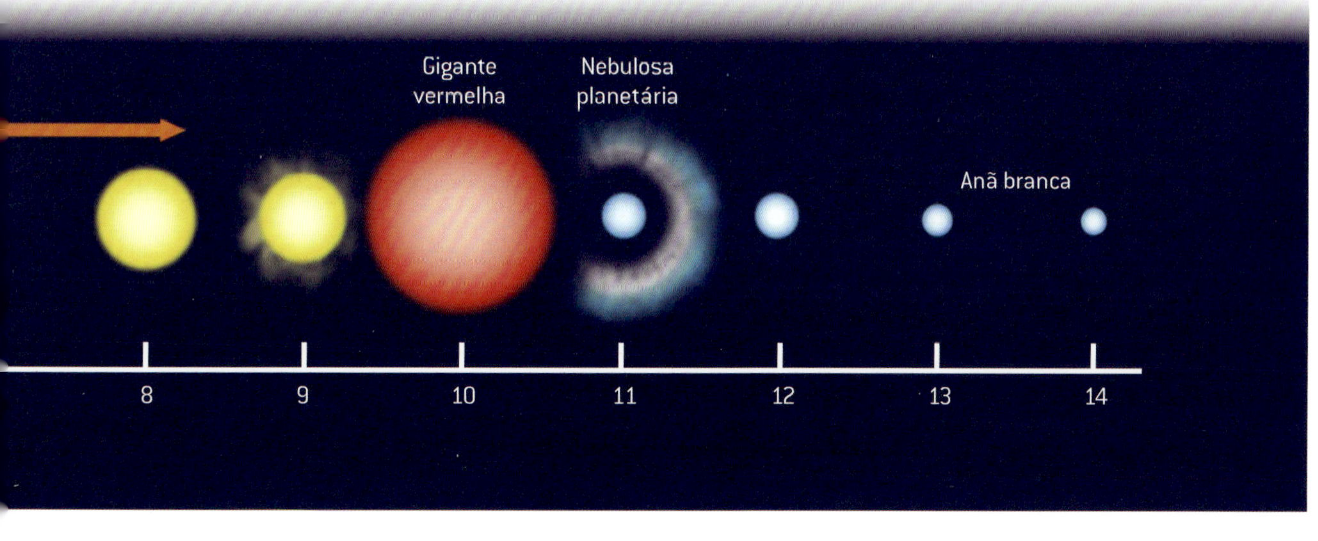

Terra e Universo

UM POUCO MAIS

Matéria escura e energia escura

A descoberta de que o cosmos não está só em expansão, mas em ampliação acelerada, é relativamente recente. Foi em 1998 que surgiram as primeiras evidências disso, vindas do estudo de **supernovas** distantes (vamos estudá-las a seguir). Estudar objetos nas profundezas do espaço é como entrar em uma máquina do tempo, pois os vemos como eram quando a luz partiu deles, por vezes, bilhões de anos atrás.

É possível estudar o "estado do Universo" ao longo de toda a sua história, estimada em 13,8 bilhões de anos. Nesse estudo foi possível constatar que, nos primeiros 8 ou 9 bilhões de anos, a expansão inicial estava freando, mas, nos últimos 5 ou 6 bilhões de anos, começou a acelerar, aumentando seu ritmo, movida por alguma força que ninguém sabe o que é e que resolveram chamar de energia escura.

A energia escura é, por muitas vezes, confundida com a **matéria escura**. Porém, são conceitos completamente diferentes – em natureza e efeitos. Enquanto a matéria escura é algo que gera mais gravidade (por exemplo, acelerando as estrelas da periferia das galáxias), a energia escura é algo que parece agir contra a gravidade, acelerando a expansão do Universo.

Elaborado com base em NOGUEIRA, Salvador. O mensageiro Sideral. **Folha de S.Paulo**, 22 jun. 2018. Disponível em: <https://mensageirosideral.blogfolha.uol.com.br/2018/06/22/relatividade-vence-de-novo-materia-e-energia-escura-seguem-no-jogo/?loggedpaywall> (acesso em: 25 ago. 2018).

GiroScience/Shutterstock

Representação artística de matéria escura.

Supernova: é um processo que ocorre durante os estágios finais da evolução de algumas estrelas, caracterizado por uma explosão muito brilhante.

Matéria escura: é uma parte do Universo que os astrônomos sabem que existe, mas sobre a qual ainda não há muito conhecimento. É matéria, porque se consegue medir sua existência por meio da força gravitacional que ela exerce. E é escura, porque não emite nenhuma luz.

UM POUCO MAIS

Supernova

A supernova é a etapa final de uma supergigante vermelha e dura pouco tempo em relação às outras etapas, quando as reações termonucleares tornam-se descontroladas. Não ocorre a fusão do ferro em outro elemento, pois não restaria mais energia para seguir adiante com o processo da fusão nuclear. A partir dessa etapa, a supernova entrará em colapso e ejetará em forma de explosão quase toda a sua massa ao espaço, formando uma nebulosa com resíduos de supernova.

A energia gerada com essa explosão permitirá a formação de outros elementos além do ferro. A massa restante se concentrará no núcleo e formará uma **estrela de nêutrons**.

Caso o campo magnético proporcionado pela estrela seja suficientemente intenso, a estrela emitirá luz em forma de cone por seus polos e será um **pulsar**.

Se, em último caso, a estrela tiver uma massa maior que 25 vezes a massa do Sol, após a etapa de supernova, a massa restante da estrela será tão concentrada e densa que seu fim será um **buraco negro**.

CXC/ESO/F.Vogt et al/NASA

Estrela de nêutrons é um estágio na vida de estrelas muito grandes que, depois de consumir todo o hidrogênio em seu núcleo e explodir em uma supernova, podem virar um corpo celeste extremamente denso e compacto onde não há mais átomos, mas um aglomerado de nêutrons. Supernova Remnant 1E102-2-7219, localizada a cerca de 200 000 anos-luz da Terra.

GRIN/NASA

Pulsares são também estrelas de neutrôns. Galáxia M82, distante cerca de 12 milhões de anos-luz da Terra.

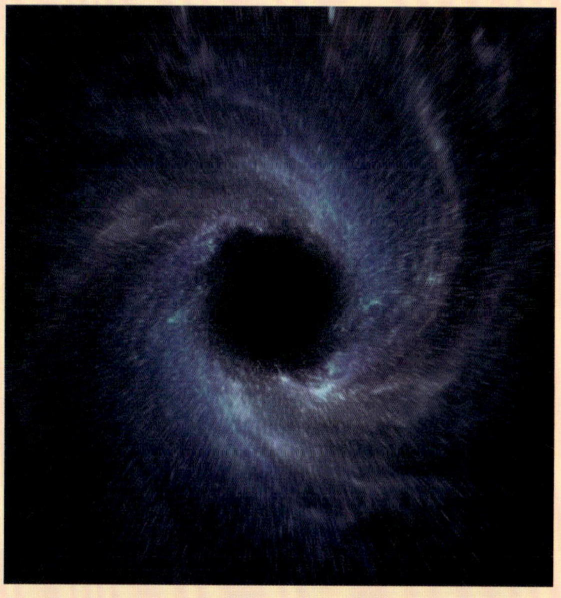
sdecoret/Shutterstock

Estrelas muito grandes, ao se contrair, tornam-se buracos negros. Na fotografia, concepção artística de um buraco negro.

› O início de um novo ciclo

Com a explosão ocasionada pela supernova, haverá um equilíbrio na temperatura da nuvem formada pelos gases e poeiras, gerando uma nova nebulosa planetária, rica em elementos químicos. Essa nebulosa planetária pode se misturar com outras nebulosas de mesma origem ou, ainda, interagir com a explosão de outra supernova e causar um colapso, o que dará origem a uma nova estrela.

Devido aos elementos criados na estrela anterior, essa nova estrela que se formará apresentará maior variedade de elementos. Assim, com a evolução do Universo, de geração em geração, surgem novos elementos a cada ciclo de estrelas.

EM PRATOS LIMPOS

A que geração de estrelas pertence o Sol?

O hidrogênio é o elemento mais abundante no Universo e também o mais simples. Após o *big-bang* só existiam, praticamente, o hidrogênio e o hélio.

As primeiras estrelas formadas após o *big-bang*, consideradas da primeira geração, eram compostas basicamente desses elementos químicos e tinham massas gigantescas. Ao morrerem, tornando-se supernovas, outras condições surgiam para que novos elementos surgissem, como carbono, oxigênio, magnésio, silício, ferro, entre outros.

Com a evolução do Universo, dessas supernovas surgiram as estrelas de segunda geração e os sistemas solares, ambos apresentando outros elementos além do hidrogênio e do hélio. A cada nova geração de estrelas surgem, também, novos elementos.

As estrelas muito massivas viveram pouco e "explodiram" transformando-se em supernovas. Na curta fase como supernova, havia temperatura suficiente para surgirem outros elementos como: cobre, zinco, chumbo, prata, ouro, platina, etc. Os elementos identificados atualmente na tabela periódica, como cobre, zinco, chumbo, prata, ouro, platina, entre outros, são provenientes desse evento astronômico. Isso ainda hoje acontece com todas as estrelas que implodem o seu núcleo como supernova, espalhando novos elementos pelo Universo.

Analisando os elementos presentes no Sol e no Sistema Solar, os astrônomos acreditam que o Sol seja uma estrela de, pelo menos, segunda geração, e muito possivelmente de terceira geração.

NESTE CAPÍTULO VOCÊ ESTUDOU

R2 Editorial/Arquivo da editora

- Teoria Cosmológica ou teoria do *big-bang*.
- As nebulosas: onde nascem e morrem as estrelas.
- Como nasce uma estrela.
- Como são classificadas as estrelas.
- Gigante vermelha, nebulosa planetária e anã branca.
- Supergigante vermelha e supernova.
- Estrela de nêutron e buracos negros.
- Nebulosas: início de um novo ciclo.

ATIVIDADES

PENSE E RESOLVA

1 Uma pessoa, ao explicar sua versão sobre a teoria cosmológica, afirmou:

"A teoria do *big-bang* explica, como o próprio nome significa, que o Universo se originou de uma grande explosão, espalhando a matéria que estava concentrada numa pequeníssima região do espaço."

Você concorda com essa explicação? Por quê? Justifique.

2 Quando teriam surgido as estrelas da primeira geração? Quais seriam os elementos químicos tidos como os principais componentes dessas estrelas? Como teriam surgido?

3 Embora alguns fenômenos astronômicos conceituados como matéria escura e energia escura sejam objetos de muita pesquisa pela comunidade científica e necessitem de muitos esclarecimentos, e mesmo que ainda sejam hipotéticos, os cientistas, em evidências observadas, costumam diferenciá-los quanto à origem do fenômeno (sua natureza) e os efeitos que produzem.

a) Como são definidos os conceitos de matéria escura e energia escura?

b) Segundo os cientistas, quais seriam as principais diferenças causadas pelos efeitos que esses fenômenos provocam no Universo em expansão?

4 Você deve ter percebido inúmeras vezes que o céu muda de cor durante o dia. Consulte o boxe *Em pratos limpos*, da página 199, e monte uma explicação para a possível variação da cor do céu durante certos períodos do dia.

SÍNTESE

1 Os termos abaixo estão associados ao ciclo de vida das estrelas.

( ) Gigante vermelha	( ) Estrela de nêutrons	( ) Supergigante vermelha
( ) Anã branca	( ) Protoestrela	( ) Pulsar
( ) Supernova	( ) Nebulosa planetária	
( ) Buraco negro	( ) Estrela	

a) Entre os termos acima, escolha aqueles relacionados ao ciclo de vida do Sol e enumere-os de acordo com as etapas desse ciclo.

b) Com base na resposta (sequência) dada no item **a**, explique resumidamente os acontecimentos que caracterizam cada etapa do ciclo de vida do Sol.

2 Cientistas afirmam que a "volta ao passado" pode esclarecer algumas hipóteses no presente e ainda prever acontecimentos futuros. Com base no texto desse capítulo, monte um pequeno resumo explicando como os cientistas poderiam justificar a afirmação acima.

DESAFIO

Observe a ilustração apresentada ao lado:

Nebulosa planetária. Ciclo de vida estelar.

(Elementos representados em tamanhos e distâncias não proporcionais entre si. Cores fantasia.)

Terra e Universo

a) Quais os nomes dos astros que poderiam substituir os números nas duas sequências apresentadas na ilustração da página anterior?

b) Segundo os critérios apresentados no texto e analisando a imagem anterior, é possível uma gigante vermelha originar um buraco negro? Justifique.

c) É possível uma supergigante vermelha originar também uma anã branca?

PRÁTICA

De que cor é a luz do Sol?

Objetivo

Verificar experimentalmente a decomposição da luz solar nas cores presentes em um pequeno arco-íris.

> **ATENÇÃO!**
> Cuidado ao manipular os espelhos, pois eles são frágeis e podem causar acidentes.

Material

- Espelho retangular de no mínimo 15 cm de comprimento por 10 cm de largura. Pode-se conseguir esse espelho em vidraçarias; peça que recortem retalhos no tamanho apropriado (pode ser pouco maior ou menor) e lixem as bordas do espelho para evitar cortes ao utilizá-lo.
- Um recipiente que possa conter água acima da metade de sua capacidade e que permita apoiar inclinadamente o espelho em uma de suas laterais. Pode ser um aquário pequeno ou um pote de plástico. Não é necessário que o recipiente seja transparente. Se for preciso, use fita adesiva para fixar o espelho.

Procedimento

1. Coloque água até a metade do recipiente.
2. Apoie o espelho em uma das laterais internas do recipiente. Mais da metade do espelho deve ficar coberto pela água. Se necessário, coloque mais água.
3. Posicione o recipiente com o espelho próximo a uma parede clara e que seja bem iluminada pelo Sol. Você pode projetar os raios de luz que saem da parte do espelho encoberto pela água em um anteparo (parede ou cartolina branca).
4. É possível observar um "pequeno arco-íris"? Caso não consiga observá-lo, desloque o conjunto sempre iluminado pelo Sol para mais próximo ou afastado do anteparo.

R2 Editorial/Arquivo da editora

Discussão final

1 Quais os "componentes luz-cor" que você consegue identificar no arco-íris projetado?

2 Complete o texto a seguir.

Os raios de luz se propagam inicialmente pelo ar e, ao mudarem de meio, isto é, ao entrarem na água, sofrem uma primeira ________________. Ao incidir no espelho, esses raios são ________________ e, ao saírem da água para o ar, sofrem uma segunda ________________. O conjunto espelho-recipiente-água funciona como um ________________ decompondo a luz do Sol.

Muitos especialistas indicam que a luz do Sol pode ser decomposta em sete luzes-cores associadas aos seus respectivos comprimentos de onda, que são, do maior para o menor, os seguintes: ____________, ____________, ____________, ____________, ____________, ____________, ____________.

3 Se a luz do Sol fosse somente amarela, diz-se luz monocromática amarela, ela seria decomposta em outras luzes-cores?

LEITURA COMPLEMENTAR

Nossa origem cósmica

Bettmann Archive/Getty Images

"O nitrogênio em nosso DNA, o cálcio em nossos dentes, o ferro em nosso sangue, o carbono em nossas tortas de maçã foram feitos nos interiores de estrelas em colapso. Somos feitos de material estelar" – Carl Sagan, *Cosmos*.

[...] A maioria das galáxias, incluindo nossa Via Láctea, provavelmente se formou nos primeiros bilhões de anos após o *big-bang*. Dentro das galáxias, a gravidade leva ao colapso de nuvens de gás e poeira, gerando estrelas e planetas. [...]

Toda a matéria no universo foi gerada no *big-bang*, mas o universo primitivo continha apenas os elementos mais simples: hidrogênio, hélio e um pouquinho de lítio. Todos os demais elementos foram manufaturados por estrelas através de **fusões termonucleares**, nas quais núcleos de baixo peso atômico se juntam para formar núcleos mais pesados, gerando, dessa maneira, os elementos mais pesados a partir dos mais leves. [...]

Durante a maior parte de suas vidas as estrelas geram energia fundindo hidrogênio em hélio, mas perto do final de suas vidas ela passam a gerar energia produzindo elementos como carbono, oxigênio, nitrogênio e ferro. As estrelas massivas morrem em explosões titânicas, (supernovas), nas quais espalham esses elementos pesados no espaço [...].

A nebulosa que deu origem ao nosso sistema solar, embora sendo 98% hidrogênio e hélio, já tinha 2% de todos os outros elementos químicos, que permitiram a formação dos planetas rochosos, como a Terra, e dos próprios seres vivos, há mais ou menos 3,5 bilhões de anos.

Todo o material de que nós somos feitos (exceto hidrogênio e parte do hélio) foram manufaturados nas estrelas que morreram antes do sistema solar se formar. Somos produto das estrelas. Nas palavras do astrônomo Carl Sagan (1934-1996), somos "poeira das estrelas".

Fonte: SARAIVA, M. F. O. **Nossa origem cósmica**. Disponível em: <http://www.if.ufrgs.br/~fatima/ead/origem.htm> (acesso em: 17 out. 2018).

Questões

1. Você já conhece a fórmula química da água, que é composta de hidrogênio e oxigênio. Comente em um pequeno texto como e onde poderiam ter sido formados os elementos químicos que compõem a água.
2. O nitrogênio, o cálcio, o ferro e outros elementos químicos surgiram de estrelas da primeira geração? Justifique.

Capítulo 14

Sistema Solar

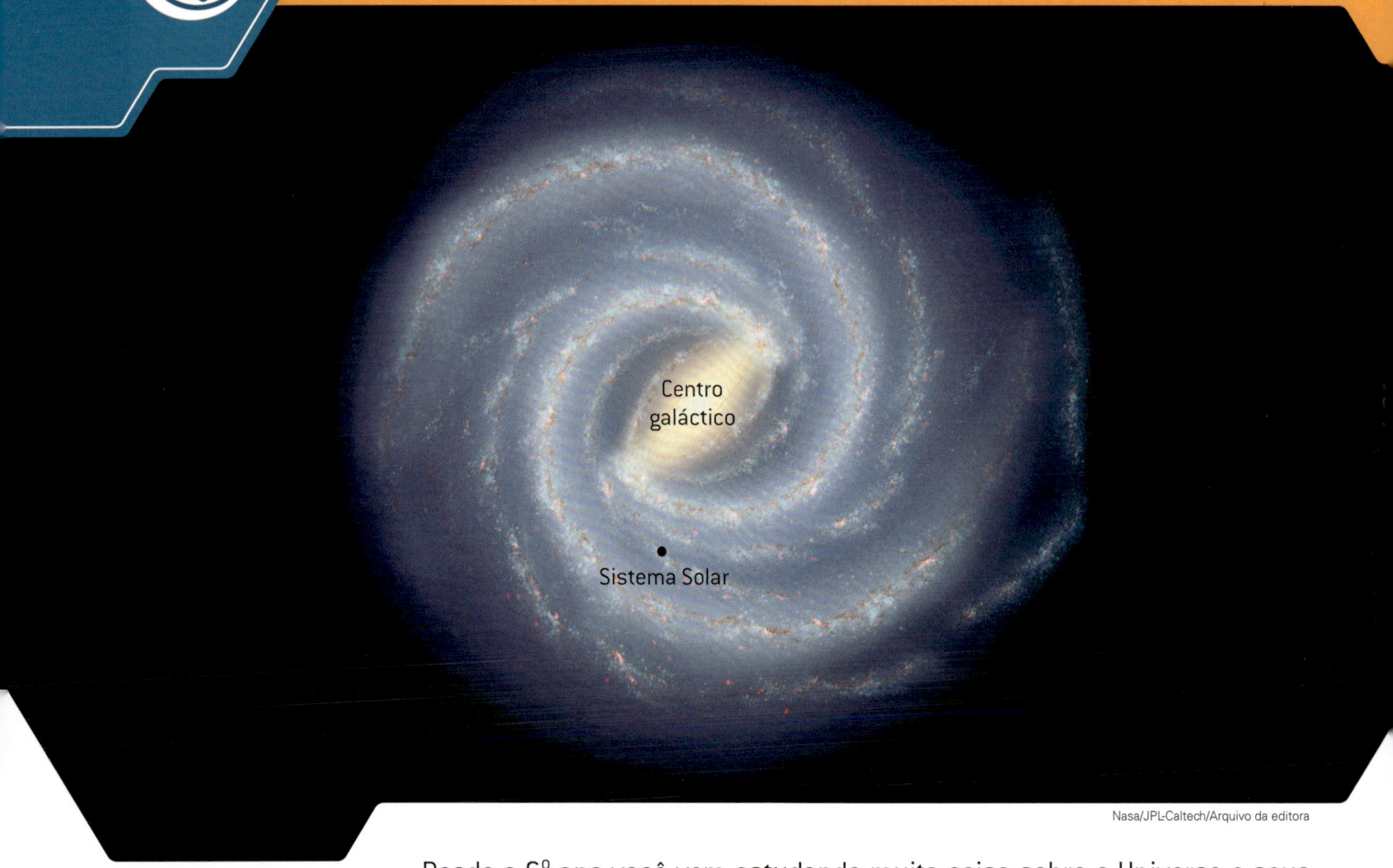

Nasa/JPL-Caltech/Arquivo da editora

Concepção artística mostrando a localização do Sistema Solar na Via Láctea.

(Elementos representados em tamanhos e distâncias não proporcionais entre si. Cores fantasia.)

Desde o 6º ano você vem estudando muita coisa sobre o Universo e seus principais componentes: as galáxias, as estrelas, os planetas, as luas, os cometas, os asteroides e demais astros.

No capítulo anterior, estudamos como se dão o nascimento, a vida e a morte de uma estrela, tendo o Sol como modelo. Você já sabe, também, que nem todos os astros que podemos observar no céu noturno são estrelas, pois não emitem luz própria. Muitos deles são astros iluminados, ou seja, refletem a luz da estrela mais próxima, sendo denominados planetas e satélites ou luas, que, juntos, formam um sistema estelar.

Como o Sol é a nossa principal estrela, a Terra, os demais planetas e as luas formam o Sistema Solar. Mas como se formou o Sistema Solar? Quais são os corpos celestes que compõem o Sistema Solar? Por que os planetas e as luas do Sistema Solar orbitam ao redor do Sol? Onde está localizado o Sistema Solar em nossa galáxia? E onde está a nossa galáxia em relação ao Universo?

Neste capítulo vamos nos aprofundar um pouco mais acerca de informações sobre o Sistema Solar e seus principais componentes.

A teoria (ou hipótese) nebular

Assim como a Terra, outros planetas e corpos celestes que orbitam o Sol formam o chamado Sistema Solar.

Ainda existem muitas pesquisas, trabalhos e discussões sobre as teorias e hipóteses da formação do Sistema Solar. Entre elas, a teoria nebular ou hipótese nebular é, atualmente, a mais aceita pelos especialistas em Astronomia e Astrofísica. Essa teoria foi proposta em 1755 pelo filósofo alemão Immanuel Kant (1724-1804) e desenvolvida em 1796 pelo matemático francês Pierre--Simon Laplace (1749-1827).

Segundo essa teoria, o Sistema Solar teria se originado há cerca de 4,6 bilhões de anos, a partir de uma **nebulosa**: uma enorme nuvem de gás e poeira. Laplace considerou que, como todos os planetas estão no mesmo plano, eles giram em torno do Sol na mesma direção e também giram em torno de si mesmos na mesma direção (com exceção de Vênus); assim, só poderiam ter se formado de uma mesma grande nuvem de partículas em rotação. Essa hipótese sugere que a grande nuvem de gás interestelar colapsou para dar origem ao Sol, aos planetas e demais componentes do Sistema Solar.

Uma vez iniciada a contração da nuvem estelar, que levou à concentração de material na região do núcleo, a força gravitacional que interage em toda a nuvem também foi aumentando, e esse processo provocou um aumento da rotação da nuvem. Com o passar do tempo, a massa de gás em rotação assumiu a forma de um disco planetário.

Após o colapso da nuvem, começou o resfriamento do disco planetário a partir das regiões mais externas, e apenas a região central, que daria origem ao Sol, manteve sua temperatura. O resfriamento acarretou a condensação de parte do material, originando os planetesimais, que são agregados de material da nuvem, cuja composição depende da distância ao núcleo do disco, o Sol.

Nas faixas mais distantes, por apresentarem temperaturas mais baixas, concentraram-se os gases e outras substâncias voláteis, isto é, aquelas que se condensam mais facilmente a baixas temperaturas e em temperatura ambiente.

Nas regiões mais internas, mais próximas ao núcleo e, portanto, mais quentes, permaneceram os materiais sólidos e menos voláteis.

Os agregados de materiais das diferentes faixas do disco planetário foram se aglomerando, dando origem aos núcleos planetários.

Concepção artística do Sistema Solar mostrando o Sol, os oito planetas (Mercúrio, Vênus, Terra, Marte, Júpiter, Saturno, Urano e Netuno), a Lua, os planetas-anões (Ceres, Eris, Plutão, Makemake e Haumea), satélites, asteroides, o Cinturão de Asteroides e o Cinturão de Kuiper.

(Elementos representados em tamanhos e distâncias não proporcionais entre si. Cores fantasia.)

Spencer Sutton/Science Source/Getty Images

Ilustrações: R2 Editorial/Arquivo da editora

A

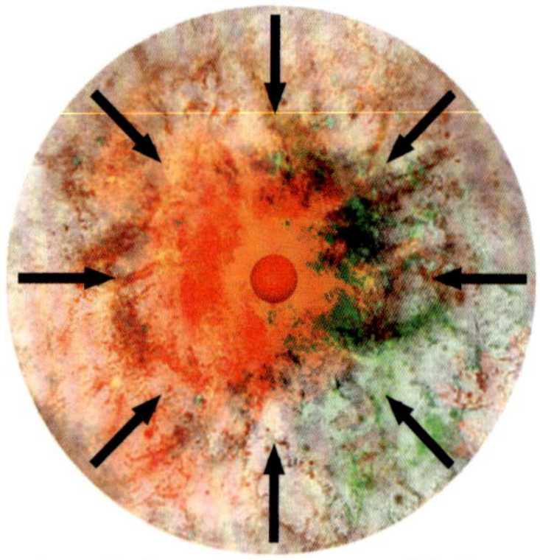

Colapso da nebulosa pela autogravidade.

B

Formação do protossol e do disco protoplanetário.

C

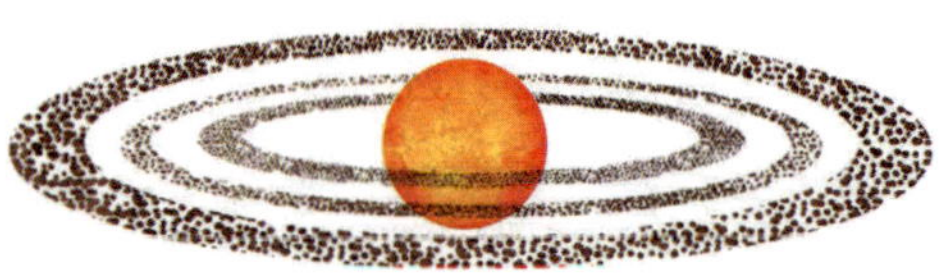

Fim do colapso. Formação dos planetesimais.

D

Sistema Solar atual: Sol e planetas.

Ilustração elaborada com base em: FILHO, Kepler de S. O. **Astronomia e Astrofísica**. 2. ed. São Paulo: Livraria da Física, 2004. Capítulo 15. p.134. Disponível em: <astro.if.ufrgs.br/livro.pdf> (acesso em: 31 ago. 2018).

Etapas do processo de formação do Sistema Solar de acordo com o modelo da nebulosa solar. (Elementos representados em tamanhos e distâncias não proporcionais entre si. Cores fantasia.).

Com o crescimento dos núcleos planetários nas faixas mais externas do Sistema Solar e, consequentemente, o aumento da força gravitacional, grandes quantidades de hidrogênio e hélio da nebulosa solar se concentraram nessa região, dando origem aos planetas gigantes ou aos planetas gasosos.

Nas faixas internas, os núcleos planetários deram origem aos planetas Mercúrio, Vênus, Terra e Marte. Os quatro planetas, com órbitas mais próximas ao Sol, são bem menores que os gigantes gasosos e classificados em planetas internos ou **planetas terrestres**: são compactos, rochosos e têm poucos ou nenhum satélite natural (luas).

Os planetas Júpiter, Saturno, Urano e Netuno, os maiores e mais distantes do Sol, constituídos de materiais mais leves, são conhecidos como **planetas gigantes** ou **gigantes gasosos**: cerca de 90% da massa de Júpiter e de Saturno é composta dos gases hélio e hidrogênio, enquanto Urano e Netuno têm cerca de 20% de sua massa constituída por hélio e hidrogênio e a maior parte por oxigênio, nitrogênio, carbono e enxofre. Os planetas gigantes têm muitas luas e anéis. Por serem os mais afastados do Sol, Júpiter, Saturno, Urano e Netuno também são chamados de planetas externos.

Fazem parte também do Sistema Solar os planetoides ou planetas-anões, os asteroides, os cometas e algumas regiões espaciais ainda pertencentes ao Sistema Solar conhecidas como Cinturão de Asteroides, Cinturão de Kuiper e Nuvem de Oort.

Entre Marte e Júpiter situa-se o Cinturão de Asteroides, constituído de asteroides de variadas formas e tamanhos, que podem chegar até cerca de 1 000 km de extensão. O Cinturão de Asteroides separa os planetas internos dos planetas externos.

> **Asteroides** são fragmentos de rochas que orbitam no espaço. Acredita-se que os asteroides primordiais eram grandes corpos que se fragmentaram devido a colisões, formando os asteroides atuais.

Na periferia do Sistema Solar também são encontrados milhares de corpos congelados. Cerca de 100 mil deles formam o chamado Cinturão de Kuiper.

Ainda mais distante e delimitando o Sistema Solar são encontrados milhões de núcleos de cometas em uma região denominada Nuvem de Oort.

› Nosso Universo povoado de galáxias

Em seus estudos anteriores, você viu que as galáxias são compostas de bilhões de estrelas e de outros corpos celestes. Um levantamento feito com dados recolhidos durante duas décadas pelo telescópio Hubble estima que o Universo abriga dois trilhões de galáxias, dez vezes mais do que se acreditava no passado.

Nossa morada e todo o Sistema Solar estão em uma dessas galáxias: a Via Láctea. O Grupo Local é o aglomerado de galáxias do qual a Via Láctea faz parte, sendo um de seus maiores componentes.

A Via Láctea apresenta uma estrutura espiral com pelo menos quatro braços detectados. Vista da Terra, aparece como uma faixa brilhante e difusa que circunda toda a esfera celeste. Com poucas exceções, todos os objetos visíveis a olho nu pertencem a essa galáxia. Sua idade estimada é de mais de 13 bilhões de anos. Formada por centenas de bilhões de estrelas, sua parte central possui forma alongada, com grande concentração de estrelas, e exatamente no centro da galáxia situa-se um buraco negro supermassivo. Para atravessá-la de ponta a ponta seriam necessários 100 000 anos-luz.

B.A.Tafreshi/Novapix/Leemage/Agência France-Presse

Atualmente, um dos responsáveis pelo mapeamento do Universo é a rede de telescópios ALMA. Essa tecnologia permite ver a Nebulosa de Gum e a Grande Nuvem de Magalhães. Fotografia do deserto de Atacama, no Chile, 2016.

O Sistema Solar localiza-se a meia distância entre o centro e a borda do disco, na região do Braço de Órion, a 26 000 anos-luz do centro da galáxia. Ao redor da galáxia orbitam suas galáxias-satélites, das quais destacam-se as Nuvens de Magalhães. Todo o Sistema Solar demora em torno de 225 milhões de anos para descrever um movimento de revolução ao redor do núcleo da Via Láctea.

Por muitos anos, vários cientistas tentaram descrever os movimentos dos planetas. O astrônomo alemão Johannes Kepler (1571-1630), por exemplo, descreveu em seus estudos no século XVII as leis do movimento planetário. Kepler concluiu que as órbitas, trajetórias que os corpos celestes percorrem ao redor do Sol sob influência da gravidade, são elípticas.

A esse movimento que os corpos celestes executam ao redor do Sol, em suas órbitas, damos o nome de movimento de **revolução** ou **translação**.

Os planetas também executam outros movimentos. Um deles é o de rotação, movimento em torno do seu próprio eixo, que determina os dias e as noites.

INTERFOTO/Interfoto/Latinstock

Johannes Kepler, astrônomo alemão que desenvolveu as leis que descrevem o movimento dos planetas do Sistema Solar.

Terra e Universo

UM POUCO MAIS

Viajando pelo Sistema Solar

Em 1977, a Nasa lançou as sondas espaciais Voyager I e Voyager II para observar e estudar os planetas Júpiter e Saturno e, posteriormente, os demais planetas externos.

Essas sondas recebem comando de rotina daqui da Terra e nos enviam de volta dados sobre esses planetas e outros possíveis corpos celestes que encontram em seu caminho.

A partir das suas informações foram feitas descobertas de novos satélites ao redor dos planetas externos, assim como novas características a respeito de satélites já conhecidos.

Atualmente, a Voyager I encontra-se fora do Sistema Solar, no espaço interestelar.

JPL-Caltech/NASA

Em 2017, as sondas Voyager comemoraram 40 anos no espaço.

(Concepção artística elaborada pela Nasa. Cores fantasia.)

Os componentes do Sistema Solar

O Sol

O Sol é o astro dominante do sistema ao qual pertencemos. Ele é responsável por mais de 99% da massa de todo o Sistema Solar. Veja a tabela abaixo, que considera a massa do sistema como 100% do total.

MASSA DO SISTEMA SOLAR	
Componente	**Massa**
Sol	99,85%
Júpiter	0,10%
Demais planetas	0,04%
Cometas	0,01%
Satélites e anéis	0,00005%
Asteroides	0,0000002%
Meteoroides e poeira	0,0000001%

Fonte: FILHO, Kepler de S. O. **Astronomia e Astrofísica**. 2. ed. São Paulo: Livraria da Física, 2004. Capítulo 15. p. 102.

A unidade mais adequada para medir distâncias dentro do Sistema Solar é a **Unidade Astronômica (UA)**, que é a distância média entre a Terra e o Sol.

1 UA = 149 597 870 700 m ou, aproximando, 1 UA = 150 bilhões de metros ($1{,}5 \cdot 10^{11}$ m) ou 150 milhões de quilômetros ($1{,}5 \cdot 10^{8}$ km).

A unidade mais adequada para medir distâncias interestelares é o ano-luz (AL), que corresponde à distância percorrida pela luz em um ano.

$$1\ \text{AL} = \text{velocidade da luz} \cdot 1\ \text{ano} =$$
$$= 2{,}9979 \cdot 10^{5}\ \text{km/s} \cdot 3{,}1557 \cdot 10^{7}\ \text{s} = 9{,}46 \cdot 10^{12}\ \text{km}$$

Em geral, usa-se $1\ \text{AL} = 9{,}5 \cdot 10^{12}$ km.

Observação: Para efeitos práticos, os períodos de rotação (1 dia) e de translação (1 ano) da Terra servem de base para a medida de tempo dos períodos de rotação e translação de outros corpos celestes, sendo chamados de **dia terrestre** e **ano terrestre**, respectivamente.

O Sol é uma estrela pequena se comparado às demais estrelas. Mas, sem ele, não haveria vida na Terra.

Os planetas do Sistema Solar giram ao redor do Sol e, com ele, giram em torno da Via Láctea, dando uma volta completa a cada 225 milhões de anos.

O Sol também realiza um movimento de rotação equatorial de cerca de 25 dias. A temperatura em sua superfície está em torno de 6 000 °C e sua massa é cerca de 330 000 vezes maior que a da Terra.

No núcleo do Sol ocorre um processo de geração de energia nuclear, que chega à sua superfície e é lançada no espaço sob a forma de radiação luminosa, radiação térmica e através de partículas que compõem o chamado vento solar.

Assim como muitas outras estrelas, o Sol é um astro constituído de uma mistura de gases ionizados e incandescentes, denominada **plasma** (proposto como o quarto estado da matéria), e sua composição básica é hidrogênio e hélio.

UM POUCO MAIS

Plasma: o quarto estado da matéria

Um sólido mantém forma e volume estável porque seus átomos ou moléculas estão unidos por meio de fortes interações. Em seus estudos anteriores, você aprendeu que, ao fornecer certa quantidade de energia (calor) aos sólidos, essas interações podem ser quebradas, fazendo com que mudem de fase (estado físico), transformando-se em líquidos (no processo chamado fusão). Se o fornecimento de energia aos líquidos na forma de calor for continuado, eles atingem o ponto de vaporização, passando para o estado gasoso. Convém relembrar que essas mudanças estão sujeitas não só ao calor fornecido, mas também à pressão a que está submetido o material.

Podemos fazer uma analogia com a formação do quarto estado da matéria: o **plasma**. Sob intensa pressão e enorme quantidade de energia (calor), as interações entre as partículas de um gás podem ser quebradas, produzindo átomos isolados, assim como as interações entre elétrons e núcleos, com os átomos perdendo ou ganhando elétrons, isto é, transformando-se em íons. Nesse meio altamente energizado, em que a maioria absoluta dos átomos está ionizada (sob a forma de íons), as partículas movem-se livremente, apenas interagindo entre si por meio de colisões ou de forças elétricas e magnéticas. Como esse meio tem algumas características de um gás, mas com comportamento e propriedades diferentes, é chamado de plasma.

Assim, pelo menos qualitativamente, podemos dizer que o plasma é um material em estado gasoso, no qual a maioria absoluta das partículas é de íons e elétrons e não há átomos neutros ou eles representam frações extremamente pequenas.

O diâmetro do Sol é de aproximadamente 1 392 000 km, 109 vezes maior que o da Terra (caberiam 1,3 milhão de planetas Terra dentro do Sol!). A gravidade na superfície solar é 27,4 vezes mais intensa do que a da superfície terrestre.

No núcleo do Sol, a temperatura (15 milhões de graus Celsius) e a pressão (340 bilhões de vezes a pressão atmosférica da Terra ao nível do mar) são tão altas que os átomos de hidrogênio do plasma acabam se fundindo e formam átomos de hélio. Esse processo, denominado **fusão nuclear**, libera uma imensa quantidade de energia na forma de ondas eletromagnéticas.

Entretanto, o Sol é tão denso que essa radiação leva milhares de anos para se deslocar do núcleo à superfície. A partir daí, ela é liberada para o espaço e, em aproximadamente 8 minutos, uma pequena parte dela atinge a Terra.

O Sol pode ser esquematicamente dividido em seis camadas. Do centro para a periferia, temos: o núcleo, a zona radiativa, a zona convectiva, a fotosfera, a cromosfera e a coroa.

R2 Editorial/Arquivo da editora

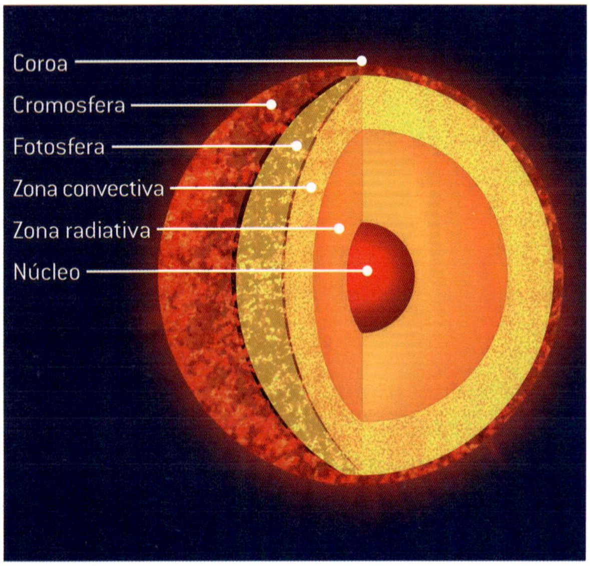

Representação artística das camadas do Sol.

(Elementos representados em tamanhos e distâncias não proporcionais entre si. Cores fantasia).

O modelo representado na figura ao lado mostra as principais regiões do Sol. A **cromosfera** normalmente não é visível, porque sua radiação é muito mais fraca do que a da fotosfera. Ela pode ser observada, no entanto, durante os eclipses, quando a Lua esconde o disco da fotosfera.

A cromosfera estende-se por 10 mil km acima da fotosfera e a temperatura aumenta da base para o topo, tendo um valor médio de 15 000 °C.

Acima da cromosfera encontra-se a **coroa**, a camada mais externa, larga e rarefeita da atmosfera do Sol, que tem forma e tamanho variáveis, podendo medir aproximadamente 13 000 000 km a partir da fotosfera, porque não tem limites definidos. Ela é melhor observada durante os eclipses, pois, apesar de ter um brilho equivalente ao da Lua cheia, fica obscurecida quando a fotosfera é visível. Da coroa emana o **vento solar**, um fluxo contínuo de partículas subatômicas. O vento solar que atinge a Terra é capturado pelo campo magnético, formando o Cinturão de Van Allen, que só permite que algumas partículas carregadas entrem na atmosfera da Terra pelos polos, resultando nas auroras boreal e austral.

A **fotosfera**, com cerca de 330 km de espessura e temperatura de 6000 °C, é a camada visível do Sol. Pontos escuros detectados na fotosfera são regiões onde o gás, mais frio e mais denso, escorre para baixo e são denominados **manchas solares**.

Logo abaixo da fotosfera localiza-se a **zona convectiva**, que se estende por cerca de 15% do raio solar. Logo abaixo dessa camada está a **zona radiativa**, onde a energia flui por radiação. O **núcleo**, com temperatura de cerca de 10 milhões de graus Celsius, é a região onde a energia é produzida por reações termonucleares (fusão nuclear).

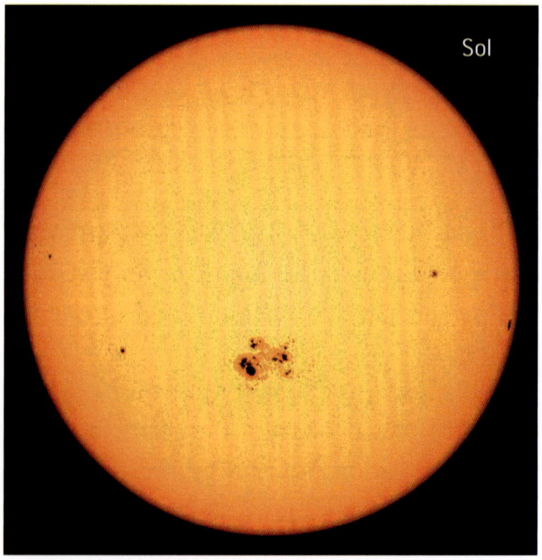

SDO/NASA

As manchas solares são fenômenos que ocorrem na fotosfera do Sol. As da fotografia foram capturadas em outubro de 2014.

UM POUCO MAIS

Espetáculo de luzes brilhantes

Lautz/Shutterstock

O Sol não emite apenas luz e calor, mas também partículas que, ao penetrarem nas regiões próximas aos polos, produzem um efeito luminoso chamado **aurora boreal**, nome dado por Galileu Galilei (1564-1642) e que ocorre no hemisfério norte, ou de **aurora austral**, nome dado por James Cook (1728-1779) e que ocorre no hemisfério sul.

Esse efeito também pode ser observado em outros planetas, como Vênus, Marte, Júpiter e Saturno.

As auroras também poder ser criadas a partir de explosões nucleares.

Aurora boreal vista na Islândia, 2017.

Os planetas

Mercúrio

É o planeta rochoso mais próximo do Sol e o menor de todos. Sua massa é de cerca de 5% da massa da Terra, e seu diâmetro aproximado é de 4 900 km.

APL/NASA

Fotomontagem que mostra o tamanho de Mercúrio comparado ao da Terra. A superfície de Mercúrio, cheia de crateras, tem aspecto semelhante ao da Lua.

A distância média desse planeta ao Sol é de 58 milhões de quilômetros ou 0,387 UA, e seu período de translação ao redor do Sol é de 176 dias terrestres.

Mercúrio não tem atmosfera nem água. Durante o período iluminado pelo Sol (seu dia) a temperatura pode chegar a 430 °C; e, durante o período escuro (sua noite), a temperatura atinge cerca de −180 °C.

O movimento de rotação de Mercúrio, que define a duração de seu dia, corresponde a 88 dias terrestres, isto é, ele demora o equivalente a 88 dias terrestres para completar uma volta em torno do seu eixo imaginário.

Terra e Universo

Vênus

Conhecido por grande parte das pessoas como Estrela-d'Alva, o planeta Vênus é facilmente visível, tanto ao anoitecer como ao amanhecer. Depois da Lua, esse é o astro mais brilhante do céu observado da Terra. A distância dele até o Sol é de aproximadamente 108 milhões de quilômetros ou 0,723 UA. O diâmetro de Vênus é de aproximadamente 12 000 km, bem próximo ao diâmetro da Terra, o que os torna visivelmente semelhantes em relação ao tamanho.

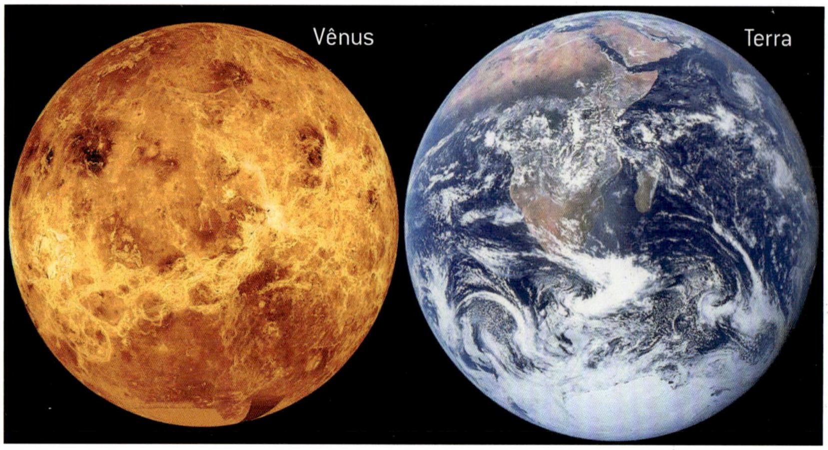

JPL/NASA

Fotomontagem que mostra o tamanho de Vênus comparado ao da Terra. Apesar de não ser uma estrela, o planeta Vênus é popularmente chamado de Estrela-d'Alva.

Entre os maiores destaques de Vênus estão a densidade e a espessura de sua atmosfera, composta principalmente de gás carbônico, vestígios de nitrogênio, vapor de água, oxigênio, enxofre e até mesmo ácido sulfúrico. Além desses componentes, sua temperatura média de 460 °C e pressão de noventa atmosferas terrestres dificultam qualquer observação de sua superfície.

Apesar de Vênus estar mais afastado do Sol, sua temperatura é mais elevada que a de Mercúrio, devido à enorme quantidade de gás carbônico existente em sua atmosfera, acarretando um efeito estufa muito intenso. Outra característica importante: a duração do ano de Vênus é menor que a do seu dia. O ano dura 224 dias terrestres (uma volta completa ao redor do Sol). O dia dura 243 dias terrestres (uma rotação completa) e a rotação de Vênus é no sentido contrário ao dos outros planetas. Enquanto o Sol nasce do lado Leste em todos os demais planetas, em Vênus o Sol nasce do lado Oeste. Assim como Mercúrio, Vênus não possui nenhuma lua.

O planeta Terra é o terceiro mais próximo do Sol.

USGS/NASA

Terra

O movimento de rotação da Terra dura aproximadamente 24 horas e o movimento de translação, aproximadamente 365,25 dias. A composição da atmosfera terrestre, formada por nitrogênio, oxigênio e outros gases, ajuda a reter o calor em níveis apropriados para a existência de vida; a temperatura superficial média anual fica em torno de 15 °C, o que a diferencia de todos os demais planetas do Sistema Solar.

A distância da Terra ao Sol é de aproximadamente 150 milhões de quilômetros ou 1 UA e seu diâmetro é de, aproximadamente, 12 700 km. Cerca de 2/3 da superfície do planeta estão recobertos por água líquida. A Terra tem um único satélite natural, a Lua.

A Lua

A Lua é o satélite natural da Terra e se encontra a aproximadamente 385 000 km. Assim como a Terra, a Lua também gira em torno de seu eixo, com período de cerca de 29,5 dias.

Ao redor da Terra, a Lua demora cerca de 27 dias para dar uma volta. Seu diâmetro é de 3 475 km e sua temperatura média fica em torno de −20 °C, devido à ausência de atmosfera.

Em sua superfície é possível observar planícies escuras provenientes dos resíduos da ação de antigos vulcões, que produzem um solo tão escuro quanto o asfalto.

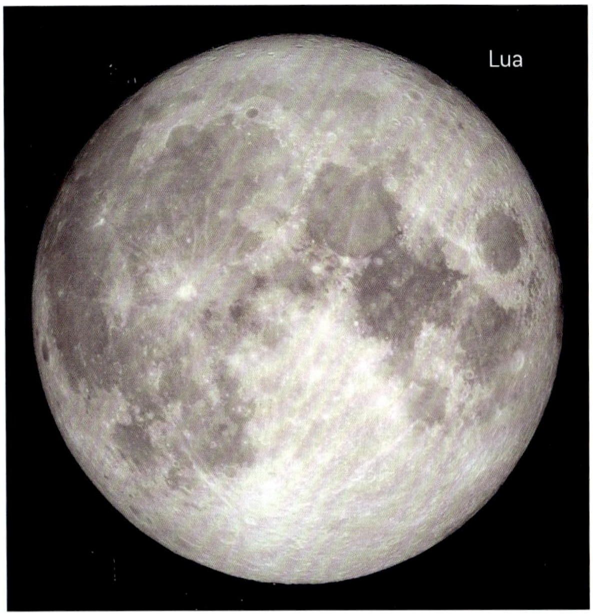

Arizona State University/GSFC/NASA

Antes de se conhecer a natureza das planícies escuras da Lua, esses locais eram chamados de mares.

Marte

O tamanho de Marte é aproximadamente 53% do tamanho da Terra, e o planeta apresenta um diâmetro de cerca de 6 800 km. A distância média dele até o Sol é de 228 milhões de quilômetros ou 1,524 UA.

JPL-Caltech/USGS/NASA

No céu, Marte aparece como se fosse uma estrela brilhante e avermelhada.

DrLee//JPL/MSSS & Use/NASA

Fotomontagem que mostra o tamanho de Marte comparado ao da Terra. É conhecido como Planeta Vermelho. A cor deve-se à grande quantidade de óxido de ferro, uma substância avermelhada existente em seu solo.

Marte executa uma rotação completa (dia marciano) em 24 h 37 min, praticamente a mesma duração de um dia da Terra, e seu ano (uma revolução completa em torno do Sol) equivale a 687 dias terrestres.

A atmosfera de Marte é quase toda composta de dióxido de carbono e sua temperatura média é de −65 °C.

Sinais indicam que Marte já teve água em sua superfície.

Marte tem dois satélites naturais: Fobos, com 22 km de diâmetro, e Deimos, com 12 km de diâmetro.

Júpiter

Júpiter é o maior planeta do Sistema Solar. Apresenta massa cerca de 318 vezes maior que a da Terra e seu diâmetro é de aproximadamente 143 000 km. Pode-se dizer que cabem cerca de 1 300 Terras em seu interior.

Fotomontagem que mostra o tamanho de Júpiter comparado ao da Terra.

A distância média dele ao Sol é de, aproximadamente, 779 milhões de quilômetros ou 5,203 UA, e seu período de translação corresponde a praticamente 12 anos terrestres. A temperatura média de Júpiter é de −100 °C.

Duas de suas características mais notáveis são:

- o número de luas catalogadas até o momento é 69. As quatro maiores foram descobertas por Galileu no século XVII: Io (diâmetro de 3 643 km), Europa (diâmetro de 3 122 km), Ganimedes (diâmetro de 5 262 km) e Calisto (diâmetro de 4 821 km);
- a composição da atmosfera: gás hidrogênio (90%) e gás hélio (10%).

Júpiter gira muito rapidamente em torno de seu eixo. Seu período de rotação é de quase 10 horas e de revolução em torno do Sol, cerca de 11 anos e 10 meses.

Ao longo de sua extensão é possível observar listras, chamadas de cinturões (partes escuras) e zonas (partes claras).

Saturno

Saturno, o segundo maior planeta do Sistema Solar, está a aproximadamente 1,4 bilhão de quilômetros ou 9,539 UA distante do Sol e seu diâmetro é de cerca de 120 000 km. Seu período de rotação é de 10 h 12 min e seu período de revolução em torno do Sol é de aproximadamente 29 anos e 6 meses.

Fotomontagem que mostra o tamanho de Saturno comparado ao da Terra.

Sua atmosfera é composta essencialmente de gás hidrogênio (97%) e gás hélio (3%) e sua temperatura média é cerca de −140 °C.

Com a passagem de sondas orbitais nas redondezas de Saturno, foram detectadas cerca de 62 luas em seu entorno. A sua maior lua, Titã, tem cerca de 5 100 km de extensão e, à primeira vista, se parece com a Terra, com lagos e rios em sua superfície. Entretanto, não são compostos de água, mas sim de metano líquido.

Saturno é, sem dúvida, muito conhecido por seu brilhante conjunto de anéis. As partículas constituintes desses anéis são formadas essencialmente por uma mistura de gelo, poeira e material rochoso. Existem diversas teorias sobre sua origem, como, por exemplo, a da desintegração de cometas que passaram próximo ao planeta ou a da destruição de um grande satélite natural que tenha se chocado com Saturno.

Urano

Urano está a quase 2,9 bilhões de quilômetros ou 19,18 UA distante do Sol. Sua massa corresponde a, aproximadamente, 14,5 massas terrestres.

JPL/NASA

Fotomontagem que mostra o tamanho de Urano comparado ao da Terra.

O diâmetro de Urano é pouco maior que quatro vezes o diâmetro da Terra, com cerca de 51 000 km. O planeta também está envolto por anéis de gelo e poeira, porém em menor número, mais estreitos e escuros que os de Saturno. Apresenta pelo menos 27 luas. Calcula-se que seu dia dure cerca de 17 horas terrestres e seu ano, 84 anos terrestres. Sua temperatura média gira em torno de -220 °C.

Acredita-se que aproximadamente 80% da massa de Urano seja composta de uma mistura fluida de metano, água e amônia no estado sólido, e sua atmosfera seja rica em gás hidrogênio e gás hélio. Com respeito ao núcleo, acredita-se que ele seja rochoso e que tenha mais ou menos o tamanho da Terra.

Netuno

Netuno é o planeta mais distante do Sol, estando a cerca de 4,5 bilhões de quilômetros ou 30,06 UA dele.

JPL/NASA

Fotomontagem que mostra o tamanho de Netuno comparado ao da Terra.

Terra e Universo

Acesse também!

RTP Ensina. Disponível em: <http://ensina.rtp.pt/artigo/o-sistema-solar/> (acesso em: 1º set. 2018).

Site de emissora de televisão portuguesa que traz, entre outros assuntos, uma abordagem simplificada sobre Astronomia, o Sistema Solar e demais questões acerca do Universo.

O período de translação de Netuno é de 165 anos terrestres e o de rotação, 16 h 6 min. Sua massa corresponde a aproximadamente 17 massas terrestres. Apresenta diâmetro um pouco menor que o de Urano, com 49 500 km. Possui 14 luas conhecidas no seu entorno. Netuno é circundado por um tênue sistema de anéis, formados em sua maioria por partículas de poeira escura que refletem pouca luz solar, possivelmente formadas de metano no estado sólido.

Sua atmosfera é constituída por cerca de 79% de gás hidrogênio, 18% de gás hélio e 3% de gás metano, e sua temperatura média está em torno de −200 °C.

EM PRATOS LIMPOS

Plutão é um planeta?

Até 24 de agosto de 2006 Plutão era considerado um planeta. Nessa data, na 26ª Assembleia Geral da União Astronômica Internacional (UAI), realizada em Praga, na República Tcheca, criou-se uma nova definição de planeta e uma nova categoria para classificar os astros: planeta-anão, da qual Plutão passou a fazer parte.

Nessa ocasião, convencionou-se definir planeta como um corpo celeste que deve ter forma aproximadamente esférica, girar em torno de uma estrela e ter a capacidade de desviar a trajetória de corpos celestes que estejam próximos. Plutão mudou de categoria por não atender a esta última condição.

Entretanto, muitos cientistas permaneceram favoráveis à classificação de Plutão como planeta e pedem a revisão dessa definição.

Os planetas-anões

Plutão

Situado no Cinturão de Kuiper, a 5,8 bilhões de quilômetros do Sol, Plutão é um planeta-anão formado por gelo e rochas. Tem diâmetro de 2 390 km, leva cerca de 248 anos terrestres para dar uma volta ao redor do Sol e seu período de rotação é de 6 dias e 9 horas. Sua superfície apresenta uma mistura de nitrogênio e outros gases congelados e temperatura média de −225 °C.

JHUAPL/SwRI/NASA

Plutão atualmente é considerado um planeta-anão.

JPL/NASA

Fotomontagem que mostra o tamanho de Plutão comparado ao da Terra.

Assim como os planetas, Plutão tem cinco luas conhecidas: Caronte (a maior, com metade do diâmetro de Plutão), Estige, Nix, Cérbero e Hidra.

Ceres

Localizado no Cinturão de Asteroides, a 420 milhões de quilômetros do Sol, Ceres é outro planeta-anão do Sistema Solar. Diferentemente dos asteroides, Ceres apresenta um formato esférico, o que lhe garantiu a classificação de planeta-anão.

Acredita-se que seja rochoso e que sua superfície seja constituída de uma camada de gelo. Seu período de translação é de aproximadamente 4,6 anos terrestres.

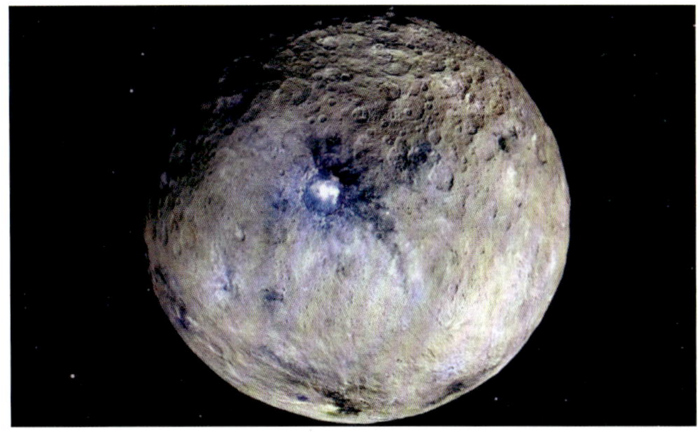

JPL-Caltech/UCLA/MPS/DLR/IDA/NASA

Planeta-anão Ceres.

Éris

Entre os planetas-anões, Éris é o maior deles e encontra-se a 14,5 bilhões de quilômetros do Sol. Seu período de translação é de, aproximadamente, 557 anos terrestres. Apresenta apenas uma lua, chamada Disnomia. Foi descoberto em 2005 e é possível que sua composição seja semelhante à de Plutão.

Robysot/Shutterstock

Planeta-anão Éris.

Haumea

Haumea é outro planeta-anão que se encontra no Cinturão de Kuiper, a cerca de 6,5 bilhões de quilômetros do Sol. Seu período de translação é de, aproximadamente, 284 anos terrestres. Foi descoberto em 2004 e possui duas luas, Hi'iaka e Namaka. Assim como Ceres, apresenta uma cobertura de gelo em sua superfície.

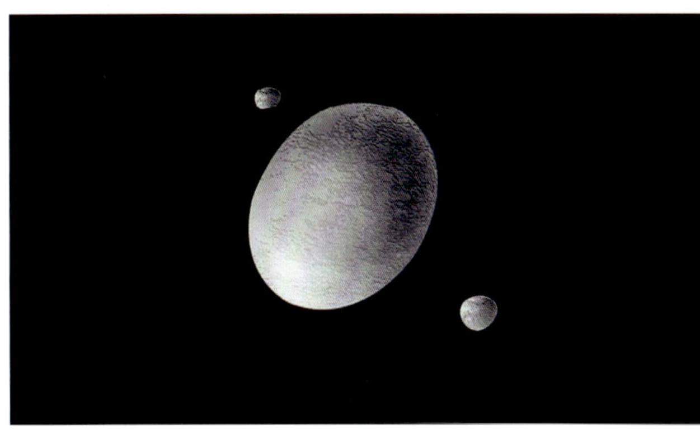

JPL/NASA

Planeta-anão Haumea e suas luas.

Makemake

Em 2005, foi descoberto o terceiro maior planeta-anão do Sistema Solar: Makemake. Seu diâmetro é cerca de 70% do tamanho de Plutão. Também possui uma lua, a S/2015. Acredita-se que sua superfície seja coberta por metano, etano e nitrogênio e que apresente a temperatura média de −240 °C.

Encontra-se a cerca de 7,9 bilhões de quilômetros do Sol e seu período de translação é de aproximadamente 310 anos.

Goddard/Katrina Jackson/NASA

Planeta-anão Makemake.

Terra e Universo

Asteroides e cometas

O Sistema Solar, além dos planetas e dos planetas-anões, também é constituído de corpos celestes menores, como asteroides e cometas, cujas características principais foram estudadas no 6º ano.

Relembrando rapidamente, os asteroides são fragmentos rochosos que se encontram no Sistema Solar interno. Constituem o Cinturão de Asteroides, que se encontra entre Marte e Júpiter.

Os cometas são corpos congelados e se encontram no limite externo do Sistema Solar, na região denominada Nuvem de Oort. Apesar de serem corpos celestes pequenos, há registros deles desde a Antiguidade devido à sua característica principal: a cauda.

Ao se aproximarem do Sol, parte de seus componentes se vaporiza e deixa um rastro como se fosse uma cauda. Há cerca de 1 000 cometas catalogados e, entre esses, aproximadamente 150 com períodos conhecidos.

Nasa/esa/stsci/j.-y. Li/Planetary Science Institute/SPL/ Fotoarena

Cometa Ison, observado em 2013 pelo Telescópio Hubble.

NESTE CAPÍTULO VOCÊ ESTUDOU

JPL-Caltech/NASA

- Hipótese nebular.
- Nossa galáxia: a Via Láctea.
- Unidade Astronômica (UA).
- Componentes do Sistema Solar.
- O Sol: estrutura e principais características.
- Os planetas que compõem o Sistema Solar.
- Os planetas-anões do Sistema Solar.
- Os asteroides e os cometas.

ATIVIDADES

PENSE E RESOLVA

1 Segundo as etapas da teoria nebular, que hipóteses você proporia para explicar a formação e a posição dos planetas rochosos em órbitas mais próximas ao Sol e dos planetas gasosos em órbitas mais distantes?

2 Que partes do Sol podem ser mais bem observadas e estudadas durante um eclipse total do Sol?

3 Indique as camadas do Sol associando a cada uma pelo menos uma característica que a identifique.

4 Quais são os corpos celestes que compõem o Sistema Solar?

5 Que relação poderá ser feita ao comparar as distâncias médias entre cada planeta e o Sol com seus respectivos períodos de revolução?

6 Alguns planetas e planetas-anões apresentam luas e outros não. Assinale a alternativa que contém planetas e/ou planetas-anões que apresentam luas:

a) Vênus, Terra, Éris e Plutão.

b) Mercúrio, Terra, Júpiter e Urano.

c) Vênus, Ceres, Saturno e Plutão.

d) Terra, Éris, Plutão e Júpiter.

Informe pelo menos uma ou duas luas importantes de cada astro (caso ele apresente mais de uma lua).

7 Estima-se que Júpiter tenha massa equivalente a 318 planetas Terra. Considerando a massa da terra $6 \cdot 10^{24}$ kg , faça seus cálculos e indique a massa aproximada de Júpiter em kg:

a) $318 \cdot 10^{24}$ kg

b) $1{,}90 \cdot 10^{24}$ kg

c) $6 \cdot 10^{27}$ kg

d) $1{,}90 \cdot 10^{27}$ kg

8 A emissão de gases provenientes da queima de combustíveis fósseis, como o gás carbônico, causa sérios impactos ambientais. Caso tivéssemos um excesso de emissão desses gases, a Terra teria seu efeito estufa intensificado e sua atmosfera, guardadas as devidas proporções, poderia se tornar semelhante à de um outro planeta de nosso Sistema Solar. Que planeta é esse? O que aconteceria com a temperatura média da Terra?

9 Segundo Carl Edward Sagan, cientista, astrônomo, astrofísico e cosmólogo, "não estamos sozinhos no Universo". Já há um bom tempo, o ser humano acredita que possa existir vida em outros planetas fora do Sistema Solar. Mas, para que exista vida semelhante à que nós conhecemos, é preciso que se contemplem algumas condições necessárias no exoplaneta. Na sua opinião quais seriam algumas dessas condições?

SÍNTESE

Com base no texto sobre os componentes do Sistema Solar, responda:

a) Quais são os planetas internos do Sistema Solar e qual é o maior entre eles?

b) Quais são os planetas externos do Sistema Solar e qual é o maior entre eles?

c) Qual é o planeta mais distante do Sol?

d) Qual dos planetas do Sistema Solar tem aproximadamente o mesmo tamanho da Terra?

e) Quantas "Terras" caberiam em Júpiter?

f) Como seria possível descrever nossa morada no Universo?

g) Onde se localiza o Cinturão de Asteroides? Cite alguns exemplos de asteroides mais conhecidos.

h) Na atualidade, somente Plutão é classificado como planeta-anão?

DESAFIO

Analise o fragmento de texto a seguir:

A Nuvem de Oort, também chamada de Nuvem de Öpik-Oort, é uma nuvem esférica de planetesimais voláteis que se acredita estar localizada a cerca de 50 000 UA do

Sol. Isso significa que ela está a aproximadamente 1/4 da distância da Proxima Centauri, a estrela mais próxima do Sol. O Cinturão de Kuiper e o disco disperso, outras duas regiões do Sistema Solar, localizam-se a um milésimo da distância estimada da Nuvem de Oort.

Com base nas informações do texto e sabendo que $1 \text{ UA} = 1{,}5 \cdot 10^8$ km e que $1 \text{ AL} = 9{,}5 \cdot 10^{12}$ km, calcule:

a) Qual é a distância, em UA e em km, entre a Nuvem de Oort e o Cinturão de Kuiper?

b) A que distância do Sol, em UA, está localizado o Cinturão de Kuiper?

c) Qual é a distância aproximada da Terra ao Cinturão de Kuiper, em km?

d) Estima-se que a luz que vemos hoje à noite, aqui na Terra, emitida pela estrela Proxima Centauri, deslocou-se no espaço interestelar durante 4,3 anos. Qual é a distância aproximada da estrela à Terra, em AL e em km?

e) Estima-se que o terceiro maior planeta-anão do Sistema Solar, Makemake, encontra-se a cerca de 7,9 bilhões de quilômetros do Sol. Qual é o valor dessa distância, em UA?

PRÁTICA

O Sistema Solar em miniatura

Objetivo

Representar o tamanho dos planetas e as distâncias entre eles usando a mesma escala é muito difícil: seria necessário muito espaço para isso, tão grande é a distância entre eles. O objetivo desta atividade é construir um modelo do Sistema Solar utilizando duas escalas, uma para representar o tamanho do Sol e dos planetas, e outra para representar as distâncias entre os astros.

Material

- 6 metros de barbante
- Fita-crepe
- 1 trena ou fita métrica
- 1 caneta
- 1 bola de basquete
- 1 alfinete com cabeça
- 1 bola de pingue-pongue
- 1 bola de gude
- 2 amendoins
- Grãos de pimenta
- Grãos de gergelim

Procedimento

1. Para representar o tamanho proporcional do Sol e dos planetas do Sistema Solar analise a tabela a seguir. Na coluna "Representação" estão relacionados alguns objetos que guardam relação de proporção com os astros do Sistema Solar. Você pode providenciá-los ou substituí-los por outros de mesmo tamanho. Assim, pelo menos qualitativamente, você terá uma ideia do tamanho relativo de cada astro em comparação com os demais.

Astro	Diâmetro médio aproximado (km)	Diâmetro médio aproximado na escala (mm)	Representação
Sol	1 400 000	230	Bola de basquete
Mercúrio	5 000	0,8	Cabeça de alfinete
Vênus	12 000	2	Grão de pimenta
Terra	13 000	2	Grão de pimenta
Marte	7 000	1	Grão de gergelim
Júpiter	143 000	24	Bola de pingue-pongue
Saturno	120 000	20	Bola de gude
Urano	51 000	9	Amendoim
Netuno	49 000	8	Amendoim

2. Para representar a distância entre os astros você vai precisar de um espaço grande e liso, de preferência uma mesa grande ou o chão. Analise a próxima tabela, que apresenta as distâncias entre o Sol e os demais planetas. Para esta atividade, o Sol será o marco zero. A partir dele, e utilizando as distâncias em centímetros, estique o barbante e vá medindo as distâncias com a trena. Marque a posição de cada um dos astros colando um pedaço de fita-crepe com o nome do astro na posição correta do barbante.

Astro	Distância média aproximada do Sol (km)	Distância média aproximada do Sol na escala (cm)
Mercúrio	58 000 000	2,9
Vênus	108 000 000	5,4
Terra	150 000 000	7,5
Marte	228 000 000	11,4
Júpiter	777 000 000	38,9
Saturno	1 400 000 000	71,5
Urano	2 900 000 000	143,5
Netuno	4 500 000 000	225,2

Discussão final

Agora imagine a seguinte situação: que fosse solicitado a você representar também a distância da estrela mais próxima da Terra depois do Sol, a Alfa Centauri C.

Esses seriam os dados dela:

- Distância aproximada da Terra: 40 000 000 000 000 km.
- Distância aproximada na mesma escala utilizada acima: 2 050 000 cm.

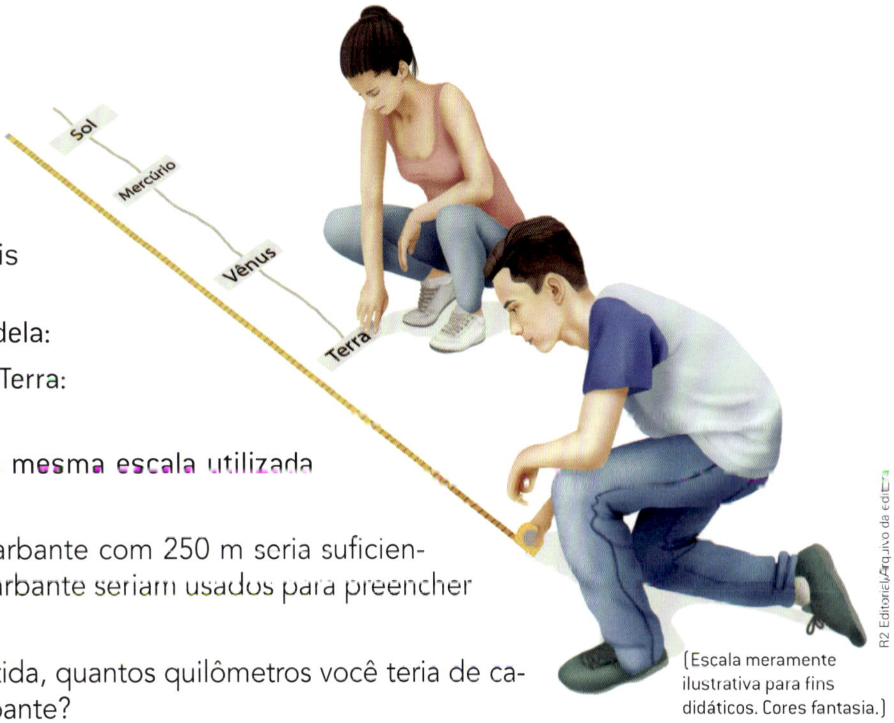

(Escala meramente ilustrativa para fins didáticos. Cores fantasia.)

1 Será que um rolo de barbante com 250 m seria suficiente? Quantos rolos de barbante seriam usados para preencher essa distância?

2 Com base na escala obtida, quantos quilômetros você teria de caminhar esticando o barbante?

3 Com os dados obtidos acima utilizando a escala é possível perceber que a distância que nos separa das estrelas é muito grande. Considere a seguinte situação hipotética:

Viajando no espaço sideral a uma velocidade de 45 000 km/h, uma nave percorreria em um ano a distância aproximada de $4 \cdot 10^8$ km. Se você viajasse nessa nave rumo à Alfa Centauri C, quantos anos demoraria aproximadamente para percorrer só o trecho de ida?

Capítulo 15

Etnoastronomia

Rubens Chaves/Pulsar Imagens

Pedra do Ingá, no município de Ingá (PA), 2015. Supõe-se que as inscrições esculpidas na pedra tenham sido feitas, aproximadamente, em 4000 a.C. Acredita-se que tenha sido um local de rituais religiosos relacionados à Astronomia.

A fotografia acima é de um sítio arqueológico tombado como patrimônio nacional em 1944. Trata-se da Pedra do Ingá, que representa um dos indícios mais expressivos da Astronomia pré-histórica no Brasil.

A observação do céu é uma prática muito antiga e foi registrada por diversos povos. Vimos no 6º ano que o mapeamento do céu por meio das constelações permitia interpretações e marcava eventos associados a fenômenos naturais que ocorriam na Terra.

Como os povos que habitavam essa região associavam esses fenômenos celestes aos acontecimentos do dia a dia? Outras civilizações também interpretavam o céu da mesma maneira? Qual a finalidade da observação do céu para as diferentes etnias? Como os povos antigos sabiam qual era a melhor época para plantar, colher e fazer suas festas religiosas? Quais eram os principais mitos, lendas e tipos de orientação espacial associados às diferentes culturas?

Neste capítulo vamos entender um pouco mais a interpretação do céu feita por diferentes povos.

› Um olhar étnico e cultural sobre o Universo

A observação sistemática do céu e a utilização dos astros como fonte de inspiração para as explicações de grande parte dos fenômenos naturais são marcantes entre os povos das mais diversas culturas. Embora o céu seja visto, em cada hemisfério, com as mesmas configurações e características, a maneira como ele é observado e interpretado pelas diferentes culturas não é a mesma.

A construção dos saberes de cada povo se deu com base em situações específicas e na observação de fenômenos que ocorriam na natureza ao redor. Esses saberes eram, em grande parte, associados à observação sistemática do céu, e os eventos astronômicos orientavam as necessidades básicas de sobrevivência de cada grupo, como a procura de lugares para morar, a busca e a coleta de alimentos, a caça e a pesca, além do início da prática da agricultura.

Além disso, a orientação nos deslocamentos, a contagem do tempo para prever fenômenos periódicos, a elaboração de calendários, a criação de lendas e, até mesmo, aspectos místicos e religiosos foram sendo marcados ao longo do tempo com a observação do céu.

No século XIX, com a busca de evidências astronômicas de como nossos antepassados interpretavam o céu, astrofísicos, astrônomos e geólogos iniciaram uma nova área de pesquisa: a **Arqueoastronomia**. As descobertas arqueológicas feitas sob o olhar da Astronomia permitiram que surgissem interpretações a respeito dos costumes e crenças de povos de diferentes etnias, motivando o desenvolvimento de outra área complementar à Arqueoastronomia, nascendo, desse modo, a **Etnoastronomia**.

Assim, tratando-se de estudos que envolvem tanto a Astronomia como a Etnoastronomia, um novo termo vem sendo utilizado, pois complementa as principais atividades dessas duas áreas: a **Astronomia cultural**.

Visite também!

Miniobservatório Astronômico do Instituto Nacional de Pesquisas Espaciais (INPE). Disponível em: <www.das.inpe.br/miniobservatorio/visitas.php> (acesso em: 1º set. 2018).

Nesse observatório, localizado em São José dos Campos (SP), é possível ver o céu através de um telescópio e assistir a palestras com astrônomos. As visitas devem ser previamente agendadas.

UM POUCO MAIS

Arqueoastronomia × Etnoastronomia

Embora se complementem, deve ficar claro que, enquanto a Arqueoastronomia se ocupa da descoberta de objetos, sinais, registros, gravuras produzidas por civilizações antigas e utilizadas para representar as observações do céu e de fenômenos astronômicos, a Etnoastronomia se ocupa da influência da Astronomia na cultura de um povo. Uma descoberta na Arqueoastronomia envolve sempre uma interpretação do que isso representaria para o povo do local dessa descoberta, objeto de trabalho da Etnoastronomia.

Nesse aspecto, a Etnoastronomia requer uma boa dose de pesquisa sobre aspectos e costumes de povos, desafiando a imaginação dos cientistas quando se pretende decifrar, por exemplo, que uma imagem de corpos celestes desenhados em uma caverna está relacionada a uma mensagem ou a uma ideia, e não se trata apenas de uma simples figura.

Essa relação fica mais clara quando se analisam os conhecimentos passados de geração para geração pelos costumes, tradições e crenças.

Na atualidade, os trabalhos desenvolvidos e os resultados obtidos pelos especialistas que atuam nessas duas áreas começa a ser apresentada sob o foco da Astronomia cultural.

Os primeiros estudos sobre Astronomia cultural apareceram nas últimas décadas do século XIX, com a investigação de alinhamentos astronômicos em sítios arqueológicos, no trabalho pioneiro do arqueólogo *Sir* Flinders Petrie (1853-1942) sobre o Stonehenge (veja a imagem abaixo), em 1880, complementado com as investigações do astrofísico *Sir* Joseph Norman Lockyer (1836-1920) sobre as pirâmides do Egito e o Stonehenge. Ambas as pesquisas lançaram as bases de uma metodologia de investigação dos sítios arqueológicos.

A Astronomia cultural se dedica ao estudo das evidências de como cada povo, antigo ou moderno, observa, registra e interpreta os fenômenos celestes, integrando-os aos acontecimentos e às necessidades de cada época, como um sistema de referência e enriquecendo seu patrimônio cultural.

Ralph Bennett/Agência France-Presse

As antigas civilizações estabeleceram calendários com base no Sol, na Lua e nas estrelas, importantes para os seus rituais e suas atividades agrícolas. Um exemplo disso são as *saywas*, amontoados de pedras no deserto do Atacama, no Chile, que funcionavam como uma espécie de calendário entre os Incas. Fotografia de 2018.

Matt Cardy/Getty Images

O santuário de Stonehenge, localizado na planície de Salisbury, na Inglaterra, é um monumento construído pelos povos celtas, entre 4 mil e 5 mil anos atrás, para observar a ocorrência de solstícios e de equinócios. Acredita-se que sua importância estava associada aos ciclos das estações e à agricultura. Fotografia de 2016.

› Astronomia cultural: pesquisando as "marcas" do passado

Nas diferentes disciplinas, desde os Anos Iniciais do Ensino Fundamental, você provavelmente aprendeu sobre **lendas** e **mitos** e pôde perceber que existem diferentes explicações para os fenômenos que ocorrem na natureza em diferentes culturas. O que é diferente de nossa cultura e de nossos costumes é simplesmente diferente, e não deve ser considerado melhor nem pior.

Em seus estudos sobre formação do Universo, sistemas planetários e fenômenos astronômicos, você observou que muitas explicações que consideramos próprias à nossa cultura são provenientes de interpretações e de modelos propostos por filósofos gregos. No entanto, a observação do céu pode ser bem mais antiga.

É bem possível que nossos ancestrais pensassem que, ao desvendar os mistérios celestes, seria possível conhecer e prever fenômenos que rodeavam o ser humano. Assim, surgiram calendários, relógios solares, interpretações de eclipses, nomes de constelações e outros elementos que acabaram por fazer parte da cultura de cada povo.

Acredita-se que outras civilizações apresentavam essa preocupação e se baseavam na observação do céu para firmar o seu poder de dominação e de sabedoria, como é o caso dos mesopotâmios, dos egípcios e dos maias.

The Bridgeman Art Library/Easypix Brasil

A observação do céu pelos gregos. Na imagem, Ptolomeu utiliza um instrumento chamado quadrante para medir a altitude da Lua. Entalhe feito por Gregor Reisch, Basileia, 1508.

EM PRATOS LIMPOS

Declaração Universal sobre a Diversidade Cultural – Unesco

A cultura se encontra no centro dos debates contemporâneos sobre a identidade, a coesão social e o desenvolvimento de uma economia fundada no saber. Verifica-se um crescente reconhecimento da importância do conhecimento tradicional como fator de formação da ciência e de seus reflexos na sociedade.

Com isso, a Organização das Nações Unidas para a Educação, a Ciência e a Cultura (Unesco) propôs uma linha de ação mundial elaborando a "Declaração Universal sobre a Diversidade Cultural". Nela, a Unesco reafirma seu compromisso com a plena realização dos direitos humanos e das liberdades fundamentais proclamadas na Declaração Universal dos Direitos Humanos e em outros instrumentos universalmente reconhecidos, com a ampla difusão da cultura e da educação da humanidade para a justiça, a liberdade e a paz como elementos indispensáveis para a dignidade do ser humano e um dever sagrado que todas as nações devem cumprir com um espírito de responsabilidade e de ajuda mútua.

Reafirma também que a cultura deve ser considerada o conjunto dos traços distintivos espirituais e materiais, intelectuais e afetivos que caracterizam uma sociedade ou um grupo social e que abrange, além das artes e das letras, os modos de vida, as maneiras de viver juntos, os sistemas de valores, as tradições e as crenças.

Nas linhas gerais do plano de ação, é selado um compromisso das nações em tomar medidas apropriadas para difundir amplamente a Declaração Universal da Unesco sobre a Diversidade Cultural e fomentar sua aplicação efetiva, cooperando, em particular, com vistas à realização de vários objetivos, entre eles, o de **respeitar e proteger os sistemas de conhecimento tradicionais, especialmente os das populações autóctones; reconhecer a contribuição dos conhecimentos tradicionais para a proteção ambiental e a gestão dos recursos naturais e favorecer as sinergias entre a ciência moderna e os conhecimentos locais**.

Autóctone: indígena, aborígine; diz-se do habitante original de uma região ou algo relativo a ele.

Sinergia: ação ou esforço simultâneos; cooperação; coesão; trabalho ou operação associados; coesão dos membros de um grupo ou coletividade em prol de um objetivo comum.

Elaborado com base em **Declaração Universal sobre a Diversidade Cultural**. 2002. Disponível em: <http://unesdoc.unesco.org/images/0012/001271/127160por.pdf> (acesso em: 30 jul. 2018).

Terra e Universo

Library Of Congress, African And Middle Eastern Division/SPL/Fotoarena

Calendário mesopotâmio em argila, datado de 21 a 20 séculos a.C., encontrado no acervo da Biblioteca do Congresso em Washington, Estados Unidos.

A marcação do tempo

Esqueça seu relógio, seu calendário e outros marcadores de tempo. Você seria capaz de "medir" o tempo sem eles? Como seriam medidos os dias, os meses e o ano?

Para as civilizações que nos antecederam, a resposta está na observação do céu. Era dessa forma que os primeiros seres humanos conseguiam entender os ciclos que acontecem na natureza, identificando momentos de abundância e de escassez de alimentos, os momentos certos para plantar e para colher, o tempo de reprodução de animais e outros ciclos. A observação e o registro desses acontecimentos periódicos influenciaram a criação de calendários.

Há indícios de que o calendário dos mesopotâmios tenha sido construído por volta de 2700 a.C. com o intuito de marcar algumas datas importantes para o registro do tempo. Seu calendário era composto de 12 meses com 29 ou 30 dias, totalizando um ano de 354 dias.

Já o calendário egípcio parece ser um pouco mais antigo, criado há cerca de 6 000 anos, com base no ciclo solar. Daí o nome de calendário solar, que era dividido em três estações, verão, inverno e inundação, e em 12 meses com 30 dias e mais 5 dias de festas ao final para o ajuste do ano.

bestimagesevercom/Shutterstock

Calendário solar egípcio em papiro.

Há ainda o calendário islâmico, também chamado de calendário muçulmano, baseado no ciclo da Lua. Nesse calendário, o ano contém 354 dias e, nos anos abundantes, 355 dias, com 12 meses de 29 ou 30 dias intercalados. Cada mês do calendário muçulmano começa quando o crescente lunar aparece pela primeira vez após o pôr do sol, e tem cerca de 11 dias a menos que o calendário solar.

Acredita-se que, por volta de 550 a.C., a civilização maia tenha criado dois calendários: o civil, denominado Haab, e outro sagrado, denominado Tzolk'in. O Haab é baseado no ciclo do Sol e conta 18 meses de 20 dias e mais 5 dias adicionados ao final e que não pertencem a nenhum mês. O Tzolk'in contém 260 dias divididos em 13 meses de 20 dias. Alguns cientistas especulam que a divisão do mês em 20 dias teria sido para controlar os períodos de gestação das mulheres e o período das plantações de milho. Acredita-se também que cada mês estava associado a uma divindade, mais ou menos como se utilizam os signos do zodíaco.

Juergen Buettner/Pantherstock/Glow Images

Representação do calendário maia Tzolk'in: um dos mais complexos e precisos que o ser humano já produziu.

EM PRATOS LIMPOS

Como surgiram os signos do zodíaco?

Supõe-se que quase todas as civilizações antigas acreditavam que os astros poderiam influenciar a vida de uma pessoa, de acordo com a posição que ocupassem no céu no momento de seu nascimento.

Essa crença fez surgir o zodíaco (do grego *zodíaco* — 'círculo de animais'), representado por uma cadeia de constelações por onde o Sol desenvolve sua trajetória ao longo do ano. Em cada mês do ano, o Sol se encontra no seu deslocamento entre uma dessas constelações, caracterizando o período do tempo pertencente àquele signo do zodíaco. Por exemplo, o signo de Escorpião está associado ao período em que o Sol está em trânsito pela constelação de Escorpião. Foi o astrônomo grego Hiparco que, inspirado em um sistema de origem babilônica, dividiu essa região do céu em doze partes iguais, de 30 graus cada uma, caracterizando as constelações zodiacais por onde o Sol transitava no ano 134 a.C.

As doze constelações que representam os signos foram elaboradas a partir das imagens de várias mitologias correntes que compunham a mitologia grega ainda na Antiguidade. Assim, cada signo ficava associado a um mito.

Ao longo dos séculos, a trajetória do Sol entre as constelações já não é exatamente a mesma que a da Antiguidade, porém, os signos ainda fazem menções à mesma época e aos mesmos mitos.

Terra e Universo

Ola-ola/Shutterstock

O calendário chinês é baseado nos ciclos solar e lunar, e cada um dos doze signos é representado por um animal.

Na China, criou-se um calendário lunissolar, ou seja, baseado no ciclo solar e no ciclo lunar, que pode ser considerado o primeiro calendário criado no mundo. O ano é composto de 12 ciclos da Lua, totalizando 354 dias. A cada três anos, aproximadamente, é inserido um mês a mais para manter a sincronia com o ciclo solar.

O ciclo do calendário chinês tem 12 anos e se inicia em fevereiro de cada ano. Assim como os ocidentais, os chineses adotaram signos. No entanto, em vez de um signo por mês, os signos chineses são anuais, sendo divididos em doze animais: rato, boi, tigre, coelho, dragão, serpente, cavalo, carneiro, macaco, galo, cão e porco.

O calendário gregoriano, também chamado calendário cristão, é baseado no calendário solar. Ele foi elaborado no século VI e tornou-se oficial por decreto do papa Gregório XIII. Esse calendário é o oficial no Brasil e em grande parte do mundo e considera o ano 1 como o de nascimento de Jesus Cristo.

Nesse calendário, o ano consta de 365 dias, mais um dia adicionado no mês de fevereiro a cada quatro anos (estudado no capítulo 13 do 8º ano). Os anos serão bissextos quando forem divisíveis por quatro e os anos que terminam com dois zeros devem ser divisíveis por 400.

No Brasil, os indígenas Tupi-Guarani elaboraram um calendário solar bastante preciso, feito também com base na observação do céu. Eles marcavam o início do ano solar no surgimento no horizonte das Plêiades (estrelas da constelação de Touro), que ocorria anualmente no começo do mês de junho, por volta do dia 11. O início de cada mês se dava com o surgimento do primeiro filete da lua nova. Assim, o calendário instituído pelos Tupi-Guarani era praticamente exato, não sendo necessário fazer as correções com o ano bissexto, como ocorre no calendário gregoriano.

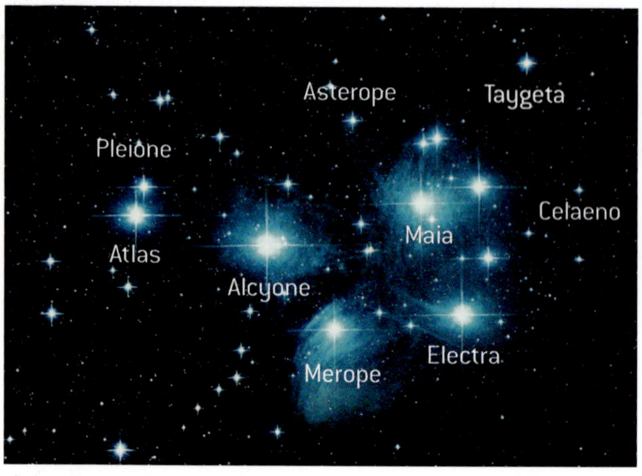

Jeff Whitehill/Shutterstock

As plêiades formam um conjunto de estrelas da constelação de Touro. Denominado pelos Tupinambá de *Seichu*, o aglomerado estelar das Plêiades representava a chegada da época das chuvas. Quando desapareciam do céu, era sinal de que a chuva cessaria. A mesma interpretação era feita pelos indígenas Tembé, do Norte do Brasil. Já para os Guarani, do Sul do Brasil, o surgimento das Plêiades no céu representava o início do inverno, e seu desaparecimento no céu indicava a proximidade do verão.

UM POUCO MAIS

O céu e as estrelas

Nos capítulos anteriores você estudou como "nascem" e "morrem" as estrelas, sob a ótica dos conhecimentos científicos atuais. Mas como seriam as possíveis interpretações dos autóctones para esse mesmo tipo de evento?

A origem das estrelas segundo os Karajá

Um dos mitos dos indígenas Karajá (também chamados Carajá e Iny Mahãdu) conta que no início do mundo os indígenas eram imortais e viviam no interior de grandes pedras. Estas apresentavam uma abertura que dava para o planeta Terra, que era imerso em total escuridão. Certo dia, decidiram explorar a Terra, seus mistérios, seus frutos e outros alimentos. Perceberam, pela observação de galhos secos, que a natureza terrestre envelhecia e morria, e que essa aventura também os tornaria mortais.

Um dos indígenas, após comer uma mandioca-brava, começou a passar mal. Urubus passaram a rodeá-lo até que um urubu-rei decidiu atacá-lo. Nesse momento, o indígena agarrou o urubu-rei e o prendeu, dizendo que só o soltaria se este lhe trouxesse os enfeites mais belos da Terra. Concordando com a proposta, o urubu-rei lhe trouxe as estrelas do céu. O indígena não ficou satisfeito, pois as estrelas não eram suficientes para iluminar a Terra. Pediu, então, ao urubu-rei que trouxesse outro enfeite que brilhasse mais. Assim, o urubu-rei lhe trouxe a Lua, mas, assim como as estrelas, a Lua não era suficiente para iluminar a Terra. Mais uma vez, foi pedido ao urubu-rei que lhe trouxesse o enfeite mais brilhante de todos. Foi quando o urubu-rei lhe trouxe o Sol e a Terra ficou completamente iluminada. O urubu-rei também ensinou ao indígena todos os mistérios da Terra.

Assim teriam surgido as estrelas, a Lua e o Sol que ilumina o planeta Terra, segundo um dos mitos do povo Karajá.

A origem das estrelas segundo os Bororo

Há um mito bororo, outro povo indígena brasileiro, que conta que, nos tempos em que as noites eram totalmente escuras e que só se via luz à noite quando a Lua estava brilhando no céu, os meninos da aldeia exageraram em suas travessuras. A última delas teria sido a de capturar um beija-flor e forçá-lo a amarrar a ponta de uma corda extensa, feita com muitos cipós, no ponto mais alto do céu, para que os meninos pudessem subir por ela até o Universo.

Ao final da tarde e início da noite, suas mães desesperadas procuraram por eles em todos os lugares até encontrarem o cipó pelo qual subiram ao céu. Devido às travessuras que haviam feito, os meninos foram castigados e impossibilitados de descer, sendo condenados a permanecer no céu pelo resto de suas vidas, causando tristeza e choro em suas mães. Os meninos ficaram arrependidos e, para que pudessem ver suas mães novamente, seus olhos transformaram-se em estrelas e passaram a iluminar as noites, mesmo quando a Lua não se fazia presente.

Visite também!

Museu do Índio. Rio de Janeiro (RJ). Informações disponíveis em: <www.museudoindio.gov.br> (acesso em: 9 jun. 2018).

O museu da Fundação Nacional do Índio (Funai) contém um diversificado acervo relacionado à maioria das sociedades indígenas brasileiras, com fotos, filmes, vídeos, audiovisuais, além de material produzido pelos próprios indígenas.

Leia também!

Povos indígenas no Brasil-Mirim

Fany Ricardo (Coord.). São Paulo: Instituto Socioambiental, 2015.

O livro traz informações sobre alguns dos 246 povos indígenas que existem atualmente no Brasil.

Na Austrália, para os Boorong, povo aborígine extinto com a chegada dos europeus, o céu abrigava animais, paisagens e pessoas que se faziam presentes em suas histórias e crenças. Para eles, tudo o que existe está presente tanto na Terra como no céu. Assim, era comum que usassem as figuras de animais para a representação de constelações.

BABAK TAFRESHI/SPL/Fotoarena

Constelação de Emu, segundo os Boorongs, povo aborígine australiano extinto.

O emu, uma ave australiana de grande porte que não voa, era um animal importante, pois seus ovos e sua carne faziam parte da alimentação dos aborígines. Portanto, sua importância era tanta que era representado por uma constelação, chamada de Tchingal, que começava a surgir no céu a leste no início da noite, no mês de março, no mesmo momento em que as fêmeas dos emus começavam a botar e chocar seus ovos. A figura do emu no céu era constituída por estrelas das constelações de Centauro, Lobo e Escorpião.

O ser criador para os boorongs era representado por uma constelação chamada Neilloan, que começava a aparecer no céu na mesma época que Tchingal e Bunya. Diferentemente destas últimas, Neilloan surgia no céu pouco antes do amanhecer. Na Terra, Neilloan era representado por uma galinha típica da Austrália (mallee). A correlação entre o ser criador e a galinha vinha do trabalho longo e árduo que ela fazia na construção do seu ninho de ovo, juntando terra, areia e gravetos.

A ideia de reconhecer no céu tudo o que há na Terra não é só característica dos Boorong. Os indígenas brasileiros também pensavam dessa maneira.

O céu imaginado pelos indígenas brasileiros era também repleto de figuras de animais que traziam consigo histórias, ensinamentos e valores presentes nas suas comunidades e que revelavam a importância de cada astro.

Leia também!

Observatórios primitivos. Disponível em: <www.sulear.com.br/entrevista3.pdf> (acesso em: 10 ago. 2018).

Artigo que traz um pouco da história dos observatórios dos povos antigos.

A constelação da Ema é um exemplo disso. Surgia em meados de junho, na época considerada ruim para ter filhos. Segundo a lenda, a Ema já devorou dois ovos, representados pelas estrelas alfa e beta Centauro, e ainda tenta devorar mais dois, representados pelas estrelas alfa e beta Muscae. Sua plumagem é representada pelas manchas brancas da Via Láctea e sua cauda é presa pelo Cruzeiro do Sul, impedindo que ela beba toda a água da Terra.

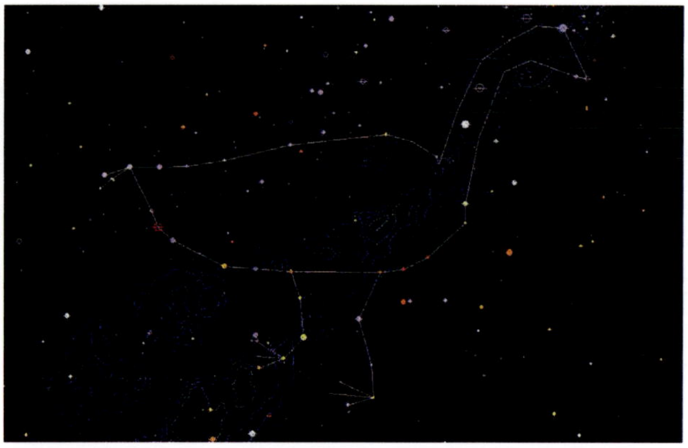

Germano Bruno Afonso/Planetário Indígena

Constelação da Ema, segundo os Tupinambá, indígenas brasileiros também extintos.

› Sol, Terra, Lua e planetas do Sistema Solar

Os egípcios, uma civilização profundamente preocupada com os aspectos espirituais e religiosos, tratavam o Sol como um deus, Aton (Rá), que deu origem ao Universo. Os planetas eram as representações de características de Hórus. Júpiter significava "Hórus iluminando as duas Terras", Saturno significava "Hórus, o touro do céu", e Marte significava "Hórus do horizonte".

Para os bosquímanos, um dos povos mais antigos da Terra, com representantes ainda vivos e que habitam a África ocidental, o Sol é uma figura humana, um homem. Segundo a lenda local, para surgir o dia, esse homem levantava os braços e o céu se iluminava com o brilho de suas axilas. Ao envelhecer, o homem passava a dormir mais e já não erguia os braços da mesma maneira nem permanecia nessa posição por muito tempo; por isso, todos passaram a ter muito frio. Diante disso, as crianças se juntaram, seguraram o homem e o jogaram ao céu. Assim, o homem se tornou o Sol, redondo e brilhante para sempre.

Os indígenas brasileiros têm muitas histórias e mitos a respeito do Sol, da Lua e dos fenômenos relacionados a esses astros.

Para nossos indígenas Tupi-Guarani, a Lua era Jaci, o grande guerreiro. Conta-se que, de tempos em tempos, Jaci descia à Terra para buscar uma indígena para brilhar com ele no céu. Naiá, uma indígena fascinada por Jaci, vivia em busca de ser a escolhida por ele, mas acabou adoecendo por ser sempre ignorada e impossibilitada de alcançar seu sonho. Ainda assim, Naiá não desistiu de seu objetivo e, em uma noite, já muito cansada, caiu à beira de um **igarapé**, onde viu o reflexo da Lua na água, achando que Jaci havia descido à Terra para buscá-la. Impetuosamente, Naiá tentou abraçar o reflexo da Lua mergulhando na água e acabou por se afogar.

Igarapé: curso de água amazônico, formado por um pedaço longo de rio ou canal.

Jaci, então, ficou condoído com tanta dedicação e sacrifício da indígena e a transformou em uma "estrela" diferente, a vitória-régia, planta amazonense cuja flor somente abre suas pétalas sob a luz do luar. O planeta Vênus, para os Tupi-Guarani, é tido como a esposa de Jaci, em razão de sua proximidade da Lua durante o ciclo lunar. O ciclo lunar era um evento bem observado pelos indígenas. Eles acreditavam que era o ciclo de vida de Jaci: quando jovem, apresentava-se como o início da lua crescente, com Vênus mais próximo de si, e, quando envelhecido, entrava no início da lua cheia, com Vênus afastando-se de si.

Eles observavam que esse ciclo coincidia com o movimento das marés. Dessa forma, podiam selecionar a sua pesca. Durante a lua nova, eles pescavam o linguado e, durante a lua cheia, pescavam o camarão.

Fabio Colombini/Acervo do fotógrafo

Vitória-régia
O diâmetro da folha pode chegar a 2,5 m.

UM POUCO MAIS

Os pontos cardeais dos Guarani

Os indígenas Guarani compreendiam muito bem os pontos cardeais, relacionando-os com o movimento relativo do Sol. Aos pontos cardeais, eles associavam quatro deuses ajudantes de Nhanderu, deus supremo da mitologia Guarani: Jakaira, deus dos bons ventos, para o norte; Nhamandu, deus das palavras, para o sul; Karai, deus do fogo, para o leste; e Tupã, deus das águas, para o oeste.

Os eclipses

Os eclipses, em quase todas as culturas, eram tidos como fenômenos aterrorizantes e que, muitas vezes, traziam consigo algum perigo ou alguma tragédia, por não ser possível controlá-los.

Os mesopotâmios, por exemplo, acreditavam que, com o aparecimento dos eclipses, haveria a morte do rei ou de algum sacerdote importante. Já para os maias, os eclipses eram causados por uma grande serpente que tentava comer o Sol ou a Lua.

Nasa/Aubrey Gemignani/Science Photo Library/Fotoarena

Fotografia de eclipse solar total.

Existe também a crença de que um eclipse seria uma manifestação sagrada da morte de um deus. Acredita-se que faziam sacrifícios de animais e de seres humanos para que o Sol voltasse a brilhar.

Muitos outros povos antigos acreditavam também que um ser mítico engolia temporariamente o Sol. Na China era um dragão; no Vietnã era um grande sapo; para os *vikings* era Sköll, um enorme lobo celeste.

Os Tupi-Guarani não pensavam muito diferente. Para eles, uma grande onça, representada pelas estrelas Aldebaran e Antares, perseguia constantemente os irmãos Sol e Lua. Os eclipses lunares ou solares significavam que a onça finalmente poderia alcançar a Lua ou o Sol, e devorá-los. Por isso, por ocasião desses fenômenos, os indígenas faziam muito barulho, com o objetivo de espantar a Onça Celeste.

Se analisarmos o deslocamento que o Sol e a Lua executam entre as constelações no zodíaco, por meio do atual conhecimento científico, constataremos que a Lua, pelo menos uma noite por mês, e o Sol, um dia por ano, aproximam-se de Antares (Escorpião) e de Aldebaran (Touro), que formam a cabeça da Onça Celeste. Esse dado evidencia o grande conhecimento **empírico** de Astronomia dos Tupi-Guarani.

Empírico: que tem como base a experiência vivida, sem teorização.

Cada uma das culturas humanas concebeu suas próprias interpretações do céu. As pesquisas históricas, envolvendo cada uma das culturas já extintas ou ainda vivas nas mais diferentes regiões da Terra, mostram que cada uma delas fez uma “leitura” do céu à sua maneira. Mas todas, sem exceção, elevaram os olhos para observar as estrelas.

NESTE CAPÍTULO VOCÊ ESTUDOU

Rubens Chaves/Pulsar Imagens

- Olhar étnico e cultural sobre o Universo.
- Arqueoastronomia e Etnoastronomia.
- Astronomia cultural.
- A importância da Etnoastronomia na preservação da diversidade cultural.
- Declaração Universal sobre a Diversidade Cultural.
- Os calendários construídos por diferentes povos.
- Leitura e interpretação dos astros por diferentes povos, mitos e lendas.
- Observação e interpretação de fenômenos celestes por diferentes povos.

ATIVIDADES

PENSE E RESOLVA

1 Por que diferentes povos criaram o hábito de observar o céu?

2 Os estudos e pesquisas trabalhados na Astronomia cultural são resultantes de várias áreas do conhecimento e, entre elas, a Etnoastronomia e a Arqueoastronomia. Monte um pequeno texto evidenciando o papel de cada uma dessas duas áreas do conhecimento e o papel atual da Astronomia cultural.

3 Quando os estudos da Astronomia cultural foram iniciados de fato? Quais foram os colaboradores iniciais? Em que basearam suas pesquisas e estudos?

4 O calendário utilizado no Brasil (e em muitos outros países) está associado a qual tipo de calendário discutido no capítulo? Quais são as principais referências desse calendário?

5 Que razões permitem concluir atualmente que o calendário dos Tupi-Guarani era bastante preciso?

6 As explicações sobre os eclipses dadas principalmente pelos Tupi-Guarani, se comparadas com o conhecimento científico atual, apresentam muita precisão e permitiriam a previsão de futuros eclipses tanto da Lua como do Sol. Explique qual seria essa relação entre o antigo conhecimento dos indígenas e os conhecimentos atuais da ciência astronômica.

SÍNTESE

1 A Unesco propôs uma linha de ação mundial ao elaborar a "Declaração Universal sobre a Diversidade Cultural", reafirmando seu compromisso com a plena realização dos direitos humanos e das liberdades fundamentais.

Monte um texto explicativo (com no mínimo 10 linhas) que evidencie os principais pontos destacados na declaração que devem estar associados aos temas desenvolvidos na Educação Cultural.

2 Leia o texto a seguir.

Com o atual conhecimento científico que compõe as Ciências da Natureza, é possível explicar praticamente todos os fenômenos astronômicos observados.

Também, quase todos os fenômenos naturais já possuem explicações definitivas dadas pela ciência. Portanto, as explicações dadas para um fenômeno natural por outra cultura não são válidas.

Somente as explicações dadas pela ciência e os conhecimentos científicos atuais é que devem ser aceitos.

Agora, reúna-se em grupo com seus colegas, debatam e, juntos, escrevam um pequeno texto para justificar a afirmação proposta, concordando ou não com ela.

DESAFIO

Forme um trio com mais dois colegas. A "tarefa social" do grupo será elaborar uma carta que seria endereçada a uma autoridade política (deputado estadual ou federal), sugerindo uma lei que torne os conhecimentos astronômicos dos povos indígenas patrimônio imaterial da humanidade.

Ressalte-se que o patrimônio cultural imaterial de uma comunidade compreende as expressões de vida e tradições que comunidades, grupos e indivíduos recebem de seus ancestrais, que repassam seus conhecimentos a seus descendentes. Esse patrimônio é composto das práticas, representações, expressões, conhecimentos e técnicas – junto com os instrumentos, objetos, artefatos e lugares culturais que as comunidades reconhecem como parte integrante de seu patrimônio cultural. Ele é transmitido de geração em geração, sendo constantemente recriado pelas comunidades em função de seu ambiente, de sua interação com a natureza e de sua história, o que gera um sentimento de identidade e continuidade, contribuindo para promover o respeito à diversidade cultural e à criatividade humana.

Arqueoastronomia: o céu dita as regras

Guiados pelos astros, os povos arcaicos de quase todo o planeta desenvolveram seus calendários, cultura e experiências religiosas. A observação do céu foi base de conhecimento para diversas sociedades pré-históricas, ou seja, sem escrita, e povos antigos. Babilônios, egípcios, maias, astecas e [...] indígenas brasileiros foram profundamente influenciados por fenômenos celestes. [...]

A Arqueoastronomia é uma ciência recente que procura entender como os fenômenos astronômicos influenciavam o cotidiano dessas sociedades, a partir da análise dos vestígios deixados por elas, como ruínas de edificações, calendários, pinturas e mitologia. [...]

Em meados da década de 1960, a Arqueoastronomia tornou-se mais popular devido às pesquisas do astrônomo Gerald Stanley Hawkins, que escreveu o livro **Stonehenge decodificado**, no qual demonstra que essa construção de pedra, chamada megalítica, era usada por antigos habitantes da região onde hoje fica o sul da Inglaterra como um observatório solar e lunar para a previsão de eclipses. Ele percebeu, por exemplo, que o eixo principal do monumento estava orientado na direção do nascer do Sol no solstício do verão, dia do ano em que esse astro fica no céu por mais tempo.

"Marcar o tempo foi o fator fundamental que levou o homem a observar o céu", salientou Rundsthen. Segundo o pesquisador, os povos antigos teriam iniciado sua observação celeste em razão da necessidade de uma orientação temporal que, mais tarde, tornou-se espacial também. Esses povos se guiavam pelos fenômenos astronômicos para organizar suas atividades cotidianas e de sobrevivência, como a colheita e a construção de habitações, e desenvolver suas práticas religiosas. O homem pré-histórico percebeu que as atividades de pesca, caça, coleta e plantio obedecem a mudanças sazonais, como as estações do ano. Percebeu também que essas mudanças podiam ser previstas através de certos eventos observados no céu, como o ciclo da Lua e do Sol e a aparição de determinada estrela.

Rundsthen acredita que provavelmente o ciclo lunar foi o primeiro a ser percebido pelos povos antigos. Ainda hoje é possível ver a influência da Lua sobre esses povos através de seus calendários. Gregos, babilônios, sumérios, islâmicos e hebreus possuíam calendários lunares. O mês lunar possui 29,76 dias, se comparado ao nosso calendário atual, no qual o mês possui cerca de 30 dias. Assim, o calendário lunar teria cerca de 11 dias de defasagem ao final de um ano.

[...]

Rundsthen citou diversas evidências de orientação astronômica em culturas antigas. Os incas, por exemplo, colocavam seus mortos em cavernas a Oeste, pois é nessa direção que o Sol se põe, se esconde, morre. A cidade de Cuzco é outro exemplo de construção guiada pelos astros. Suas ruas estão alinhadas para receber de modo preciso a luz dos equinócios e solstícios. Em Machu Picchu, antiga cidade inca localizada no Peru, toda a arquitetura tem correspondência com o posicionamento de constelações, do Sol e da Lua. No Brasil, também existem evidências: na Toca do Cosmos, na Bahia, há pinturas rupestres seculares que representam eventos astronômicos, como cometas, e até mesmo fenômenos que foram assistidos e documentados por outros povos do mesmo período, como a supernova do ano de 1054, registrada em textos chineses.

Editora Abril/Arquivo da editora

Pintura rupestre encontrada na Toca do Cosmos (BA).

Essas indicações de orientação astronômicas pelos povos antigos inspiram pesquisas interdisciplinares em campos como a Matemática, História, Antropologia, Etnografia, Astronomia, Arqueologia e outros. Rundsthen salientou que as evidências em Arqueoastronomia estão sujeitas a diferentes interpretações, pois muitas vezes não há documentos escritos ou material suficiente dos povos analisados. No entanto, isso não faz com que a ciência seja menos confiável. A Etnoastronomia é uma das alternativas mais usadas nesses casos. Sem muitas evidências, o pesquisador se baseia em relatos e observações de povos semelhantes. "O que a Arqueoastronomia faz é uma astronomia cultural, olhar para a astronomia das antigas culturas por um viés interdisciplinar."

Fonte: MOUTINHO, Sofia. Arqueoastronomia: o céu dita as regras. Agência UFRJ de notícias, 1º jul. 2009. Disponível em: <https://ufrj.br/noticia/2015/10/22/arqueoastronomia-o-c-u-dita-regras> (acesso em: 29 ago. 2018).

Questões

1 Cite algumas construções que apresentam relação com fenômenos celestes.

2 Descreva como eram organizadas cronologicamente as atividades abaixo que os primeiros grupos humanos realizavam:

- caça;
- pesca;
- plantio;
- colheita.

Terra e Universo

Capítulo 16

A vida fora da Terra

Tuca Vieira/Folhapress

Marcos Pontes em simulador da espaçonave russa Soyuz. Fotografia de 2006.

No dia 29 de março de 2006, o astronauta Marcos Pontes decolou da plataforma de Baikonur, no Casaquistão, rumo à Estação Espacial Internacional (ISS, sigla em inglês), tornando-se o primeiro brasileiro a viajar além da atmosfera terrestre.

O que esse astronauta brasileiro realizou é o sonho de muitas pessoas: viajar ao espaço. No entanto, o que foi necessário para Pontes chegar até lá? Que tipo de treinamento ele precisou realizar? Que adaptações o corpo de um astronauta precisa ter para realizar uma viagem como essa? Será possível fazermos viagens interplanetárias (entre planetas) e interestelares (para outro Sistema Solar) no futuro? Por que faríamos tais viagens?

Neste capítulo estudaremos como o ser humano foi capaz de viajar ao espaço, por que fez (e faz) isso, quais os impactos para o dia a dia das pessoas e as perspectivas futuras dos programas espaciais.

O ser humano no espaço

Há muito tempo o ser humano vem realizando viagens espaciais. A primeira delas, com tripulantes, aconteceu em abril de 1961, com o soviético Yuri Gagarin (1934-1968). Até março de 2018, 556 astronautas de diversos países já haviam ultrapassado os limites da atmosfera terrestre em diversos tipos de naves espaciais.

Na época da primeira viagem ao espaço acontecia uma espécie de "corrida espacial" entre os Estados Unidos da América (EUA) e a União das Repúblicas Socialistas Soviéticas (**URSS**). O mundo vivia a chamada Guerra Fria, um período em que essas duas grandes potências mundiais da época disputavam o poder geopolítico, econômico e militar no mundo, sem entrar diretamente em conflito bélico. Ser o primeiro país a colocar o ser humano no espaço era uma demonstração de poder, de alto desenvolvimento tecnológico e de "controle" do espaço.

URSS: até 1991 era composta da união de 15 repúblicas que, a partir de então, tornaram-se independentes do regime central soviético e tiveram como principal herdeiro o país que atualmente se reconhece por Rússia.

A União Soviética saiu na frente da disputa ao enviar o primeiro astronauta ao espaço. Depois disso, em 1963, enviou a astronauta soviética Valentina Tereshkova (1937-), a primeira mulher a viajar pelo espaço.

Os Estados Unidos, sentindo a pressão de dar um passo a mais na corrida espacial, lançaram a missão Apollo 11, que levou o ser humano à Lua. O astronauta estadunidense Neil Armstrong (1930-2012) foi o primeiro a caminhar no solo lunar, em 21 de julho de 1969, em um acontecimento acompanhado ao vivo pelas emissoras de televisão de todo o mundo, algo muito significativo na época.

Mark Williamson/SPL/Fotoarena

Réplica da Vostok I, a primeira nave tripulada a realizar uma viagem espacial, tendo a bordo o soviético Yuri Gagarin, em 1961.

Granger, NYC./Alamy/Fotoarena

Lançamento da Apolo 11 em Cabo Canaveral, nos Estados Unidos, em 16 de julho de 1969.

Terra e Universo

Biotecnologia: campo da ciência que utiliza seres vivos ou seus produtos na obtenção de substâncias usadas na solução de problemas relacionados às atividades humanas.

A corrida espacial impulsionou o desenvolvimento de tecnologias que atualmente fazem parte do nosso dia a dia e consistem na chamada Terceira Revolução Industrial, assunto estudado no 7º ano. A eletrônica, a informática, a robótica, a **biotecnologia**, entre outras ciências, foram impulsionadas nas indústrias e em outros setores da cadeia produtiva, como a prestação de serviços e a agropecuária. Veja alguns exemplos a seguir.

Nutnaree Saingwongwattana/Shutterstock

GPS (sistema de posicionamento global).

Rido/Shutterstock

Leitor de código de barras.

Coprid/Shutterstock

Filtro de água com carvão ativado.

Aparelhos como o GPS, o leitor de código de barras, o filtro de água com carvão ativado, entre tantos outros, foram criados a partir das tecnologias desenvolvidas nos programas espaciais.

UM POUCO MAIS

O primeiro ser vivo enviado ao espaço

Em 1957, antes mesmo de qualquer ser humano ter sido enviado ao espaço, a URSS lançou o foguete Sputnik 2, tendo a bordo Laika.

Laika era uma cachorrinha que vivia nas ruas de Moscou e fora resgatada pelos cientistas do programa espacial soviético. Como ainda não havia tecnologia para trazer de volta os satélites e foguetes enviados, já era sabido desde o começo que Laika não retornaria à Terra após a missão. No entanto, defeitos no módulo espacial fizeram com que ele superaquecesse e matasse a cachorrinha apenas algumas horas depois do lançamento.

Até hoje há muita discussão acerca da participação de animais em experimentos científicos. Sabe-se que, depois de Laika, muitos outros animais, como macacos, coelhos, além de outros cães, foram enviados em missões espaciais. Após todos esses eventos, um questionamento permanece: será que os sacrifícios animais realmente são justificados em função de avanços tecnológicos?

Universal Images (UIG)/Fotoarena

A cadelinha Laika a bordo da cápsula do Sputnik 2.

Elaborado com base em KRECHETNIKOV, Artem. **BBC**. Publicado em: 3/11/2017. Disponível em: <www.bbc.com/portuguese/internacional-41860261> (acesso em: 7 set. 2018).

EM PRATOS LIMPOS

O ser humano pisou mesmo na Lua?

Sim, há várias evidências para essa afirmação.

"Este é um pequeno passo para o homem, mas um grande salto para a humanidade". Com essa frase o astronauta Neil Armstrong pisou pela primeira vez na Lua, em 20 de julho de 1969, às 0 h 56 min (horário de Brasília). Desde então, mais outras cinco missões levaram astronautas à Lua, a última delas em 1972, a missão Apollo 17.

Há muitas "teorias da conspiração" criadas e divulgadas, principalmente na internet, de que o ser humano nunca esteve na Lua e que tudo não passou de uma encenação realizada em estúdio cinematográfico. No entanto, muitas evidências refutam essas ideias. Vejamos algumas.

1. Os críticos afirmam que em uma das fotos há "luzes de estúdio", mas na realidade trata-se de efeitos da lente.
2. Sondas japonesas e chinesas enviadas à Lua já mostraram os mesmos lugares onde missões estadunidenses pousaram.
3. Em uma das fotografias a bandeira americana estaria "tremulando" na superfície da Lua e isso seria impossível pela ausência de ventos lá. Realmente não há ventos na Lua, mas o tecido da bandeira se moveu quando foi fincada (devido à inércia). Além disso, havia uma vareta na horizontal segurando o tecido na parte superior, caso contrário ele cairia.
4. A falta de estrelas no céu nas imagens seria um efeito de estúdio. No entanto, a Lua é muito clara e reflete muito a luz do Sol, o que impossibilita ver as estrelas (o mesmo que ocorre nas cidades muito iluminadas), entre outros efeitos atmosféricos.

GRIN/NASA

Astronauta estadunidense Buzz Aldrin em solo lunar pela missão espacial Apollo 11. Fotografia de 20 de julho de 1969.

A maioria das pessoas que já realizou voos espaciais é estadunidense, soviética e russa. Mas há também astronautas de outras nacionalidades, como o brasileiro Marcos Pontes, que, na Estação Espacial Internacional (ISS), fez uma série de experimentos. Além disso, Pontes divulgou o Programa Espacial Brasileiro, colocando o país no cenário internacional nesse setor de ciência e tecnologia espacial.

O recordista de permanência no espaço é o russo Gennady Padalka (1958-), com 878 dias no espaço completados durante cinco missões no período de 1998 a 2015. Esse recorde só foi possível graças ao estudo e ao entendimento dos efeitos de um ambiente quase sem gravidade no organismo, tanto durante uma viagem ao espaço como também depois dela.

UM POUCO MAIS

Estações espaciais

Inaugurada em 2000, a **Estação Espacial Internacional (ISS)** está sempre tripulada. Ela foi construída em estágios e até hoje ainda recebe mais estruturas provenientes de vários países.

Existiram outras estações espaciais antes da ISS, mas nenhuma com seu tamanho (equivalente a uma casa de cinco cômodos) e desenvolvimento tecnológico.

As tripulações se revezam a cada seis meses, em média, e realizam, nos diversos módulos de laboratório, experimentos sobre os efeitos da gravidade "zero" e a experiência de viver no espaço.

Além dos módulos, a estação espacial apresenta painéis solares para a geração de calor e energia elétrica e portos que permitem que espaçonaves atraquem nela.

Em 2017, os Estados Unidos e a Rússia firmaram um acordo para a construção de uma nova estação espacial, a *Deep Space Gateway*, que ficará em órbita ao redor da Lua e se apresenta como parte do projeto de ponto de conexão para missões tripuladas para Marte.

NASA/http://spaceflight.nasa.gov

Estação Espacial Internacional (ISS). Os resultados das pesquisas da ISS poderão ajudar os seres humanos a viajar pelo espaço no futuro.

O que acontece com o corpo humano no espaço?

Quando um ser vivo não está sob o efeito da força da gravidade "puxando" o seu corpo para baixo, seu organismo precisa se adaptar à nova situação. No quadro a seguir estão listados alguns desses efeitos, suas causas e consequências.

Sistema, órgãos ou tecidos	Efeitos e causas	Consequências
Ossos (massa)	Perda na densidade mineral óssea pela falta de uso das pernas; exceção dos ossos dos braços, que, por serem muito utilizados, aumentam sua densidade mineral.	Pode ocorrer **osteopenia** e **osteoporose**.
Músculos (massa)	Perda de até 40% do volume em músculos, principalmente das costas e dos membros inferiores.	Perda de força muscular.
Sistema cardiovascular	Diminuição do volume de sangue circulante, pois o coração não precisa bombear tanto sangue ao cérebro.	O coração fica suscetível a arritmias (alteração do ritmo cardíaco).
Fluidos corporais	Migram para a região superior do corpo, por causa da ausência da gravidade, onde se acumulam.	A cabeça fica inchada, com um formato de "bolacha".
Coluna vertebral	Alonga-se pelo aumento de fluidos nos discos entre as vértebras.	Aumento de até 5 cm na altura do astronauta.
Olhos	Os líquidos que rodeiam o cérebro, agora em volume maior, pressionam os nervos ópticos e deformam os bulbos dos olhos.	Miopia.
Unhas	Delaminação (escamação) de camadas das unhas pelo fato de as luvas pressionarem a circulação de sangue nos dedos.	Perda das unhas.
Órgãos em geral	Exposição à radiação cósmica que causa mutações (alterações) no DNA (material genético).	Cânceres.

O que pode acontecer com o corpo ao retornar à Terra?

Devido à diminuição do volume de sangue circulando pelo corpo, é comum que, logo após a aterrissagem na Terra, os astronautas sintam tontura e desmaiem; mas esse é um efeito momentâneo. O coração também pode sofrer com arritmias que, na maioria dos casos, são corrigidas com a normalização do fluxo sanguíneo.

Em geral, vários desses efeitos retrocedem, como é o caso da recuperação da massa muscular e da massa óssea perdidas. A massa óssea, no entanto, pode demorar cerca de nove meses para se recompor.

A coluna vertebral, que durante as viagens espaciais aumenta de tamanho devido ao acúmulo de líquidos entre as vértebras, volta ao seu estado normal quando os astronautas retornam das viagens. Entretanto, esse efeito pode causar fortes dores até que a coluna se adapte novamente às novas condições de gravidade.

Osteopenia: é a diminuição da massa óssea devido à perda de cálcio.

Osteoporose: os ossos já perderam boa quantidade de cálcio e se tornaram menos elásticos, porosos e enfraquecidos, sujeitos a fraturas.

Terra e Universo

Os cientistas também relatam que as viagens espaciais causam danos à visão dos astronautas, já que muitos deles adquirem um tipo de miopia irreversível.

No entanto, a consequência mais preocupante de se passar algum tempo no espaço é a exposição à radiação cósmica, que é muito mais intensa no espaço. Na Estação Espacial Internacional (ISS), os astronautas ficam expostos a dez vezes mais radiação do que estamos expostos na Terra.

Você viu no capítulo 12 a diferença entre radiações ionizantes e radiações não ionizantes. Considerando os limites de exposição, as radiações não ionizantes não causam efeitos danosos ao ser humano. Por outro lado, as radiações ionizantes são muito perigosas e, de acordo com o tempo de exposição e a energia da radiação, podem causar mutações genéticas, tumores malignos e até mesmo levar à morte.

A exposição à radiação cósmica pode causar desde náuseas, vômitos, fadiga e anorexia até danos ao nosso sistema nervoso, causando problemas como dificuldade de compreensão, impossibilidade de realizar certos movimentos e mudanças comportamentais. Além disso, grandes exposições à radiação aumentam a probabilidade de desenvolver câncer.

Como minimizar os efeitos da ausência de gravidade no corpo?

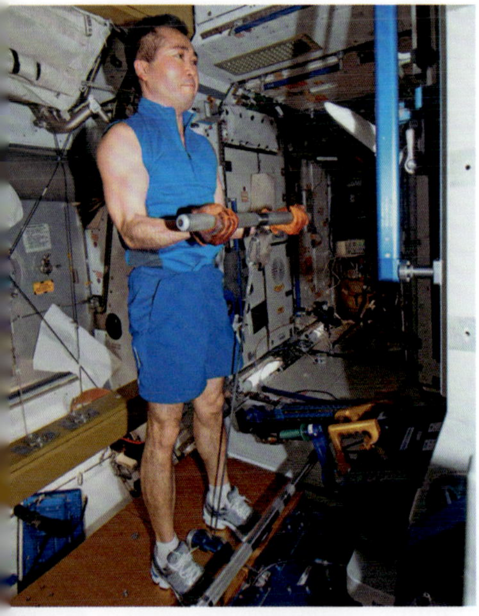

NASA/https://www.nasa.gov

O astronauta da Agência Aeroespacial do Japão, Koichi Wakata, engenheiro de voo da Expedição 38, faz exercícios na Estação Espacial Internacional (ISS), 2018.

A maneira mais eficiente de minimizar e de se preparar para enfrentar os efeitos da gravidade é a prática de exercícios físicos específicos antes da viagem e durante o período em que se encontrar no espaço. A Agência Espacial Norte-Americana (Nasa) prepara os astronautas em simuladores das espaçonaves e estações espaciais, onde eles vivem por meses antes da viagem espacial.

Os astronautas também precisam estar aptos a realizar caminhadas fora das naves ou estações espaciais, uma das tarefas mais importantes e perigosas durante as missões espaciais. Para isso, treinam com os trajes espaciais, que na Terra pesam cerca de 140 kg, dentro de piscinas, para simular gravidade zero, em réplicas das estações espaciais.

O ser humano: um eterno explorador

Quais seriam as motivações para o ser humano viajar ao espaço? Essa pergunta pode ter algumas respostas possíveis, mas talvez a mais "humana" delas seria a de que somos, por natureza, curiosos, habilidosos, exploradores, adaptáveis e desafiadores. Essas qualidades motivaram muitos dos antigos descobridores, que se aventuraram em navegações para além do horizonte, em busca de novas terras para explorar, de montanhas para escalar ou de geleiras para transpor.

E se um dia tivermos de deixar a Terra?

Quanto a uma possível colonização fora de nosso planeta, o destino de uma viagem ao espaço deve ter um requisito essencial: que seja habitável pelo ser humano. Para isso, certas condições devem ser atendidas:

- Ter uma estrela que forneça luminosidade e calor, tal qual o Sol.
- Estar em um sistema planetário com no máximo 25 anos-luz de distância da Terra, devido às limitações tecnológicas atuais.
- Ser rochoso ou ser uma lua de um planeta gigante gasoso, com tamanhos próximos ao da Terra.
- Possuir água líquida e, para isso, deve estar na zona habitável de uma estrela.
- Possuir um campo magnético para proteger da radiação cósmica e uma lua para estabilizar sua órbita em torno da estrela (veja a seguir o boxe *Um pouco mais* – Por que a vida é possível na Terra?).
- Possuir gás oxigênio em sua atmosfera.

UM POUCO MAIS

Por que a vida é possível na Terra?

O nosso planeta apresenta condições específicas que permitiram o surgimento e a manutenção da vida como a conhecemos. Vejamos alguns exemplos:

1. Reciclagem de carbono, um elemento essencial para formação e manutenção da vida na Terra. Além disso, o gás carbônico atmosférico permite a ocorrência do efeito estufa, que possibilita temperaturas em uma faixa compatível com a vida.
2. Camada de ozônio, que protege o planeta dos raios ultravioleta, potencialmente nocivos aos seres vivos.
3. Lua, que estabiliza o eixo terrestre em relação à órbita em torno do Sol, o que não permite enormes variações do clima.
4. Movimento de placas tectônicas, que propiciam diferentes *habitat* na Terra.
5. Campo magnético – protege de boa parte das radiações danosas, incluindo as provenientes das explosões solares.
6. Distância do Sol, aspecto que permite a existência de água líquida.
7. Distância dos gigantes gasosos – se a Terra fosse mais próxima a esses planetas, a sua órbita, devido à interação entre as forças gravitacionais, sofreria modificações, oscilaria, causando mudanças drásticas na temperatura, entre outros problemas. Além disso, a Terra estaria mais suscetível a colisões com asteroides, que são atraídos por eles.

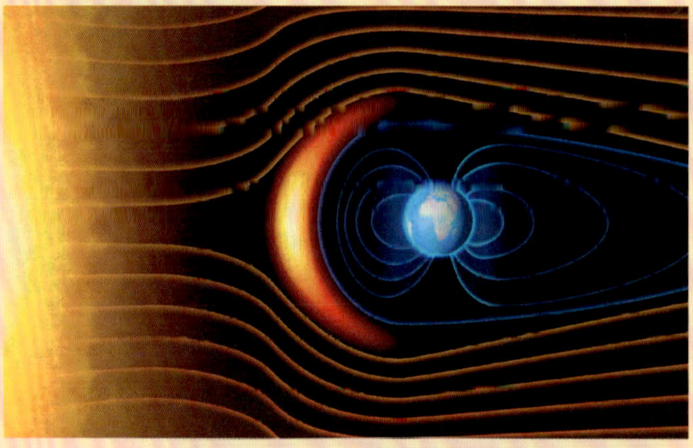
Naeblys/Shutterstock

Imagem representativa do campo magnético, em azul, que protege a Terra dos efeitos dos "ventos solares", em laranja.

(Elementos representados em tamanhos e distâncias não proporcionais entre si. Cores fantasia.)

No Sistema Solar, Marte reúne algumas dessas características, mas é preciso uma boa (e cara) adaptação. Há alguns programas sendo desenvolvidos nesse sentido pela Nasa, com previsão de uma viagem tripulada em 2030, e pela Administração Espacial Nacional da China, com previsão para descida no planeta vermelho entre 2040 e 2060.

Entre os sistemas solares que parecem possuir planetas que se encaixam nos parâmetros necessários para receber uma "visita" do ser humano, estão o Tau Ceti, o Gliese 581 e o Gliese 667C. Vejamos por quê:

- Tau Ceti está a 12 anos-luz da Terra, possui cinco planetas provavelmente rochosos e um deles, **Tau Ceti *e***, está localizado na zona habitável da estrela, a 0,552 UA (zona habitável de 0,55 UA a 1,16 UA), tornando-se o melhor candidato para uma possível colonização humana.
- Gliese 581 está a 20 anos-luz da Terra e possui seis planetas. Entre os planetas que vêm sendo estudados, de todos os estudados até o momento, de todos os sistemas estelares, **Gliese 581 *g*** é um dos principais candidatos a ser habitável. No entanto, até este momento (2018), ainda há uma grande controvérsia na comunidade científica de que Gliese 581 *g* seja realmente um planeta; alguns astrônomos afirmam se tratar apenas de um efeito da atividade magnética da estrela do sistema.
- Gliese 667C está a 22 anos-luz da Terra e é um sistema de três estrelas (A, B e C). A estrela C de Gliese 667 possui pelo menos dois planetas, sendo que **Gliese 667C *c*** é considerado o segundo planeta mais semelhante à Terra descoberto até 2014, pois estimativas indicam que são alcançadas temperaturas próximas a confortáveis 4 °C, entre outras características.

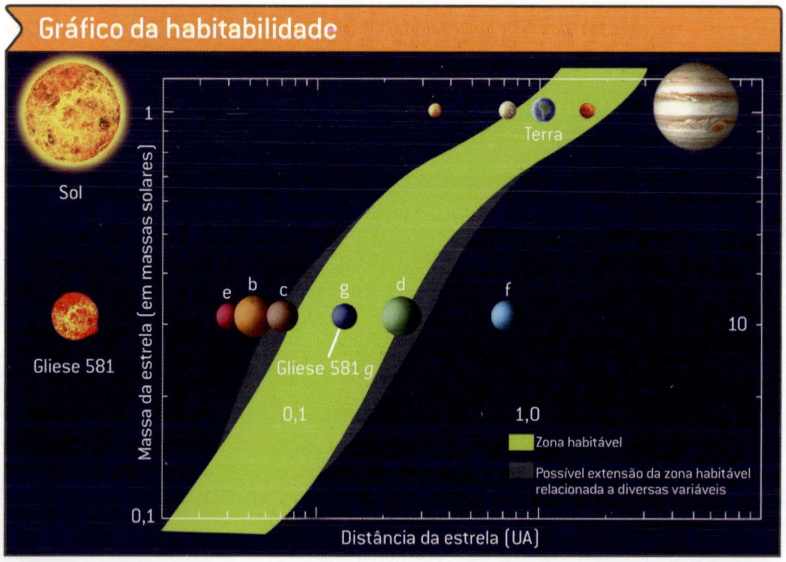

R2 Editorial/Arquivo da editora

Representação da proporção entre o Sistema Solar e o sistema planetário Gliese 581, com os planetas que o compõem e a zona habitável comparativamente entre os dois sistemas. É possível notar Gliese 581 *g* como planeta de maior habitabilidade junto com a Terra.

Elaborado com base em **Astrobiologia**: uma ciência emergente. Núcleo de Pesquisa em Astrobiologia. Vários autores. São Paulo: IAG/USP, 2016. p. 350.

Certamente, com o avanço da tecnologia de novos telescópios, como o Next-Generation Transit Survey e o Very Large Telescope, ambos localizados no deserto do Atacama (Chile), a busca por novos exoplanetas habitáveis trará novas descobertas num futuro próximo.

Babak Tafreshi/Science Photo Library/Fotoarena

O complexo de telescópios *Very Large Telescope*, localizado no deserto de Atacama, no Chile.

EM PRATOS LIMPOS

Há vida fora da Terra?

Ainda não sabemos.

Existe um ramo da ciência chamado Astrobiologia que busca estudar a origem, a evolução, a distribuição e o futuro da vida na Terra ou fora dela. Uma das perguntas que os astrobiólogos procuram responder é justamente "Há vida em outros planetas ou astros?".

Não temos ainda uma resposta definitiva para essa pergunta, mas no Sistema Solar ainda não está descartada a possibilidade de acharmos vida ou resquícios dela. Seria uma forma muito rudimentar, representada por microrganismos, semelhantes talvez às bactérias ou às cianobactérias.

Em 1996, o estudo de um meteorito rochoso (ALH84001), de origem marciana, mostrou microestruturas tubulares em sua superfície, semelhantes a colônias de cianobactérias encontradas na Terra. Seriam registros fósseis de formas de vida que poderiam viajar pelo espaço, teoria essa chamada de **panspermia**. Alguns cientistas sugeriram que poderia se tratar de forma de vida marciana passada. Outros supõem que essas estruturas são de origem puramente geológica, e não de um ser vivo. A controvérsia sobre essas interpretações ainda permanece.

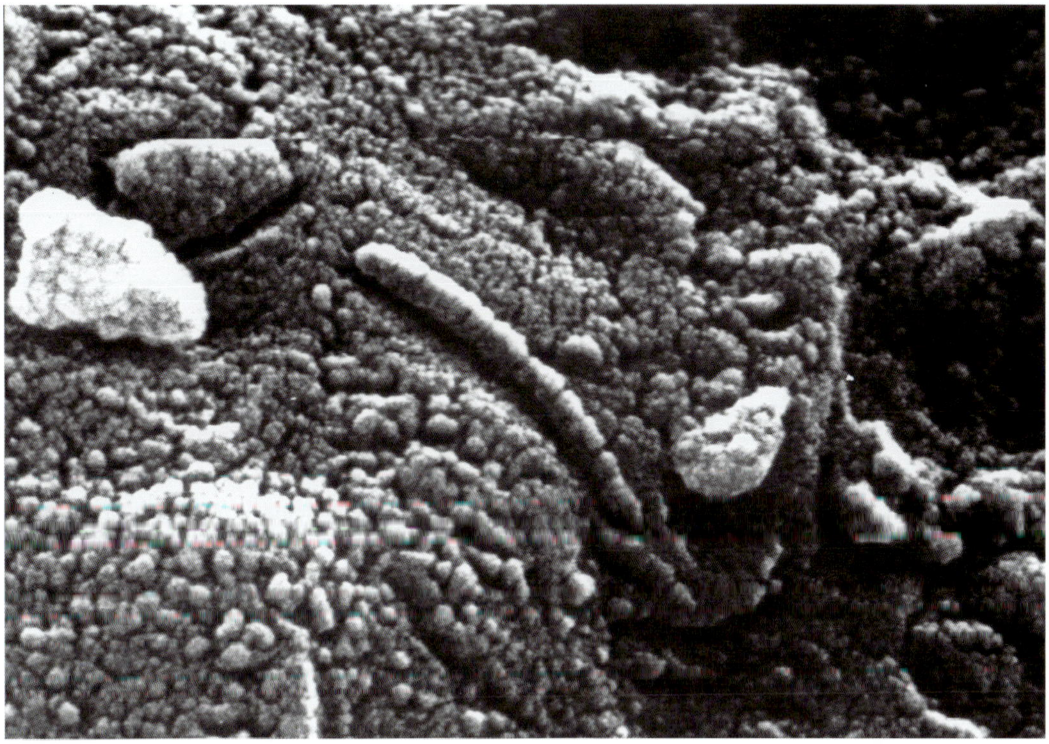

Encyclopaedia Britannica, Inc./NASA/Alamy/Fotoarena

Fotomicrografia eletrônica do meteorito Allan Hills (ALH84001) e a suposta estrutura que remeteria a fósseis de formas parecidas com cianobactérias. (Ampliação desconhecida.)

A descoberta mais recente de uma bactéria altamente resistente à radiação, a *Deinococcus radiodurans*, acendeu de novo a discussão sobre a panspermia, pois essa bactéria poderia suportar viagens cósmicas "a bordo" de asteroides. Novas descobertas no futuro poderão nos dar mais evidências para responder sobre a existência ou não de vida em outras regiões do Universo.

Terra e Universo

Como viajar?

Um dos problemas de chegar aos exoplanetas habitáveis é a distância gigantesca que nos separa e a velocidade que uma espaçonave deve conseguir atingir para chegar em um tempo razoável.

O sistema estelar mais próximo da Terra é Alfa Centauri, a 4,28 anos-luz de nós. Isso significa que, se viajássemos à velocidade da luz, algo impossível com a tecnologia atual disponível, levaríamos pouco mais de 4 anos e 3 meses para chegar a esse sistema.

O principal problema a ser resolvido, tecnologicamente falando, é o combustível a ser utilizado. Ele precisa permitir que a sua utilização gere uma quantidade de energia suficientemente grande para promover um deslocamento extremamente rápido.

A tabela a seguir mostra algumas formas de transporte (reais e hipotéticas) e o tempo que levariam para chegar a Alfa Centauri.

Forma de transporte	Fonte de energia	Velocidade (km/s)	Tempo (anos)
A pé	Alimento (glicose)	0,0013	1 000 000 000
Carro	Gasolina	0,026	50 000 000
Boeing 747	Querosene	0,26	5 000 000
Voyager 1 (sonda espacial)	Várias (usadas no foguete Titan, que levou a sonda ao espaço)	17	76 000
Espaçonave movida a fusão nuclear	Hidrogênio, hélio	30 000	40
Veleiros solares	Radiação solar e *lasers*	150 000	9
Luz	-	300 000	4,28

Algumas formas de transporte, suas fontes de energia e o tempo aproximado que demorariam para chegar à Alfa Centauri em sua velocidade máxima.

Elaborada com base em **Astrobiologia**: uma ciência emergente. Núcleo de Pesquisa em Astrobiologia. Vários autores. São Paulo: IAG/USP, 2016.

A sonda Voyager 1, que foi lançada no espaço em 5 de setembro de 1977 para estudar Júpiter e Saturno, levaria 76 mil anos para chegar a Alfa Centauri a uma velocidade 0,006% da velocidade da luz. Para conseguirmos chegar a cerca de 10% da velocidade da luz e levar cerca de 40 anos para chegar a Alfa Centauri, ainda é preciso desenvolver a tecnologia em que se usa a fusão nuclear como fonte de transporte na espaçonave a partir de elementos como hidrogênio e hélio. A grande massa de combustível necessária no reator de fusão é um dos obstáculos.

Da mesma forma, ainda precisa ser aprimorada a tecnologia para os chamados "veleiros solares", espécies de naves que utilizam a energia solar como fonte de energia. Estima-se que poderiam chegar a cerca de 50% da velocidade da luz, o que viabilizaria as viagens interestelares. Para Alfa Centauri, por exemplo, levaria "apenas" nove anos.

UM POUCO MAIS

Naves espaciais

Desde 1961, quando a nave Vostok I levou Yuri Gagarin ao espaço, a tecnologia espacial se desenvolveu muito. As espaçonaves tripuladas ganharam mais destaque a partir do programa espacial estadunidense dos **ônibus espaciais**, em 1981, em substituição às espaçonaves usadas no projeto Apollo.

O ônibus espacial é constituído por três partes: o **módulo** (veículo reutilizável com aspecto de avião), o tanque de combustível externo (fixado temporariamente) e dois **foguetes propulsores de combustível sólido** (fixados temporariamente). A massa total do conjunto é de cerca de 2 000 toneladas e sua velocidade após o lançamento é de 1 600 km/h.

O módulo apresenta um aparato bem útil: um braço articulado que pode ser controlado remotamente para transferir cargas e acoplar satélites, permitindo que os astronautas possam trabalhar no interior da nave, sem a necessidade de trajes especiais.

Em 2017, a Nasa apresentou o Dream Chaser, a nova espaçonave reutilizável que entrará no lugar dos ônibus espaciais, mas com características bem semelhantes a eles.

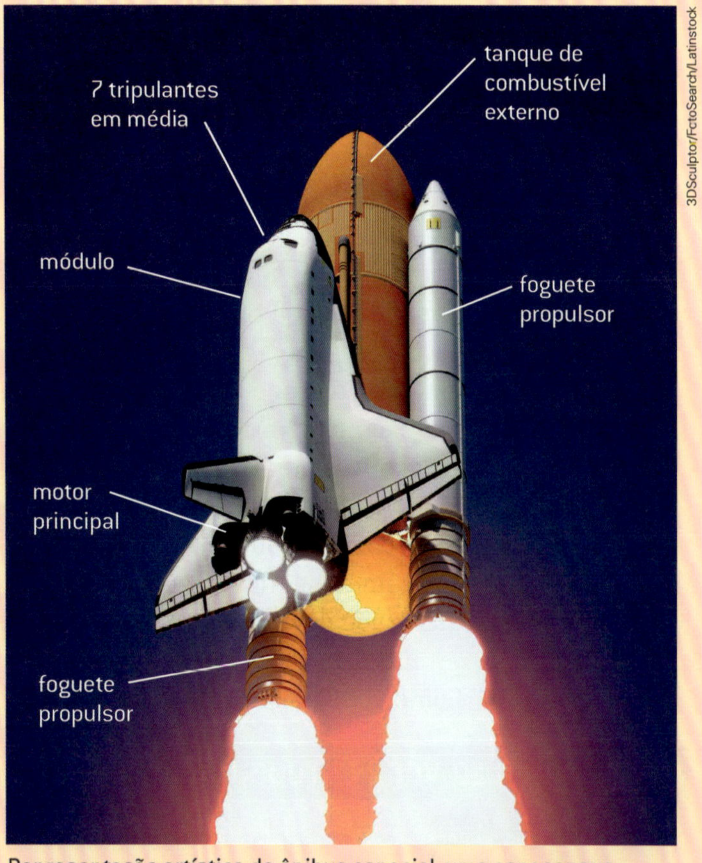

3DSculptor/FctoSearch/Latinstock

Representação artística do ônibus espacial: uma espaçonave reutilizável e muito versátil, transportando carga e tripulação.

Quem paga essa conta?

Os programas espaciais, com o desenvolvimento de toda a tecnologia necessária para construir naves que possam atingir grandes velocidades e viabilizar a sobrevivência dos astronautas no espaço, têm um custo muito elevado. Os investimentos necessários, segundo estimativas da Agência Espacial Europeia (ESA) e da Nasa, seriam de 350 bilhões a 570 bilhões de dólares ao longo de trinta anos ou mais. Esse investimento seria necessário para o desenvolvimento de um programa estelar em três estágios:

1. desenvolvimento de tecnologia de propulsão para viagens tripuladas no Sistema Solar e de sondas interestelares;
2. construção de um porto espacial orbitando a Terra do qual pudessem sair as espaçonaves e sondas para as viagens espaciais;
3. execução das viagens propriamente ditas.

Os valores para todo esse investimento no programa espacial são muito altos, mas, se forem comparados com o total do que se consumirá em 30 anos com gastos militares mundiais, esse valor corresponderia a apenas 1,5% desse total.

No entanto, há outros argumentos que em geral são utilizados para não se investir tanto em programas espaciais. Talvez o principal deles seja o de que os problemas terrestres, como a escassez de alimentos, a pobreza, o controle e a prevenção de epidemias, a falta de água potável e de saneamento básico, a falta de habitações, entre tantos outros, deveriam ser prioritários.

O contra-argumento que pode ser apresentado, e que está relacionado ao que já foi comentado anteriormente, é o de que, fundamentalmente, uma melhor distribuição de renda seria a base para resolver boa parte dos problemas terrestres mencionados.

Ainda, os altíssimos gastos na indústria militar mundial também poderiam diminuir sem grandes prejuízos para esse setor, já que parte dessa indústria serviria também ao programa espacial, argumentam alguns adeptos às viagens espaciais. Por outro lado, tais recursos poderiam ser investidos em outras tecnologias mais voltadas à melhoria da produtividade agrícola, por exemplo, para diminuir a eventual escassez de alimentos para uma população mundial que cresce muito rapidamente.

Talvez seja consenso que apenas uma cultura mundial de não violência e de cooperação entre os povos poderia efetivamente mudar esse quadro e, quem sabe, nos preparar para as viagens interestelares, mantendo uma qualidade de vida adequada e justa para todos.

E você, o que pensa sobre tudo isso? Quais são as suas prioridades? Como você enxerga o futuro?

NESTE CAPÍTULO VOCÊ ESTUDOU

Tuca Vieira/Folhapress

- As principais viagens tripuladas e os contextos em que elas ocorreram.
- As evidências de que o ser humano já esteve na Lua algumas vezes.
- As consequências da corrida espacial em relação à tecnologia.
- O que acontece com o corpo humano no espaço, em uma nave ou estação espacial, e na volta à Terra.
- As formas de minimizar os efeitos em condições de ausência de gravidade.
- Os motivos para se realizarem viagens espaciais.
- Os possíveis locais mais apropriados para o ser humano se aventurar no espaço.
- Os requisitos tecnológicos necessários para executar viagens espaciais.
- A reflexão a respeito da real necessidade de se realizarem viagens espaciais.

ATIVIDADES

PENSE E RESOLVA

1 A partir da leitura do tópico *O ser humano no espaço*, complete a linha do tempo abaixo com as informações mais importantes sobre conquistas aeroespaciais de cada ano. Para cada informação, indique a data, a pessoa que executou a ação e o fato.

Por exemplo: em 1961 (*data*) ocorreu a primeira viagem espacial tripulada (missão Vostok 1) (*fato*) feita pelo astronauta soviético Yuri Gagarin (*pessoa*).

1961	1963	1969	1972	2006	2015
astronauta soviético Yuri Gagarin _____ primeira viagem espacial tripulada (missão Vostok 1).	_____	_____	_____	_____	_____

2 Faça uma pesquisa a respeito do experimento sobre a germinação de feijões no espaço feito por Marcos Pontes. Descreva qual o objetivo do experimento, como foi feito, quais as condições utilizadas para efeitos de comparação, quais os resultados obtidos e como estes podem impactar em pesquisas e aplicações futuras.

3 Qual o motivo das tonturas e desmaios dos astronautas na volta à Terra?

4 Observe a fotografia ao lado, em que uma astronauta se exercita no espaço. Em relação a essa atividade mostrada na foto, quais os problemas que a astronauta está tentando evitar praticando esses exercícios e por que eles podem realmente minimizar os efeitos da ausência de gravidade no espaço?

NASA/https://www.nasa.gov

Astronauta Samantha Cristoforetti, da ESA, se exercitando no espaço, usando o A-RED na Estação Espacial Internacional (ISS), 2018.

5 Utilizando o gráfico de habitabilidade da página 248 do tópico *O ser humano: um eterno explorador*, responda às questões a seguir:

a) O que acontece com a zona habitável em relação à massa da estrela?

b) Se a massa do Sol fosse metade do que é atualmente, qual seria o planeta que estaria na zona habitável?

c) Se a massa do Sol fosse um décimo do que é atualmente, haveria algum planeta na zona habitável do Sistema Solar?

d) A massa da estrela Gliese 581 é maior, igual ou menor que o nosso Sol?

e) No sistema Gliese 581, em comparação com o Sistema Solar, a falta de habitabilidade de parte de seus planetas é mais relacionada à distância a que estão de sua estrela ou ao seu tamanho? Justifique.

6 Por que se pode afirmar que as principais dificuldades tecnológicas para realizar viagens interplanetárias e interestelares estão na questão do tempo e do espaço? Utilize exemplos citados neste capítulo em sua resposta.

SÍNTESE

1 Selecione argumentos sobre a viabilidade da sobrevivência do ser humano no espaço, em relação à(s):

a) Condições necessárias para a vida.

b) Características necessárias nos planetas.

c) Minimização de efeitos em condições de ausência de gravidade no espaço.

2 Selecione argumentos sobre a viabilidade, ou não, de viagens interplanetárias e interestelares, em relação a:

a) Distâncias e tempos gigantescos.

b) Motivações.

c) Investimentos.

3 Imagine que você faça parte de um projeto que tenha como objetivo investigar se há ou não vida inteligente no Universo e recebe a missão de escrever uma mensagem, que será enviada para o espaço. Nesta mensagem você precisará fazer uma descrição da Terra, explicar a sua localização, as condições para existência da vida, os problemas enfrentados e o nível tecnológico existente. Sua mensagem deverá ter de 20 a 30 linhas. O que você escreverá?

DESAFIO

Observe as imagens a seguir, que representam algumas etapas de uma viagem de um ônibus espacial.

Time Life Pictures/NASA/The LIFE Picture Collection/Getty Images

3Dsculptor/Shutterstock

3Dsculptor/Shutterstock

A sequência de imagens mostra o momento após o lançamento (I), o momento onde parte da estrutura é descartada (II) e o instante em que o ônibus espacial entra em órbita (III), com boa parte da estrutura inicial descartada.

a) Na imagem II, que estrutura está sendo descartada? Quais são as suas características e para que serve?

b) Em algum instante entre a imagem II e a imagem III ocorre o descarte de outra estrutura. Que estrutura é essa? Quais são as suas características e para que serve?

LEITURA COMPLEMENTAR

Empresa recruta voluntários para viagem só de ida a Marte

Marte sem volta

Uma organização holandesa [...] informou que, em breve, abrirá inscrições para voluntários que quiserem colonizar o planeta Marte.

Mas há uma particularidade: a passagem será apenas de ida. Mesmo assim, a empresa já recebeu dados de milhares de possíveis candidatos a colonos.

[...]

Os astronautas terão de enfrentar uma viagem que deve durar entre sete a oito meses e deverão perder massa óssea e muscular.

Segundo [Bas Lansdorp, fundador da organização], depois de passar um tempo vivendo no campo gravitacional bem mais fraco de Marte, será quase impossível se reajustar de volta à gravidade mais forte da Terra.

[...]

Sinais vermelhos

O projeto envolve apenas tecnologias já existentes.

A energia será gerada por painéis solares e a água será reciclada e extraída do solo – se for encontrada.

Os astronautas vão cultivar os alimentos que vão consumir e, também, contarão com suprimentos de emergência. A cada dois anos, novos exploradores vão se juntar ao grupo de colonos.

Marte é um planeta varrido pelo vento solar. Na Terra, por outro lado, estamos protegidos do vento solar graças a um forte campo magnético. Sem esse escudo protetor, seria muito mais difícil sobreviver.

[...]

"Comunicaremos aos candidatos que há riscos, mas será nossa responsabilidade manter estes riscos em níveis aceitáveis", afirmou [o dono da organização].

Fonte: Disponível em: <https://www.inovacaotecnologica.com.br/noticias/noticia.php?artigo=viagem-so-ida-marte> (acesso em: 18 out. 2018).

Questões

1. Você se candidataria para ir a Marte? Apresente argumentos a favor ou contra a viagem, com base nas suas motivações pessoais, mas sem deixar de demonstrar embasamento científico em relação ao que foi estudado até o momento.

2. Esta atividade deverá ser realizada em grupo na forma de debate. A turma deverá ser dividida em grupos de 4 a 5 estudantes e discutir a seguinte questão:

   Afinal, devemos investir em sobreviver no espaço e realizar viagens interplanetárias e interestelares?

   Após um período de discussão e levantamento de argumentos contra e a favor da continuidade das viagens interplanetárias e interestelares, os grupos deverão escrever pequenas sínteses.

   O próximo passo será a socialização dessas sínteses em forma de debate entre os grupos, coordenados pelo professor.

REFERÊNCIAS BIBLIOGRÁFICAS

ARISTÓTELES. *Física I – II*. Campinas: Editora da Unicamp, 2009.

BIZERRIL, M. X. A. *Savanas*. São Paulo: Saraiva, 2011.

BIZZO, N. *Do telhado das Américas à teoria da evolução*. São Paulo: Odysseus, 2003.

BRANCO, Samuel M.; CAVINATTO, Vilma M. *Solos*: a base da vida terrestre. São Paulo: Moderna, 1999.

BRASIL. Ministério da Educação. Secretaria de Educação Básica. *Base Nacional Comum Curricular*. Brasília, 2017.

_______. Diretrizes Curriculares Nacionais Gerais da Educação Básica. Brasília, 2013.

CANIATO, Rodolpho. *A terra em que vivemos*. São Paulo: Átomo, 2007.

CARVALHO, A. R.; OLIVEIRA, M. V. *Princípios básicos do saneamento do meio*. São Paulo: Senac, 2007.

DAWKINS, R. *Deus*: um delírio. São Paulo: Cia. das Letras, 2007.

DOMENICO, G. *A poluição tem solução*. São Paulo: Nova Alexandria, 2009.

EL-HANI, C. N.; VIDEIRA, A. A. P. (Org.). *O que é vida?* Para entender a Biologia do século XXI. Rio de Janeiro: Relume Dumará, 2000. p. 31-56.

FURLAN, S. A.; NUCCI, J. C. *A conservação das florestas tropicais*. São Paulo: Atual, 1999.

GRIBBIN, John. *Fique por dentro da Física Moderna*. São Paulo: Cosac & Naify, 2001.

GRUPO DE REELABORAÇÃO DE ENSINO DE FÍSICA (GREF). *Física 1:* Mecânica. 7. ed. São Paulo: Edusp, 2002.

_______. *Física 2:* Física Térmica/Óptica. 5. ed. São Paulo: Edusp, 2005.

_______. *Física 1:* Eletromagnetismo. 5. ed. São Paulo: Edusp, 2005.

GUYTON, Arthur C.; HALL, J. E. *Tratado de Fisiologia Médica*. Rio de Janeiro: Guanabara Koogan, 1997.

IVANISSEVICH, A.; ROCHA, J. F. V.; WUENSHE, C. A. (Org.). *Astronomia hoje*. Rio de Janeiro: Instituto Ciências Hoje, 2010.

JUNQUEIRA, L. C. U.; CARNEIRO, J. *Biologia celular e molecular*. Rio de Janeiro: Guanabara Koogan, 2012.

KOTZ, J. C.; TREICHEL, P. *Química e reações químicas*. Rio de Janeiro: LTC, 1999. v. 1 e v. 2.

MATTOS, N. S.; GRANATO, S. F. *Regiões litorâneas*. São Paulo: Atual, 2009.

MAYR, Ernst. *Isto é Biologia*: a ciência do mundo vivo. São Paulo: Cia. das Letras, 2008.

MEYER, D.; EL-HANI, C. N. *Evolução*: o sentido da Biologia. São Paulo: Unesp, 2010.

NEIMAN, Z.; OLIVEIRA, M. T. C. *Era Verde*: ecossistemas brasileiros ameaçados. São Paulo: Atual, 2013.

NEWTON, I. *Óptica*. São Paulo: Edusp, 2002.

NÚCLEO DE PESQUISA EM ASTROBIOLOGIA IAG/USP. *Astrobiologia* [livro eletrônico]: uma ciência emergente. São Paulo: Tikinet Edição, 2016.

OLIVEIRA, K.; SARAIVA, M. F. *Astronomia e Astrofísica*. São Paulo: Livraria da Física, 2014.

PÁDUA E SILVA, A. *Guerra no Pantanal*. São Paulo: Atual, 2011.

PENNAFORTE, C. *Amazônia*: contrastes e perspectivas. São Paulo: Atual, 2006.

POUGH, F. Harvey; JANIS, Christine M.; HEISER, J. B. *A vida dos vertebrados*. São Paulo: Atheneu, 2008.

RAVEN, Peter H. et al. *Biologia vegetal*. Rio de Janeiro: Guanabara Koogan, 2007.

RIDLEY, M. *Evolução*. Porto Alegre: Artmed, 2006.

RONAN, Colin A. *História Ilustrada da Ciência*. V. I, II, III e IV. São Paulo: Círculo do Livro, 1987.

RUPPERT, Edward E.; FOX, Richard S.; BARNES, Robert. D. *Zoologia dos invertebrados*. São Paulo: Roca, 2005.

SALDIVA, P. (Org.). *Meio Ambiente e Saúde*: o desafio das metrópoles. Instituto Saúde e Sustentabilidade, 2013.

SCAGELL, Robin. *Fantástico e Interativo Atlas do Espaço*. Tradução Carolina Caires Coelho. Barueri: Girassol, 2010.

SHUBIN, N. *A história de quando éramos peixes*: uma revolucionária teoria sobre a origem do corpo humano. Rio de Janeiro: Campus, 2008.

SILVERTHORN, D. U. *Fisiologia humana*: uma abordagem integrada. Porto Alegre: Artmed, 2017.

SOBOTTA. *Atlas of Human Anatomy*. Monique: Elsevier/Urban & Fischer, 2008.

STEINER, J.; DAMINELI, A. (Org.). *O fascínio do Universo*. São Paulo: Odysseus Editora, 2010.

TIPLER, Paul A. *Física para cientistas e engenheiros*. Rio de Janeiro: LTC – Livros Técnicos e Científicos S. A., 2011. v. 2.

_______. *Física*. Rio de Janeiro: LTC – Livros Técnicos e Científicos S. A., 2000. v. 1.

_______. *Física*. 4. ed. Rio de Janeiro: LTC – Livros Técnicos e Científicos S. A., 2000. v. 3.

TORTORA, Gerard J.; GRABOWSKI, Sandra Reynolds. *Corpo humano*: fundamentos de anatomia e fisiologia. Porto Alegre: Artmed, 2006.